机械设计手册

第6版

单行本

带传动和链传动
摩擦轮传动与螺旋传动

主　编　闻邦椿
副主编　鄂中凯　张义民　陈良玉　孙志礼
　　　　宋锦春　柳洪义　巩亚东　宋桂秋

机械工业出版社

《机械设计手册》第 6 版 单行本共 26 分册，内容涵盖机械常规设计、机电一体化设计与机电控制、现代设计方法及其应用等内容，具有系统全面、信息量大、内容现代、突显创新、实用可靠、简明便查、便于携带和翻阅等特色。各分册分别为：《常用设计资料和数据》《机械制图与机械零部件精度设计》《机械零部件结构设计》《连接与紧固》《带传动和链传动 摩擦轮传动与螺旋传动》《齿轮传动》《减速器和变速器》《机构设计》《轴 弹簧》《滚动轴承》《联轴器、离合器与制动器》《起重运输机械零部件和操作件》《机架、箱体与导轨》《润滑 密封》《气压传动与控制》《机电一体化技术及设计》《机电系统控制》《机器人与机器人装备》《数控技术》《微机电系统及设计》《机械系统概念设计》《机械系统的振动设计及噪声控制》《疲劳强度设计 机械可靠性设计》《数字化设计》《工业设计与人机工程》《智能设计 仿生机械设计》。

本单行本为《带传动和链传动 摩擦轮传动与螺旋传动》，"带传动和链传动"主要介绍 V 带传动、联组 V 带、平带传动、同步带传动、多楔带传动等的类型、特点、带的尺寸规格、带轮的结构与尺寸、设计计算、张紧和安装等；滚子链传动、齿形链传动等链的基本参数与尺寸、链轮的结构与尺寸、设计计算、布置、张紧与维修等内容；"摩擦轮传动与螺旋传动"主要介绍摩擦轮传动的原理、特点、类型、设计计算及加压装置等；螺旋传动的种类和应用，滑动螺旋传动的螺纹、受力分析、设计计算和精度等，滚动螺旋传动的工作原理、结构形式、选用计算、精度和预紧等，静压螺旋传动的设计计算等内容。

本书供从事机械设计、制造、维修及有关工程技术人员作为工具书使用，也可供大专院校的有关专业师生使用和参考。

图书在版编目（CIP）数据

机械设计手册. 带传动和链传动 摩擦轮传动与螺旋传动/闻邦椿主编. —6 版. —北京：机械工业出版社，2020.1（2022.10 重印）
ISBN 978-7-111-64753-9

Ⅰ.①机… Ⅱ.①闻… Ⅲ.①机械设计-技术手册②机械传动-技术手册 Ⅳ.①TH122-62②TH132-62

中国版本图书馆 CIP 数据核字（2020）第 025687 号

机械工业出版社（北京市百万庄大街 22 号 邮政编码 100037）
策划编辑：曲彩云 责任编辑：曲彩云 高依楠
责任校对：徐 强 封面设计：马精明
责任印制：张 博
北京建宏印刷有限公司印刷
2022 年 10 月第 6 版第 2 次印刷
184mm×260mm · 12.5 印张 · 304 千字
标准书号：ISBN 978-7-111-64753-9
定价：48.00 元

电话服务　　　　　　　　　网络服务
客服电话：010-88361066　　机 工 官 网：www.cmpbook.com
　　　　　010-88379833　　机 工 官 博：weibo.com/cmp1952
　　　　　010-68326294　　金 书 网：www.golden-book.com
封底无防伪标均为盗版　　　机工教育服务网：www.cmpedu.com

出 版 说 明

《机械设计手册》自出版以来，已经进行了5次修订，2018年第6版出版发行。截至2019年，《机械设计手册》累计发行39万套。作为国家级重点科技图书，《机械设计手册》深受广大读者的欢迎和好评，在全国具有很大的影响力。该书曾获得中国出版政府奖提名奖、中国机械工业科学技术奖一等奖、全国优秀科技图书奖二等奖、中国机械工业部科技进步奖二等奖，并多次获得全国优秀畅销书奖等奖项。《机械设计手册》已成为机械设计领域的品牌产品，是机械工程领域最具权威和影响力的大型工具书之一。

《机械设计手册》第6版共7卷55篇，是在前5版的基础上吸收并总结了国内外机械工程设计领域中的新标准、新材料、新工艺、新结构、新技术、新产品、新的设计理论与方法，并配合我国创新驱动战略的需求编写而成的。与前5版相比，第6版无论是从体系还是内容，都在传承的基础上进行了创新。重点充实了机电一体化系统设计、机电控制与信息技术、现代机械设计理论与方法等现代机械设计的最新内容，将常规设计方法与现代设计方法相融合，光、机、电设计融为一体，局部的零部件设计与系统化设计互相衔接，并努力将创新设计的理念贯穿其中。《机械设计手册》第6版体现了国内外机械设计发展的新水平，精心诠释了常规与现代机械设计的内涵、全面荟萃凝练了机械设计各专业技术的精华，它将引领现代机械设计创新潮流、成就新一代机械设计大师，为我国实现装备制造强国梦做出重大贡献。

《机械设计手册》第6版的主要特色是：体系新颖、系统全面、信息量大、内容现代、突显创新、实用可靠、简明便查。应该特别指出的是，第6版手册具有较高的科技含量和大量技术创新性的内容。手册中的许多内容都是编著者多年研究成果的科学总结。这些内容中有不少依托国家"863计划""973计划""985工程""国家科技重大专项""国家自然科学基金"重大、重点和面上项目资助项目。相关项目有不少成果曾获得国际、国家、部委、省市科技奖励、技术专利。这充分体现了手册内容的重大科学价值与创新性。如仿生机械设计、激光及其在机械工程中的应用、绿色设计与和谐设计、微机电系统及设计等前沿新技术；又如产品综合设计理论与方法是闻邦椿院士在国际上首先提出，并综合8部专著后首次编入手册，该方法已经在高铁、动车及离心压缩机等机械工程中成功应用，获得了巨大的社会效益和经济效益。

在《机械设计手册》历次修订的过程中，出版社和作者都广泛征求和听取各方面的意见，广大读者在对《机械设计手册》给予充分肯定的同时，也指出《机械设计手册》卷册厚重，不便携带，希望能出版篇幅较小、针对性强、便查便携的更加实用的单行本。为满足读者的需要，机械工业出版社于2007年首次推出了《机械设计手册》第4版单行本。该单行本出版后很快受到读者的欢迎和好评。《机械设计手册》第6版已经面市，为了使读者能按需要、有针对性地选用《机械设计手册》第6版中的相关内容并降低购书费用，机械工业出版社在总结《机械设计手册》前几版单行本经验的基础上推出了《机械设计手册》第6版单行本。

《机械设计手册》第6版单行本保持了《机械设计手册》第6版（7卷本）的优势和特色，依据机械设计的实际情况和机械设计专业的具体情况以及手册各篇内容的相关性，将原手册的7卷55篇进行精选、合并，重新整合为26个分册，分别为：《常用设计资料和数据》《机械制图与机械零部件精度设计》《机械零部件结构设计》《连接与紧固》《带传动和链传动 摩擦轮传动与螺旋传动》《齿轮传动》《减速器和变速器》《机构设计》《轴 弹簧》《滚动轴承》《联轴器、离合器与制动器》《起重运输机械零部件和操作件》《机架、箱体与导轨》《润滑 密封》《气压传动与控制》《机电一体化技术及设计》《机电系统控制》《机器人与机器人装备》《数控技术》《微机电系统及设计》《机械系统概念设计》《机械系统的振动设计及噪声控制》《疲劳强度设计　机械可靠性设计》《数字化设计》《工业设计与人机工程》《智能设计　仿生机械设计》。各分册内容针对性强、篇幅适中、查阅和携带方便，读者可根据需要灵活选用。

《机械设计手册》第 6 版单行本是为了助力我国制造业转型升级、经济发展从高增长迈向高质量，满足广大读者的需要而编辑出版的，它将与《机械设计手册》第 6 版（7 卷本）一起，成为机械设计人员、工程技术人员得心应手的工具书，成为广大读者的良师益友。

由于工作量大、水平有限，难免有一些错误和不妥之处，殷切希望广大读者给予指正。

机械工业出版社

前　言

本版手册为新出版的第 6 版 7 卷本《机械设计手册》。由于科学技术的快速发展，需要我们对手册内容进行更新，增加新的科技内容，以满足广大读者的迫切需要。

《机械设计手册》自 1991 年面世发行以来，历经 5 次修订，截至 2016 年已累计发行 38 万套。作为国家级重点科技图书的《机械设计手册》，深受社会各界的重视和好评，在全国具有很大的影响力，该手册曾获得全国优秀科技图书奖二等奖（1995 年）、中国机械工业部科技进步奖二等奖（1997 年）、中国机械工业科学技术奖一等奖（2011 年）、中国出版政府奖提名奖（2013 年），并多次获得全国优秀畅销书奖等奖项。1994 年，《机械设计手册》曾在我国台湾建宏出版社出版发行，并在海内外产生了广泛的影响。《机械设计手册》荣获的一系列国家和部级奖项表明，其具有很高的科学价值、实用价值和文化价值。《机械设计手册》已成为机械设计领域的一部大型品牌工具书，已成为机械工程领域权威的和影响力较大的大型工具书，长期以来，它为我国装备制造业的发展做出了巨大贡献。

第 5 版《机械设计手册》出版发行至今已有 7 年时间，这期间我国国民经济有了很大发展，国家制定了《国家创新驱动发展战略纲要》，其中把创新驱动发展作为了国家的优先战略。因此，《机械设计手册》第 6 版修订工作的指导思想除努力贯彻"科学性、先进性、创新性、实用性、可靠性"外，更加突出了"创新性"，以全力配合我国"创新驱动发展战略"的重大需求，为实现我国建设创新型国家和科技强国梦做出贡献。

在本版手册的修订过程中，广泛调研了厂矿企业、设计院、科研院所和高等院校等多方面的使用情况和意见。对机械设计的基础内容、经典内容和传统内容，从取材、产品及其零部件的设计方法与计算流程、设计实例等多方面进行了深入系统的整合，同时，还全面总结了当前国内外机械设计的新理论、新方法、新材料、新工艺、新结构、新产品和新技术，特别是在现代设计与创新设计理论与方法、机电一体化及机械系统控制技术等方面做了系统和全面的论述和凝练。相信本版手册会以崭新的面貌展现在广大读者面前，它将对提高我国机械产品的设计水平、推进新产品的研究与开发、老产品的改造，以及产品的引进、消化、吸收和再创新，进而促进我国由制造大国向制造强国跃升，发挥出巨大的作用。

本版手册分为 7 卷 55 篇：第 1 卷　机械设计基础资料；第 2 卷　机械零部件设计（连接、紧固与传动）；第 3 卷　机械零部件设计（轴系、支承与其他）；第 4 卷　流体传动与控制；第 5 卷　机电一体化与控制技术；第 6 卷　现代设计与创新设计（一）；第 7 卷　现代设计与创新设计（二）。

本版手册有以下七大特点：

一、构建新体系

构建了科学、先进、实用、适应现代机械设计创新潮流的《机械设计手册》新结构体系。该体系层次为：机械基础、常规设计、机电一体化设计与控制技术、现代设计与创新设计方法。该体系的特点是：常规设计方法与现代设计方法互相融合，光、机、电设计融为一体，局部的零部件设计与系统化设计互相衔接，并努力将创新设计的理念贯穿于常规设计与现代设计之中。

二、凸显创新性

习近平总书记在 2014 年 6 月和 2016 年 5 月召开的中国科学院、中国工程院两院院士大会上分别提出了我国科技发展的方向就是"创新、创新、再创新",以及实现创新型国家和科技强国的三个阶段的目标和五项具体工作。为了配合我国创新驱动发展战略的重大需求,本版手册突出了机械创新设计内容的编写,主要有以下几个方面:

(1) 新增第 7 卷,重点介绍了创新设计及与创新设计有关的内容。

该卷主要内容有:机械创新设计概论,创新设计方法论,顶层设计原理、方法与应用,创新原理、思维、方法与应用,绿色设计与和谐设计,智能设计,仿生机械设计,互联网上的合作设计,工业通信网络,面向机械工程领域的大数据、云计算与物联网技术,3D 打印设计与制造技术,系统化设计理论与方法。

(2) 在一些篇章编入了创新设计和多种典型机械创新设计的内容。

"第 11 篇　机构设计"篇新增加了"机构创新设计"一章,该章编入了机构创新设计的原理、方法及飞剪机剪切机构创新设计,大型空间折展机构创新设计等多个创新设计的案例。典型机械的创新设计有大型全断面掘进机(盾构机)仿真分析与数字化设计、机器人挖掘机的机电一体化创新设计、节能抽油机的创新设计、产品包装生产线的机构方案创新设计等。

(3) 编入了一大批典型的创新机械产品。

"机械无级变速器"一章中编入了新型金属带式无级变速器,"并联机构的设计与应用"一章中编入了数十个新型的并联机床产品,"振动的利用"一章中新编入了激振器偏移式自同步振动筛、惯性共振式振动筛、振动压路机等十多个典型的创新机械产品。这些产品有的获得了国家或省部级奖励,有的是专利产品。

(4) 编入了机械设计理论和设计方法论等方面的创新研究成果。

1) 闻邦椿院士团队经过长期研究,在国际上首先创建了振动利用工程学科,提出了该类机械设计理论和方法。本版手册中编入了相关内容和实例。

2) 根据多年的研究,提出了以非线性动力学理论为基础的深层次的动态设计理论与方法。本版手册首次编入了该方法并列举了若干应用范例。

3) 首先提出了和谐设计的新概念和新内容,阐明了自然环境、社会环境(政治环境、经济环境、人文环境、国际环境、国内环境)、技术环境、资金环境、法律环境下的产品和谐设计的概念和内容的新体系,把既有的绿色设计篇拓展为绿色设计与和谐设计篇。

4) 全面系统地阐述了产品系统化设计的理论和方法,提出了产品设计的总体目标、广义目标和技术目标的内涵,提出了应该用 IQCTES 六项设计要求来代替 QCTES 五项要求,详细阐明了设计的四个理想步骤,即"3I 调研""7D 规划""1+3+X 实施""5 (A+C) 检验",明确提出了产品系统化设计的基本内容是主辅功能、三大性能和特殊性能要求的具体实现。

5) 本版手册引入了闻邦椿院士经过长期实践总结出的独特的、科学的创新设计方法论体系和规则,用来指导产品设计,并提出了创新设计方法论的运用可向智能化方向发展,即采用专家系统来完成。

三、坚持科学性

手册的科学水平是评价手册编写质量的重要方面,因此,本版手册特别强调突出内容的科学性。

(1) 本版手册努力贯彻科学发展观及科学方法论的指导思想和方法,并将其落实到手册内容的编写中,特别是在产品设计理论方法的和谐设计、深层次设计及系统化设计的编写中。

(2) 本版手册中的许多内容是编著者多年研究成果的科学总结。这些内容中有不少是国家863、973 计划项目,国家科技重大专项,国家自然科学基金重大、重点和面上项目资助项目的研究成果,有不少成果曾获得国际、国家、部委、省市科技奖励及技术专利,充分体现了本版手册内容的重大科学价值与创新性。

下面简要介绍本版手册编入的几方面的重要研究成果：

1）振动利用工程新学科是闻邦椿院士团队经过长期研究在国际上首先创建的。本版手册中编入了振动利用机械的设计理论、方法和范例。

2）产品系统化设计理论与方法的体系和内容是闻邦椿院士团队提出并加以完善的，编写者依据多年的研究成果和系列专著，经综合整理后首次编入本版手册。

3）仿生机械设计是一门新兴的综合性交叉学科，近年来得到了快速发展，它为机械设计的创新提供了新思路、新理论和新方法。吉林大学任露泉院士领导的工程仿生教育部重点实验室开展了大量的深入研究工作，取得了一系列创新成果且出版了专著，据此并结合国内外大量较新的文献资料，为本版手册构建了仿生机械设计的新体系，编写了"仿生机械设计"篇（第50篇）。

4）激光及其在机械工程中的应用篇是中国科学院长春光学精密机械与物理研究所王立军院士依据多年的研究成果，并参考国内外大量较新的文献资料编写而成的。

5）绿色制造工程是国家确立的五项重大工程之一，绿色设计是绿色制造工程的最重要环节，是一个新的学科。合肥工业大学刘志峰教授依据在绿色设计方面获多项国家和省部级奖励的研究成果，参考国内外大量较新的文献资料为本版手册首次构建了绿色设计新体系，编写了"绿色设计与和谐设计"篇（第48篇）。

6）微机电系统及设计是前沿的新技术。东南大学黄庆安教授领导的微电子机械系统教育部重点实验室多年来开展了大量研究工作，取得了一系列创新研究成果，本版手册的"微机电系统及设计"篇（第28篇）就是依据这些成果和国内外大量较新的文献资料编写而成的。

四、重视先进性

（1）本版手册对机械基础设计和常规设计的内容做了大规模全面修订，编入了大量新标准、新材料、新结构、新工艺、新产品、新技术、新设计理论和计算方法等。

1）编入和更新了产品设计中需要的大量国家标准，仅机械工程材料篇就更新了标准126个，如GB/T 699—2015《优质碳素结构钢》和GB/T 3077—2015《合金结构钢》等。

2）在新材料方面，充实并完善了铝及铝合金、钛及钛合金、镁及镁合金等内容。这些材料由于具有优良的力学性能、物理性能以及回收率高等优点，目前广泛应用于航空、航天、高铁、计算机、通信元件、电子产品、纺织和印刷等行业。增加了国内外粉末冶金材料的新品种，如美国、德国和日本等国家的各种粉末冶金材料。充实了国内外工程塑料及复合材料的新品种。

3）新编的"机械零部件结构设计"篇（第4篇），依据11个结构设计方面的基本要求，编写了相应的内容，并编入了结构设计的评估体系和减速器结构设计、滚动轴承部件结构设计的示例。

4）按照GB/T 3480.1~3—2013（报批稿）、GB/T 10062.1~3—2003及ISO 6336—2006等新标准，重新构建了更加完善的渐开线圆柱齿轮传动和锥齿轮传动的设计计算新体系；按照初步确定尺寸的简化计算、简化疲劳强度校核计算、一般疲劳强度校核计算，编排了三种设计计算方法，以满足不同场合、不同要求的齿轮设计。

5）在"第4卷　流体传动与控制"卷中，编入了一大批国内外知名品牌的新标准、新结构、新产品、新技术和新设计计算方法。在"液力传动"篇（第23篇）中新增加了液黏传动，它是一种新型的液力传动。

（2）"第5卷　机电一体化与控制技术"卷充实了智能控制及专家系统的内容，大篇幅增加了机器人与机器人装备的内容。

　　机器人是机电一体化特征最为显著的现代机械系统，机器人技术是智能制造的关键技术。由于智能制造的迅速发展，近年来机器人产业呈现出高速发展的态势。为此，本版手册大篇幅增加了"机器人与机器人装备"篇（第 26 篇）的内容。该篇从实用性的角度，编写了串联机器人、并联机器人、轮式机器人、机器人工装夹具及变位机；编入了机器人的驱动、控制、传感、视角和人工智能等共性技术；结合喷涂、搬运、电焊、冲压及压铸等工艺，介绍了机器人的典型应用实例；介绍了服务机器人技术的新进展。

　　（3）为了配合我国创新驱动战略的重大需求，本版手册扩大了创新设计的篇数，将原第 6 卷扩编为两卷，即新的"现代设计与创新设计（一）"（第 6 卷）和"现代设计与创新设计（二）"（第 7 卷）。前者保留了原第 6 卷的主要内容，后者编入了创新设计和与创新设计有关的内容及一些前沿的技术内容。

　　本版手册"现代设计与创新设计（一）"卷（第 6 卷）的重点内容和新增内容主要有：

　　1）在"现代设计理论与方法综述"篇（第 32 篇）中，简要介绍了机械制造技术发展总趋势、在国际上有影响的主要设计理论与方法、产品研究与开发的一般过程和关键技术、现代设计理论的发展和根据不同的设计目标对设计理论与方法的选用。闻邦椿院士在国内外首次按照系统工程原理，对产品的现代设计方法做了科学分类，克服了目前产品设计方法的论述缺乏系统性的不足。

　　2）新编了"数字化设计"篇（第 40 篇）。数字化设计是智能制造的重要手段，并呈现应用日益广泛、发展更加深刻的趋势。本篇编入了数字化技术及其相关技术、计算机图形学基础、产品的数字化建模、数字化仿真与分析、逆向工程与快速原型制造、协同设计、虚拟设计等内容，并编入了大型全断面掘进机（盾构机）的数字化仿真分析和数字化设计、摩托车逆向工程设计等多个实例。

　　3）新编了"试验优化设计"篇（第 41 篇）。试验是保证产品性能与质量的重要手段。本篇以新的视觉优化设计构建了试验设计的新体系、全新内容，主要包括正交试验、试验干扰控制、正交试验的结果分析、稳健试验设计、广义试验设计、回归设计、混料回归设计、试验优化分析及试验优化设计常用软件等。

　　4）将手册第 5 版的"造型设计与人机工程"篇改编为"工业设计与人机工程"篇（第 42 篇），引入了工业设计的相关理论及新的理念，主要有品牌设计与产品识别系统（PIS）设计、通用设计、交互设计、系统设计、服务设计等，并编入了机器人的产品系统设计分析及自行车的人机系统设计等典型案例。

　　（4）"现代设计与创新设计（二）"卷（第 7 卷）主要编入了创新设计和与创新设计有关的内容及一些前沿技术内容，其重点内容和新编内容有：

　　1）新编了"机械创新设计概论"篇（第 44 篇）。该篇主要编入了创新是我国科技和经济发展的重要战略、创新设计的发展与现状、创新设计的指导思想与目标、创新设计的内容与方法、创新设计的未来发展战略、创新设计方法论的体系和规则等。

　　2）新编了"创新设计方法论"篇（第 45 篇）。该篇为创新设计提供了正确的指导思想和方法，主要编入了创新设计方法论的体系、规则，创新设计的目的、要求、内容、步骤、程序及科学方法，创新设计工作者或团队的四项潜能，创新设计客观因素的影响及动态因素的作用，用科学哲学思想来统领创新设计工作，创新设计方法论的应用，创新设计方法论应用的智能化及专家系统，创新设计的关键因素及制约的因素分析等内容。

　　3）创新设计是提高机械产品竞争力的重要手段和方法，大力发展创新设计对我国国民经济发展具有重要的战略意义。为此，编写了"创新原理、思维、方法与应用"篇（第47篇）。除编入了创新思维、原理和方法，创新设计的基本理论和创新的系统化设计方法外，还编入了29种创新思维方法、30种创新技术、40种发明创造原理，列举了大量的应用范例，为引领机械创新设计做出了示范。

4）绿色设计是实现低资源消耗、低环境污染、低碳经济的保护环境和资源合理利用的重要技术政策。本版手册中编入了"绿色设计与和谐设计"篇（第48篇）。该篇系统地论述了绿色设计的概念、理论、方法及其关键技术。编者结合多年的研究实践，并参考了大量的国内外文献及较新的研究成果，首次构建了系统实用的绿色设计的完整体系，包括绿色材料选择、拆卸回收产品设计、包装设计、节能设计、绿色设计体系与评估方法，并给出了系列典型范例，这些对推动工程绿色设计的普遍实施具有重要的指引和示范作用。

5）仿生机械设计是一门新兴的综合性交叉学科，本版手册新编入了"仿生机械设计"篇（第50篇），包括仿生机械设计的原理、方法、步骤，仿生机械设计的生物模本，仿生机械形态与结构设计，仿生机械运动学设计，仿生机构设计，并结合仿生行走、飞行、游走、运动及生机电仿生手臂，编入了多个仿生机械设计范例。

6）第55篇为"系统化设计理论与方法"篇。装备制造机械产品的大型化、复杂化、信息化程度越来越高，对设计方法的科学性、全面性、深刻性、系统性提出的要求也越来越高，为了满足我国制造强国的重大需要，亟待创建一种能统领产品设计全局的先进设计方法。该方法已经在我国许多重要机械产品（如动车、大型离心压缩机等）中成功应用，并获得重大的社会效益和经济效益。本版手册对该系统化设计方法做了系统论述并给出了大型综合应用实例，相信该系统化设计方法对我国大型、复杂、现代化机械产品的设计具有重要的指导和示范作用。

7）本版手册第7卷还编入了与创新设计有关的其他多篇现代化设计方法及前沿新技术，包括顶层设计原理、方法与应用，智能设计，互联网上的合作设计，工业通信网络，面向机械工程领域的大数据、云计算与物联网技术，3D打印设计与制造技术等。

五、突出实用性

为了方便产品设计者使用和参考，本版手册对每种机械零部件和产品均给出了具体应用，并给出了选用方法或设计方法、设计步骤及应用范例，有的给出了零部件的生产企业，以加强实际设计的指导和应用。本版手册的编排尽量采用表格化、框图化等形式来表达产品设计所需要的内容和资料，使其更加简明、便查；对各种标准采用摘编、数据合并、改排和格式统一等方法进行改编，使其更为规范和便于读者使用。

六、保证可靠性

编入本版手册的资料尽可能取自原始资料，重要的资料均注明来源，以保证其可靠性。所有数据、公式、图表力求准确可靠，方法、工艺、技术力求成熟。所有材料、零部件、产品和工艺标准均采用新公布的标准资料，并且在编入时做到认真核对以避免差错。所有计算公式、计算参数和计算方法都经过长期检验，各种算例、设计实例均来自工程实际，并经过认真的计算，以确保可靠。本版手册编入的各种通用的及标准化的产品均说明其特点及适用情况，并注明生产厂家，供设计人员全面了解情况后选用。

七、保证高质量和权威性

本版手册主编单位东北大学是国家211、985重点大学、"重大机械关键设计制造共性技术"985创新平台建设单位、2011国家钢铁共性技术协同创新中心建设单位，建有"机械设计及理论国家重点学科"和"机械工程一级学科"。由东北大学机械及相关学科的老教授、老专家和中青年学术精英组成了实力强大的大型工具书编写团队骨干，以及一批来自国家重点高校、研究院所、大型企业等30多个单位、近200位专家、学者组成了高水平编审团队。编审团队成员的大多数都是所在领域的著名资深专家，他们具有深广的理论基础、丰富的机械设计工作经历、丰富的工具书编纂经验和执着的敬业精神，从而确保了本版手册的高质量和权威性。

在本版手册编写中，为便于协调，提高质量，加快编写进度，编审人员以东北大学的教师为主，并组织邀请了清华大学、上海交通大学、西安交通大学、浙江大学、哈尔滨工业大学、吉林大学、天津大学、华中科技大学、北京科技大学、大连理工大学、东南大学、同济大学、重庆大学、北京化工大学、南京航空航天大学、上海师范大学、合肥工业大学、大连交通大学、长安大学、西安建筑科技大学、沈阳工业大学、沈阳航空航天大学、沈阳建筑大学、沈阳理工大学、沈阳化工大学、重庆理工大学、中国科学院长春光学精密机械与物理研究所、中国科学院沈阳自动化研究所等单位的专家、学者参加。

在本版手册出版之际，特向著名机械专家、本手册创始人、第1版及第2版的主编徐灏教授致以崇高的敬意，向历次版本副主编邱宣怀教授、蔡春源教授、严隽琪教授、林忠钦教授、余俊教授、汪恺总工程师、周士昌教授致以崇高的敬意，向参加本手册历次版本的编写单位和人员表示衷心感谢，向在本手册历次版本的编写、出版过程中给予大力支持的单位和社会各界朋友们表示衷心感谢，特别感谢机械科学研究总院、郑州机械研究所、徐州工程机械集团公司、北方重工集团沈阳重型机械集团有限责任公司和沈阳矿山机械集团有限责任公司、沈阳机床集团有限责任公司、沈阳鼓风机集团有限责任公司及辽宁省标准研究院等单位的大力支持。

由于编者水平有限，手册中难免有一些不尽如人意之处，殷切希望广大读者批评指正。

主编　闻邦椿

目　　录

第 6 篇　带传动和链传动

第 1 章　带　传　动

第 7 篇　摩擦轮传动与螺旋传动

第 1 章　摩擦轮传动

第6篇 带传动和链传动

主　　编　吴宗泽　陈铁鸣
编 写 人　吴宗泽　陈铁鸣
审 稿 人　罗圣国

第5版
第6篇　带传动和链传动

主　编　吴宗泽
编写人　吴宗泽　张卧波
审稿人　罗圣国

第1章　带　传　动

1　传动带的种类及其选择

1.1　带和带传动的形式

根据带传动原理不同,带传动可分为摩擦型和啮合型两大类,前者过载会打滑,传动比不准确(弹性滑动率在2%以下);后者可保证同步传动。根据带的形状,带传动可分为平带传动、V带传动、特殊带传动和同步带传动。根据用途,有一般工业用、汽车用和农机用等之分。

传动带的类型、特点、应用及其适用性能见表6.1-1、表6.1-2。

表6.1-1　传动带的类型、特点和应用

类型		简图	结构	特点	应用	说明
平带	帆布平带		由数层挂胶帆布黏合而成,有切边式和包边式	抗拉强度较大,耐湿性好、价廉;耐热、耐油性能差;切边式较柔软	$v<30\text{m/s}$、$P<500\text{kW}$、$i<6$ 中心距较大的传动	v—带速(m/s) P—传递功率(kW) 规格见表6.1-32
	编织平带	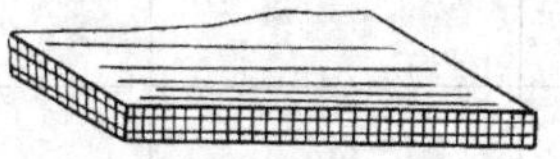	有棉织、毛织和缝合棉布带,以及用于高速传动的丝、麻、聚酰胺纤维编织带。带面有覆胶和不覆胶两种	挠曲性好,传递功率小,易松弛	中、小功率传动	高速带推荐规格见表6.1-42
	聚酰胺片基平带	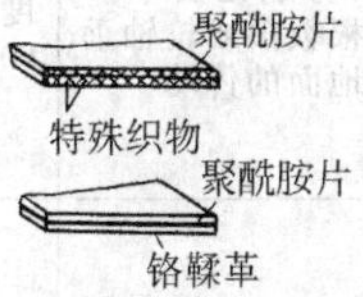	承载层为聚酰胺片(有单层和多层黏合),工作面贴有铬鞣革、挂胶帆布或特殊织物等	强度高,摩擦因数大,挠曲性好,不易松弛	大功率传动,薄型可用于高速传动	—
	高速环形胶带	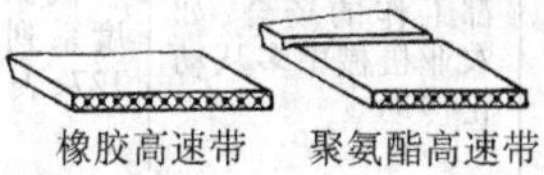	承载层为聚酯绳,橡胶高速带表面覆耐磨、耐油胶布	带体薄而软,曲挠性好,强度较高,传动平稳,耐油、耐磨性能好,不易松弛	高速传动	推荐规格见表6.1-42
V带	普通V带	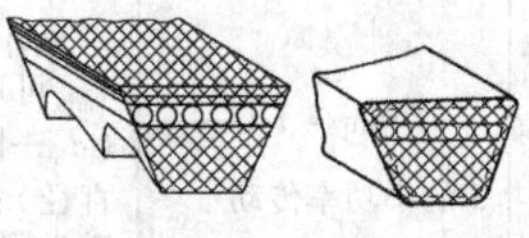	承载层为绳芯,楔角为40°,相对高度近似为0.7,梯形截面环形带。有包边V带和切边V带两大类,内周可制成齿形	由于有楔形效应,工作面与轮槽间的当量摩擦因数大,允许包角小、传动比大、预紧力小。齿形V带带体较柔软,挠曲性好	$v<25\sim30\text{m/s}$、$P<700\text{kW}$、$i\leqslant10$ 中心距小的传动	截面尺寸规格见表6.1-4
	窄V带	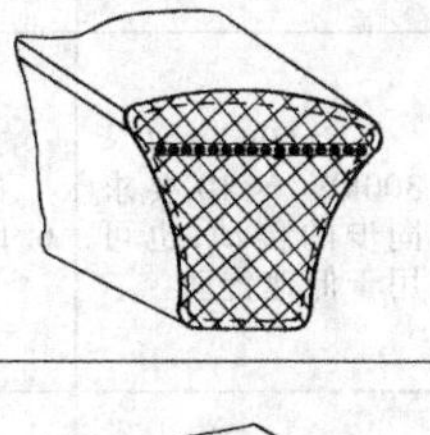	承载层为合成纤维绳芯,楔角为40°,相对高度近似为0.9,梯形截面环形带,内周可制成齿形	除具有普通V带的特点外,能承受较大的预紧力,允许速度和挠曲次数高,传动功率大,节能	大功率、结构紧凑的传动	有两种尺寸制:基准宽度制和有效宽度制,截面尺寸规格分别表6.1-4、表6.1-5
	联组V带		将几根相同的普通V带或窄V带在顶面连成一体的V带组	传动过程中各根V带载荷均匀,可减少运转中振动和横向翻转	结构紧凑、要求高的传动	联组窄V带和联组普通V带截面尺寸规格分别见表6.1-23、表6.1-26

在聚酰胺片基平带图中标注：聚酰胺片、特殊织物、聚酰胺片、铬鞣革

在高速环形胶带图中标注：橡胶高速带、聚氨酯高速带

（续）

类型		简图	结构	特点	应用	说明
V带	汽车V带	参见窄V带和普通V带	承载层为绳芯的V带，相对高度有0.9的，也有0.7的	挠曲性和耐热性好	汽车、拖拉机等内燃机专用V带，也可用于带轮和轴间距较小、工作温度较高的传动	结构和截面尺寸见图6.1-29、表6.1-104
	大楔角V带		承载层为绳芯，楔角为60°的聚氨酯环形带	质量均匀，摩擦因数大，传递功率大，外廓尺寸小，耐磨性、耐油性好	速度较高、结构特别紧凑的传动	—
	宽V带、半宽V带		承载层为绳芯，相对高度近似为0.3和0.5的梯形截面环形带	挠曲性好，耐热性和耐侧压性能好	无级变速传动	用于无级变速，工业用宽V带见表6.1-121，农业用半宽V带见表6.1-123
特殊带	多楔带		在绳芯结构平带的基体下有若干纵向三角形楔的环形带，工作面是楔面，有橡胶和聚氨酯两种	具有平带的柔软、V带摩擦力大的特点，比V带传动平稳，外廓尺寸小	结构紧凑的传动，特别是要求V带根数多或轮轴垂直地面的传动	截面尺寸和长度系列见表6.1-90、表6.1-91
	双面V带		截面为六角形。四个侧面均为工作面，承载层为绳芯，位于截面中心	可以两面工作，带体较厚，挠曲性差，寿命和效率较低	需要V带两面都工作的场合，如农业机械中多从动轮传动	截面尺寸和长度系列见表6.1-127、表6.1-128
	圆形带		截面为圆形，有圆皮带、圆绳带、圆聚酰胺带等	结构简单	$v<15\text{m/s}$，$i=\frac{1}{2}\sim 3$的小功率传动	最小带轮直径$d_{\min}$可取$20\sim30d_b$（d_b—圆形带的直径）；轮槽可做成半圆形
同步带	梯形齿同步带		工作面为梯形齿齿面，承载层为玻璃纤维绳芯、钢丝绳等的环形带，有氯丁胶和聚氨酯橡胶两种	靠啮合传动，承载层保证带齿齿距不变，传动比准确，轴压力小，结构紧凑，耐油、耐磨性较好，但安装制造要求高	$v<50\text{m/s}$，$P<300\text{kW}$，$i<10$要求同步的传动，也可用于低速传动	齿形尺寸见表6.1-53
	曲线齿同步带		工作面为曲线齿齿面，承载层为玻璃纤维、合成纤维绳芯的环形带，带的基体为氯丁胶	与梯形齿同步带相同，但工作时齿根应力集中小	大功率传动	齿形和尺寸见表6.1-68～表6.1-71

表 6.1-2　各种传动带的适用性能

类别	材质	类型	传动、环境条件																	
			紧凑性	容许速度 /m·s⁻¹	运行噪声小	双面传动	背面张紧	对称面重合性差	起停频繁	振动横转	粉尘条件	允许最高温度 /℃	允许最低温度 /℃	耐水性	耐油性	耐酸性	耐碱性	耐候性	防静电性	通用性
摩擦传动 — 平带 — 橡胶系		帆布平带	0	25	2	3	3	1~0	1	2	1	70	-40	1	0	1~0	1~0	2	0	3
		高速环形胶带	2	60	3	3	3	0	1	3	2	90	-30	1	1~0	1	1	2	3	2
	其他	棉麻织带	2	25 (50)	3	3	3	0	1	2	1	50	-40	0	1	0	1	2	0	1
		毛织带	0	30	3	3	3	0	1	2	1		-40	1	1	0	1	0	1	
		聚酰胺片基平带	2	80	3	3	3	0	1	2	1	80	-30	1	1	1	1	2		
摩擦传动 — V带 — 橡胶系		普通 V 带	2	30	2	1	1	1~0	2	1	1	70	-40							
		窄 V 带	3	30	2	1	1~0	0	2	3	3	90	-30					3	3	3
		联组 V 带	2~3	30~40	2	1	1~0	0	2	1	3	70~90	-40~-30					2~3	3	3
		汽车 V 带	3	30	2	1	1~0	0	2	3	3	90								
		宽 V 带	3	30	2	0	0	0	2	3	3	90								
	聚氨酯系	大楔角 V 带	3	45	2	0	0	0	2	3	3	60	-40	1	3	1~0	1~0	2		
特殊带 — 橡胶系		多楔带	3	40	2	0	0	0	2	3	3	60	-40							
		双面 V 带	3	40	2	3	1	0	2	3	3	70	-40							
特殊带 — 聚氨酯系		多楔带	2	40	2	0	0	0	2	3	3	60	-40	1	3	1~0	1~0	2		
		圆形带	0	20	3	3	2	1~0	2	3	3	60	-20	1	3	1~0	1~0	2		
啮合传动 — 同步带 — 橡胶系		梯形齿同步带	2	40	2	3	3	0	2~1	3	3	90	-35	1	1~2	1	1	2	3~0	3
		曲线齿同步带	2	40	2	3	3	0	2~1	3	3	90	-35	1	2	1	1	2	3~0	3
	聚氨酯系	梯形齿同步带	2	30	2	3	3	0	2~1	3	3	60	-20	1	3	1	1	2	3~0	3

注：3—良好的使用性，2—可以使用，1—必要时可以用，0—不适用。

1.2　带传动设计的一般内容

带传动设计的典型问题、设计的主要内容和主要结果如下：

1) 带传动设计的典型已知条件。原动机种类、工作机名称及其特性、原动机额定功率和转速、工作制度、带传动的传动比、高速轴（小带轮）转速、许用带轮直径、中心距要求等。

2) 设计要满足的条件：

① 运动学的条件。传动比 $i = n_1/n_2 \approx d_2/d_1$。

② 几何条件。带轮直径、带长、中心距应满足一定的几何关系。

③ 传动能力条件。带传动有足够的传动能力和寿命。

④ 其他条件。中心距、小轮包角、带速度应在合理范围内。

⑤ 此外还应考虑经济性、工艺性要求。

3) 设计结果。确定带的种类、带型、所需带根数或带宽、带长、带轮直径、中心距、带轮的结构和尺寸、预紧力、轴载荷、张紧方法等。

1.3　带传动的效率

传动效率 η 的计算公式为

$$\eta = \frac{T_0 n_0}{T_1 n_1} \times 100\%$$

式中　T_0——输出转矩 (N·m)；

n_0——输出转速 (r/min)；

T_1——输入转矩 (N·m)；

n_1——输入转速 (r/min)。

带传动有下列几种功率损失：

1) 滑动损失。带在工作时，由于带与轮之间的弹性滑动和可能存在的几何滑动，而产生的滑动损失。

2) 滞后损失。带在运行中会产生反复伸缩，特别是在带轮上的挠曲会使带体内部产生摩擦，引起功率损失。

3) 空气阻力。高速传动时，运行中的风阻会引起转矩的损耗，其损耗与速度的平方成正比。因此设计高速带传动时，带的表面积宜小，带轮的轮辐表面要平滑（如用椭圆形）或用辐板以减小风阻。

4) 轴承的摩擦损失。滑动轴承的损失为2%～

5%，滚动轴承为 1%~2%。

考虑上述损失，带传动的效率约在 80%~98% 范围内，根据带的种类而定。进行传动设计时，可按表 6.1-3 选取。

表 6.1-3 带传动的效率

带的种类	效率(%)
平带[1]	83~98
有张紧轮的平带	80~95
普通 V 带[2]	92~96
窄 V 带	90~95
多楔带	92~97
同步带	93~98

[1] 聚酰胺片基平带取高值。

[2] V 带传动的效率与 $\frac{d_1}{h}$（d_1—小带轮直径，h—带高）有关，当 $\frac{d_1}{h} \approx 9$ 时取低值，$\frac{d_1}{h} \approx 19$ 时取高值。

2 V 带传动

V 带和带轮有两种宽度制，即基准宽度制和有效宽度制。

基准宽度制是以基准线的位置和基准宽度 b_d（见图 6.1-1a）来定义带轮的槽型和尺寸。当 V 带的节面与带轮的基准直径重合时，带轮的基准宽度即为 V 带节面在轮槽内相应位置的槽宽，用以表示轮槽轮截面的特征值。它本身无公差，是带轮与带标准化的公称尺寸。

有效宽度制规定轮槽两侧边的最外端宽度为有效宽度 b_e（见图 6.1-1b）。该尺寸无公差规定，在轮槽有效宽度处的直径是有效直径。

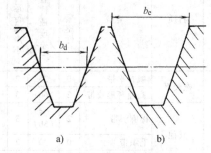

a) b)

图 6.1-1 V 带的两种宽度制

由于尺寸制的不同，带的长度分别以基准长度和有效长度来表示。基准长度是在规定的张紧力下，V 带位于测量带轮基准直径处的周长；有效长度则是在规定的张紧力下，V 带位于测量带轮有效直径处的周长。

普通 V 带采用基准宽度制，窄 V 带则由于尺寸制的不同，有两种尺寸系列。在设计计算时，基本原理和计算公式是相同的，尺寸则有所差别。

2.1 尺寸规格、结构和力学性能

普通 V 带和窄 V 带（基准宽度制）的截面尺寸和露出高度见表 6.1-4，有效宽度制窄 V 带截面尺寸见表 6.1-5。窄 V 带的力学性能要求见表 6.1-6，普通 V 带和窄 V 带的基准带长和带长修正系数 K_L 见表 6.1-7。

表 6.1-4 V 带（基准宽度制）的截面尺寸和露出高度（摘自 GB/T 11544—2012） （mm）

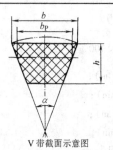

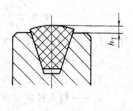

V 带截面示意图

规定标记：
型号为 SPA 型基准长度为 1250mm 的窄 V 带
标记示例：
SPA1250 GB/T 11544—2012

型 号		节宽 b_P	顶宽 b	高度 h	楔角 α	露出高度 h_T		适用槽形的基准宽度
						最大	最小	
普通 V 带	Y	5.3	6	4	40°	+0.8	-0.8	5.3
	Z	8.5	10	6		+1.6	-1.6	8.5
	A	11.0	13	8		+1.6	-1.6	11
	B	14.0	17	11		+1.6	-1.6	14
	C	19.0	22	14		+1.5	-2.0	19
	D	27.0	32	19		+1.6	-3.2	27
	E	32.0	38	23		+1.6	-3.2	32
窄 V 带	SPZ	8.5	10	8	40°	+1.1	-0.4	8.5
	SPA	11.0	13	10		+1.3	-0.6	11
	SPB	14.0	17	14		+1.4	-0.7	14
	SPC	19.0	22	18		+1.5	-1.0	19

有效宽度制窄V带有效带长和带长修正系数 K_L 见表6.1-8。

表6.1-5 有效宽度制窄V带截面尺寸

（摘自 GB/T 13575.2—2008）

型 号	截面尺寸/mm		楔角 α
	顶宽 b	高度 h	
9N(3V)	9.5	8.0	
15N(5V)	16.0	13.5	40°
25N(8V)	25.5	23.0	

表6.1-6 窄V带的力学性能

（摘自 GB/T 12730—2008）

项目	指 标				
	SPZ、9N	SPA	SPB、15N	SPC	25N
抗拉强度≥/kN	2.3	3.0	5.4	9.8	12.7
参考力/kN	0.8	1.1	2.0	3.9	5.0
参考力伸长率(%)≤	4				5
线绳黏合强度≥/(kN/m)	13	17	21	27	31

表6.1-7 普通V带和窄V带的基准带长和带长修正系数 K_L

（摘自 GB/T 11544—2012、GB/T 13575.1—2008）

普通V带													
Y		Z		A		B		C		D		E	
L_d/mm	K_L	L_d/mm	K_L	L_d/mm	K_L	L_d/mm	K_L	L_d/mm	K_L	L_d/mm	K_L	L_d/mm	K_L
200	0.81	405	0.87	630	0.81	930	0.83	1565	0.82	2740	0.82	4660	0.91
224	0.82	475	0.90	700	0.83	1000	0.84	1760	0.85	3100	0.86	5040	0.92
250	0.84	530	0.93	790	0.85	1100	0.86	1950	0.87	3330	0.87	5420	0.94
280	0.87	625	0.96	890	0.87	1210	0.87	2195	0.90	3730	0.90	6100	0.96
315	0.89	700	0.99	990	0.89	1370	0.90	2420	0.92	4080	0.91	6850	0.99
355	0.92	780	1.00	1100	0.91	1560	0.92	2715	0.94	4620	0.94	7650	1.01
400	0.96	920	1.04	1250	0.93	1760	0.94	2880	0.95	5400	0.97	9150	1.05
450	1.00	1080	1.07	1430	0.96	1950	0.97	3080	0.97	6100	0.99	12230	1.11
500	1.02	1330	1.13	1550	0.98	2180	0.99	3520	0.99	6840	1.02	13750	1.15
		1420	1.14	1640	0.99	2300	1.01	4060	1.02	7620	1.05	15280	1.17
		1540	1.54	1750	1.00	2500	1.03	4600	1.05	9140	1.08	16800	1.19
				1940	1.02	2700	1.04	5380	1.08	10700	1.13		
				2050	1.04	2870	1.05	6100	1.11	12200	1.16		
				2200	1.06	3200	1.07	6815	1.14	13700	1.19		
				2300	1.07	3600	1.09	7600	1.17	15200	1.21		
				2480	1.09	4060	1.13	9100	1.21				
				2700	1.10	4430	1.15	10700	1.24				
						4820	1.17						
						5370	1.20						
						6070	1.24						

窄V带					窄V带				
L_d/mm	SPZ	SPA	SPB	SPC	L_d/mm	SPZ	SPA	SPB	SPC
	K_L					K_L			
630	0.82				3150	1.11	1.04	0.98	0.90
710	0.84				3550	1.13	1.06	1.00	0.92
800	0.86	0.81			4000		1.08	1.02	0.94
900	0.88	0.83			4500		1.09	1.04	0.96
1000	0.90	0.85			5000			1.06	0.98
1120	0.93	0.87			5600			1.08	1.00
1250	0.94	0.89	0.82		6300			1.10	1.02
1400	0.96	0.91	0.84		7100			1.12	1.04
1600	1.00	0.93	0.86		8000			1.14	1.06
1800	1.01	0.95	0.88		9000				1.08
2000	1.02	0.96	0.90	0.81	10000				1.10
2240	1.05	0.98	0.92	0.83	11200				1.12
2500	1.07	1.00	0.94	0.86	12500				1.14
2800	1.09	1.02	0.96	0.88					

表 6.1-8　有效宽度制窄 V 带的有效带长和带长修正系数 K_L（摘自 GB/T 13575.2—2008）

L_e/mm	9N、9J	15N、15J	25N、25J	L_e/mm	9N、9J	15N、15J	25N、25J
	K_L				K_L		
630	0.83			2690	1.10	0.97	0.88
670	0.84			2840	1.11	0.98	0.88
710	0.85			3000	1.12	0.99	0.89
760	0.86			3180	1.13	1.00	0.90
800	0.87			3350	1.14	1.01	0.91
850	0.88			3550	1.15	1.02	0.92
900	0.89			3810		1.03	0.93
950	0.90			4060		1.04	0.94
1050	0.92			4320		1.05	0.94
1080	0.93			4570		1.06	0.95
1145	0.94			4830		1.07	0.96
1205	0.95			5080		1.08	0.97
1270	0.96	0.85		5380		1.09	0.98
1345	0.97	0.86		5690		1.09	0.98
1420	0.98	0.87		6000		1.10	0.99
1525	0.99	0.88		6350		1.11	1.00
1600	1.00	0.89		6730		1.12	1.01
1700	1.01	0.90		7100		1.13	1.02
1800	1.02	0.91		7620		1.14	1.03
1900	1.03	0.92		8000		1.15	1.03
2030	1.04	0.93		8500		1.16	1.04
2160	1.06	0.94		9000		1.17	1.05
2290	1.07	0.95		9500			1.06
2410	1.08	0.96		10160			1.07
2540	1.09	0.96	0.87	10800			1.08
				11430			1.09
				12060			1.09
				12700			1.10

按 GB/T 1171—2017《一般传动用普通 V 带》的规定，普通 V 带有包边 V 带、切边 V 带两大类，其结构如图 6.1-2 所示，尺寸按 GB/T 11544—2012 的规定，力学性能应符合表 6.1-9 的规定。

按 GB/T 1171—2017 的规定，一般传动用普通 V 带的疲劳寿命，A 型和 B 型 V 带无扭矩疲劳寿命不小于 1.0×10^7 次，24h 中心距变化率不大于 2.0%。

2.2　V 带传动的设计

2.2.1　主要失效形式

主要失效形式包括：

1）带在带轮上打滑，不能传递动力。

2）带由于疲劳产生脱层、撕裂和拉断。

3）带的工作面磨损。

保证带在工作中不打滑，并具有一定的疲劳强度和使用寿命是 V 带传动设计的主要根据，也是靠摩擦传动的其他带传动设计的主要根据。

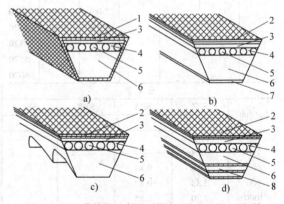

图 6.1-2　V 带结构示意图（摘自 GB/T 1171—2017）
a）包边 V 带　b）普通切边 V 带
c）有齿切边 V 带　d）底胶夹布切边 V 带
1—胶帆布　2—顶布　3—顶胶　4—缓冲胶
5—芯绳　6—底胶　7—底布　8—底胶夹布

2.2.2　设计计算

V 带传动的设计计算见表 6.1-10。

表 6.1-9 普通 V 带的力学性能（摘自 GB/T 1171—2017）

型号	抗拉强度/kN ≥	参考力 /kN	参考力伸长率(%) ≤		布与顶胶间黏合强度 /kN·m⁻¹ ≥
			包边 V 带	切边 V 带	
Y	1.2	0.6			—
Z	2.0	0.8		5.0	
A	3.0	1.4	7.0		
B	5.0	2.4			
C	9.0	3.9			2.0
D	15.0	7.8		—	
E	20.0	11.8			

表 6.1-10 V 带传动的设计计算

序号	计算项目	符号	单位	计算公式和参数选定	说 明
1	设计功率	P_d	kW	$P_d = K_A P$	P—传递的功率(kW) K_A—工况系数，见表 6.1-11
2	选定带型			根据 P_d 和 n_1 由图 6.1-3、图 6.1-4 或图 6.1-5 选取	n_1—小带轮转速(r/min)
3	传动比	i		$i = \dfrac{n_1}{n_2} = \dfrac{d_{p2}}{d_{p1}}$ 若计入滑动率 $i = \dfrac{n_1}{n_2} = \dfrac{d_{p2}}{(1-\varepsilon)d_{p1}}$ 通常 $\varepsilon = 0.01 \sim 0.02$	n_2—大带轮转速(r/min) d_{p1}—小带轮的节圆直径(mm) d_{p2}—大带轮的节圆直径(mm) ε—弹性滑动率 通常带轮的节圆直径可视为基准直径
4	小带轮的基准直径	d_{d1}	mm	按表 6.1-15、表 6.1-16 选定	为提高 V 带的寿命，宜选取较大的直径
5	大带轮的基准直径	d_{d2}	mm	$d_{d2} = id_{d1}(1-\varepsilon)$	d_{d2} 应按表 6.1-15、表 6.1-16 选取标准值
6	带速	v	m/s	$v = \dfrac{\pi d_{p1} n_1}{60 \times 1000} \leq v_{max}$ 普通 V 带 $v_{max} = 25 \sim 30$ 窄 V 带 $v_{max} = 35 \sim 40$	一般 v 不得低于 5m/s
7	初定中心距	a_0	mm	$0.7(d_{d1}+d_{d2}) \leq a_0 < 2(d_{d1}+d_{d2})$	或根据结构要求定
8	所需基准长度	L_{d0}	mm	$L_{d0} = 2a_0 + \dfrac{\pi}{2}(d_{d1}+d_{d2})$ $+ \dfrac{(d_{d2}-d_{d1})^2}{4a_0}$	由表 6.1-7 选取相近的 L_d。对有效宽度制 V 带，按有效直径计算所需带长度，由表 6.1-8 选近相带长
9	实际中心距	a	mm	$a \approx a_0 + \dfrac{L_d - L_{d0}}{2}$	安装时所需最小中心距 $a_{min} = a - i, i = 2b_d + 0.009L_d$ 张紧或补偿伸长所需最大中心距 $a_{max} = a + s, s = 0.02L_d$
10	小带轮包角	α_1	°	$\alpha_1 = 180° - \dfrac{d_{d2}-d_{d1}}{a} \times 57.3°$	如 α_1 较小，应增大 a 或用张紧轮
11	单根 V 带传递的额定功率	P_1	kW	根据带型、d_{d1} 和 n_1 查表 6.1-14a~n	P_1 是 $\alpha = 180°$、载荷平稳时，特定长度的单根 V 带基本额定功率
12	传动比 $i \neq 1$ 的额定功率增量	ΔP_1	kW	根据带型、n_1 和 i 查表 6.1-14a~n	
13	V 带的根数	z		$z = \dfrac{P_d}{(P_1+\Delta P_1)K_\alpha K_L}$	K_α—小带轮包角修正系数，见表 6.1-12 K_L—带长修正系数，见表 6.1-7、表 6.1-8
14	单根 V 带的预紧力	F_0	N	$F_0 = 500\left(\dfrac{2.5}{K_a}-1\right)\dfrac{P_d}{zv}+mv^2$	m—V 带每米长的质量(见表 6.1-13)(kg/m)
15	作用在轴上的力	F_r	N	$F_r = 2F_0 z \sin\dfrac{\alpha_1}{2}$	
16	带轮的结构和尺寸				见本章 2.3 节

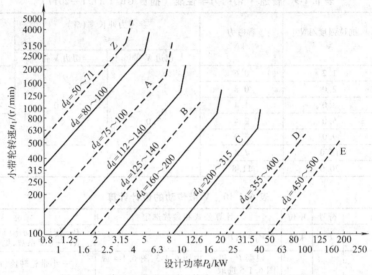

图 6.1-3 普通 V 带选型图 （摘自 GB/T 13575.1—2008）

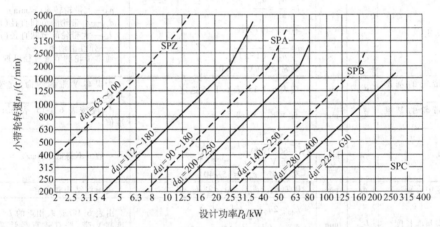

图 6.1-4 窄 V 带 （基准宽度制） 选型图 （摘自 GB/T 13575.1—2008）

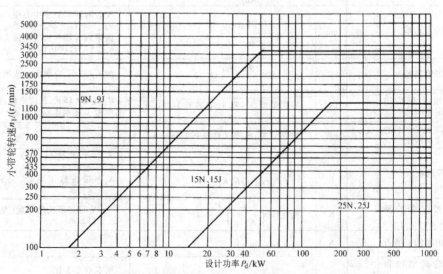

图 6.1-5 窄 V 带 （有效宽度制） 选型图 （摘自 GB/T 13575.2—2008）

表 6.1-11 工况系数 K_A（摘自 GB/T 13575.1—2008）

工 况		K_A					
		空、轻载起动			重载起动		
		每天工作时间/h					
		<10	10~16	>16	<10	10~16	>16
载荷变动最小	液体搅拌机、通风机和鼓风机（≤7.5kW）、离心式水泵和压缩机、轻载荷输送机	1.0	1.1	1.2	1.1	1.2	1.3
载荷变动小	带式输送机（不均匀负荷）、通风机（>7.5kW）、旋转式水泵和压缩机（非离心式）、发电机、金属切削机床、印刷机、旋转筛、锯木机和木工机械	1.1	1.2	1.3	1.2	1.3	1.4
载荷变动较大	制砖机、斗式提升机、往复式水泵和压缩机、起重机、磨粉机、冲剪机床、橡胶机械、振动筛、纺织机械、重载输送机	1.2	1.3	1.4	1.4	1.5	1.6
载荷变动很大	破碎机（旋转式、颚式等）、磨碎机（球磨、棒磨、管磨）	1.3	1.4	1.5	1.5	1.6	1.8

注：1. 空、轻载起动—电动机（交流起动、三角起动、直流并励），四缸以上的内燃机，装有离心式离合器、液力联轴器的动力机。
　　2. 重载起动—电动机（联机交流起动、直流复励或串励）、四缸以下的内燃机。
　　3. 反复起动、正反转频繁、工作条件恶劣等场合，K_A 应乘 1.2，窄 V 带乘 1.1。
　　4. 增速传动时 K_A 应乘下列系数：

增速比	1.25~1.74	1.75~2.49	2.5~3.49	≥3.5
系数	1.05	1.11	1.18	1.25

表 6.1-12 小带轮包角修正系数 K_α
（摘自 GB/T 13575.1—2008）

小带轮包角 /（°）	K_α
180	1
175	0.99
170	0.98
165	0.96
160	0.95
155	0.93
150	0.92
145	0.91
140	0.89
135	0.88
130	0.86
120	0.82
110	0.78
100	0.74
95	0.72
90	0.69

表 6.1-13 V 带每米长的质量 m
（摘自 GB/T 13575.1—2008、GB/T 13575.2—2008）

带 型		$m/\text{kg} \cdot \text{m}^{-1}$
基准宽度制普通 V 带	Y	0.023
	Z	0.060
	A	0.105
	B	0.170
	C	0.300
	D	0.630
	E	0.970
基准宽度制窄 V 带	SPZ	0.072
	SPA	0.112
	SPB	0.192
	SPC	0.370
有效宽度制窄 V 带	9N	0.08
	15N	0.20
	25N	0.57
有效宽度制联组窄 V 带	9J	0.122
	15J	0.252
	25J	0.693

表 6.1-14a　Y 型 V 带的额定功率（摘自 GB/T 1171—2017）　（kW）

n_1/r·min^{-1}	小带轮基准直径 d_{d1}/mm								传动比 i 或 $1/i$									
	20	25	28	31.5	35.5	40	45	50	1.00~1.01	1.02~1.04	1.05~1.08	1.09~1.12	1.13~1.18	1.19~1.24	1.25~1.34	1.35~1.50	1.51~1.99	≥2.00
	单根 V 带的基本额定功率 P_1								$i≠1$ 时额定功率的增量 ΔP_1									
200	—	—	—	—	—	—	—	0.04										
400	—	—	—	—	—	—	0.04	0.05										
700	—	—	—	0.03	0.04	0.04	0.05	0.06										
800	—	0.03	0.03	0.04	0.05	0.05	0.06	0.07	0.00									
950	0.01	0.03	0.04	0.04	0.05	0.06	0.07	0.08										
1200	0.02	0.03	0.04	0.05	0.06	0.07	0.08	0.09										
1450	0.02	0.04	0.05	0.06	0.06	0.08	0.09	0.11										
1600	0.03	0.05	0.05	0.06	0.07	0.09	0.11	0.12										
2000	0.03	0.05	0.06	0.07	0.08	0.11	0.12	0.14							0.01			
2400	0.04	0.06	0.07	0.09	0.09	0.12	0.14	0.16										
2800	0.04	0.07	0.08	0.10	0.11	0.14	0.16	0.18										
3200	0.05	0.08	0.09	0.11	0.12	0.15	0.17	0.20							0.02			
3600	0.06	0.08	0.10	0.12	0.13	0.16	0.19	0.22										
4000	0.06	0.09	0.11	0.13	0.14	0.18	0.20	0.23										
4500	0.07	0.10	0.12	0.14	0.16	0.19	0.21	0.24										
5000	0.08	0.11	0.13	0.15	0.18	0.20	0.23	0.25									0.03	
5500	0.09	0.12	0.14	0.16	0.19	0.22	0.24	0.26										
6000	0.10	0.13	0.15	0.17	0.20	0.24	0.26	0.27										

表 6.1-14b　Z 型 V 带的额定功率（摘自 GB/T 1171—2017）　（kW）

n_1/r·min^{-1}	小带轮基准直径 d_{d1}/mm						传动比 i 或 $1/i$									
	50	56	63	71	80	90	1.00~1.01	1.02~1.04	1.05~1.08	1.09~1.12	1.13~1.18	1.19~1.24	1.25~1.34	1.35~1.50	1.51~1.99	≥2.00
	单根 V 带的基本额定功率 P_1						$i≠1$ 时额定功率的增量 ΔP_1									
200	0.04	0.04	0.05	0.06	0.10	0.10										
400	0.06	0.06	0.08	0.09	0.14	0.14										
700	0.09	0.11	0.13	0.17	0.20	0.22	0.00									
800	0.10	0.12	0.15	0.20	0.22	0.24										
960	0.12	0.14	0.18	0.23	0.26	0.28			0.01							
1200	0.14	0.17	0.22	0.27	0.30	0.33										
1450	0.16	0.19	0.25	0.30	0.35	0.36							0.02			
1600	0.17	0.20	0.27	0.33	0.39	0.40										
2000	0.20	0.25	1.32	0.39	0.44	0.48										
2400	0.22	0.30	0.37	0.46	0.50	0.54										
2800	0.26	0.33	0.41	0.50	0.56	0.60							0.03			
3200	0.28	0.35	0.45	0.54	0.61	0.64										
3600	0.30	0.37	0.47	0.58	0.64	0.68							0.04			
4000	0.32	0.39	0.49	0.61	0.67	0.72										
4500	0.33	0.40	0.50	0.62	0.67	0.73										
5000	0.34	0.41	0.50	0.62	0.66	0.73										
5500	0.33	0.41	0.49	0.61	0.64	0.65	0.02								0.05	0.06
6000	0.31	0.40	0.48	0.56	0.61	0.56										

表 6.1-14c　A 型 V 带的额定功率（摘自 GB/T 1171—2017）　（kW）

n_1/r·min^{-1}	小带轮基准直径 d_{d1}/mm								传动比 i 或 1/i									
	75	90	100	112	125	140	160	180	1.00~1.01	1.02~1.04	1.05~1.08	1.09~1.12	1.13~1.18	1.19~1.24	1.25~1.34	1.35~1.51	1.52~1.99	≥2.00
	单根 V 带的基本额定功率 P_1								i≠1 时额定功率的增量 ΔP_1									
200	0.15	0.22	0.26	0.31	0.37	0.43	0.51	0.59	0.00	0.00	0.01	0.01	0.01	0.01	0.02	0.02	0.02	0.03
400	0.26	0.39	0.47	0.56	0.67	0.78	0.94	1.09	0.00	0.01	0.01	0.02	0.02	0.03	0.03	0.04	0.04	0.05
700	0.40	0.61	0.74	0.90	1.07	1.26	1.51	1.76	0.00	0.01	0.02	0.03	0.04	0.05	0.06	0.07	0.08	0.09
800	0.45	0.68	0.83	1.00	1.19	1.41	1.69	1.97	0.00	0.01	0.02	0.03	0.04	0.05	0.06	0.08	0.09	0.10
950	0.51	0.77	0.95	1.15	1.37	1.62	1.95	2.27	0.00	0.01	0.03	0.04	0.05	0.06	0.07	0.08	0.10	0.11
1200	0.60	0.93	1.14	1.39	1.66	1.96	2.36	2.74	0.00	0.02	0.03	0.05	0.07	0.08	0.10	0.11	0.13	0.15
1450	0.68	1.07	1.32	1.61	1.92	2.28	2.73	3.16	0.00	0.02	0.04	0.06	0.08	0.09	0.11	0.13	0.15	0.17
1600	0.73	1.15	1.42	1.74	2.07	2.45	2.54	3.40	0.00	0.02	0.04	0.06	0.09	0.11	0.13	0.15	0.17	0.19
2000	0.84	1.34	1.66	2.04	2.44	2.87	3.42	3.93	0.00	0.03	0.06	0.08	0.11	0.13	0.16	0.19	0.22	0.24
2400	0.92	1.50	1.87	2.30	2.74	3.22	3.80	4.32	0.00	0.03	0.07	0.10	0.13	0.16	0.19	0.23	0.26	0.29
2800	1.00	1.64	2.05	2.51	2.98	3.48	4.06	4.54	0.00	0.04	0.08	0.11	0.15	0.19	0.23	0.26	0.30	0.34
3200	1.04	1.75	2.19	2.68	3.16	3.65	4.19	4.58	0.00	0.04	0.09	0.13	0.17	0.22	0.26	0.30	0.34	0.39
3600	1.08	1.83	2.28	2.78	3.26	3.72	4.17	4.40	0.00	0.05	0.10	0.15	0.19	0.24	0.29	0.34	0.39	0.44
4000	1.09	1.87	2.34	2.83	3.28	3.67	3.98	4.00	0.00	0.05	0.11	0.16	0.22	0.27	0.32	0.38	0.43	0.48
4500	1.07	1.83	2.33	2.79	3.17	3.44	3.48	3.13	0.00	0.06	0.12	0.18	0.24	0.30	0.36	0.42	0.48	0.54
5000	1.02	1.82	2.25	2.64	2.91	2.99	2.67	1.81	0.00	0.07	0.14	0.20	0.27	0.34	0.40	0.47	0.54	0.60
5500	0.96	1.70	2.07	2.37	2.48	2.31	1.51	—	0.00	0.08	0.15	0.23	0.30	0.38	0.46	0.53	0.60	0.68
6000	0.80	1.50	1.80	1.96	1.87	1.37	—	—	0.00	0.08	0.16	0.24	0.32	0.40	0.49	0.57	0.65	0.73

表 6.1-14d　B 型 V 带的额定功率（摘自 GB/T 1171—2017）　（kW）

n_1/r·min^{-1}	小带轮基准直径 d_{d1}/mm								传动比 i 或 1/i									
	125	140	160	180	200	224	250	280	1.00~1.01	1.02~1.04	1.05~1.08	1.09~1.12	1.13~1.18	1.19~1.24	1.25~1.34	1.35~1.51	1.52~1.99	≥2.00
	单根 V 带的基本额定功率 P_1								i≠1 时额定功率的增量 ΔP_1									
200	0.48	0.59	0.74	0.88	1.02	1.19	1.37	1.58	0.00	0.01	0.01	0.02	0.03	0.04	0.04	0.05	0.06	0.06
400	0.84	1.05	1.32	1.59	1.85	2.17	2.50	2.89	0.00	0.01	0.03	0.04	0.06	0.07	0.08	0.10	0.11	0.13
700	1.30	1.64	2.09	2.53	2.96	3.47	4.00	4.61	0.00	0.02	0.05	0.07	0.10	0.12	0.15	0.17	0.20	0.22
800	1.44	1.82	2.32	2.81	3.30	3.86	4.46	5.13	0.00	0.03	0.06	0.08	0.11	0.14	0.17	0.20	0.23	0.25
950	1.64	2.08	2.66	3.22	3.77	4.42	5.10	5.85	0.00	0.03	0.07	0.10	0.14	0.17	0.20	0.23	0.26	0.30
1200	1.93	2.47	3.17	3.85	4.50	5.26	6.04	6.90	0.00	0.04	0.08	0.13	0.17	0.21	0.25	0.30	0.34	0.38
1450	2.19	2.82	3.62	4.39	5.13	5.97	6.82	7.76	0.00	0.05	0.10	0.15	0.20	0.25	0.31	0.36	0.40	0.46
1600	2.33	3.00	3.86	4.68	5.46	6.33	7.20	8.13	0.00	0.06	0.11	0.17	0.23	0.28	0.34	0.39	0.45	0.51
1800	2.50	3.23	4.15	5.02	5.83	6.73	7.63	8.46	0.00	0.06	0.13	0.19	0.25	0.32	0.38	0.44	0.51	0.57
2000	2.64	3.42	4.40	5.30	6.13	7.02	7.87	8.60	0.00	0.07	0.14	0.21	0.28	0.35	0.42	0.49	0.56	0.63
2200	2.76	3.58	4.60	5.52	6.35	7.19	7.97	8.53	0.00	0.08	0.16	0.23	0.31	0.39	0.46	0.54	0.62	0.70
2400	2.85	3.70	4.75	5.67	6.52	7.25	7.89	8.22	0.00	0.09	0.17	0.25	0.34	0.43	0.51	0.59	0.68	0.76
2800	2.96	3.85	4.89	5.76	6.43	6.95	7.14	6.80	0.00	0.10	0.20	0.29	0.39	0.49	0.59	0.69	0.79	0.89
3200	2.94	3.83	4.80	5.52	5.95	6.05	5.60	4.26	0.00	0.11	0.23	0.34	0.45	0.56	0.68	0.79	0.90	1.01
3600	2.80	3.63	4.46	4.92	4.98	4.47	3.12	—	0.00	0.13	0.25	0.38	0.51	0.63	0.76	0.89	1.01	1.14
4000	2.51	3.24	3.82	3.92	3.47	2.14	—	—	0.00	0.14	0.28	0.42	0.56	0.70	0.84	0.99	1.13	1.27
4500	1.93	2.45	2.59	2.04	0.73	—	—	—	0.00	0.16	0.32	0.48	0.63	0.79	0.95	1.11	1.27	1.43
5000	1.09	1.29	0.81	—	—	—	—	—	0.00	0.18	0.36	0.53	0.71	0.89	1.07	1.24	1.42	1.60

表 6.1-14e　C 型 V 带的额定功率（摘自 GB/T 1171—2017）　　　　（kW）

n_1/r·min^{-1}	小带轮基准直径 d_{d1}/mm								传动比 i 或 $1/i$									
	200	224	250	280	315	355	400	450	1.00 ~ 1.01	1.02 ~ 1.04	1.05 ~ 1.08	1.09 ~ 1.12	1.13 ~ 1.18	1.19 ~ 1.24	1.25 ~ 1.34	1.35 ~ 1.51	1.52 ~ 1.99	≥2.00
	单根 V 带的基本额定功率 P_1								$i \neq 1$ 时额定功率的增量 ΔP_1									
200	1.39	1.70	2.03	2.42	2.84	3.36	3.91	4.51	0.00	0.02	0.04	0.06	0.08	0.10	0.12	0.14	0.16	0.18
300	1.92	2.37	2.85	3.40	4.04	4.75	5.54	6.40	0.00	0.03	0.06	0.09	0.12	0.15	0.18	0.21	0.24	0.26
400	2.41	2.99	3.62	4.32	5.14	6.05	7.06	8.20	0.00	0.04	0.08	0.12	0.16	0.20	0.23	0.27	0.31	0.35
500	2.87	3.58	4.33	5.19	6.17	7.27	8.52	9.81	0.00	0.05	0.10	0.15	0.20	0.24	0.29	0.34	0.39	0.44
600	3.30	4.12	5.00	6.00	7.14	8.45	9.82	11.29	0.00	0.06	0.12	0.18	0.24	0.29	0.35	0.41	0.47	0.53
700	3.69	4.64	5.64	6.76	8.09	9.50	11.02	12.63	0.00	0.07	0.14	0.21	0.27	0.34	0.41	0.48	0.55	0.62
800	4.07	5.12	6.23	7.52	8.92	10.46	12.10	13.80	0.00	0.08	0.16	0.23	0.31	0.39	0.47	0.55	0.63	0.71
950	4.58	5.78	7.04	8.49	10.05	11.73	13.48	15.23	0.00	0.09	0.19	0.28	0.37	0.47	0.56	0.65	0.74	0.83
1200	5.29	6.71	8.21	9.81	11.53	13.31	15.04	16.59	0.00	0.12	0.24	0.35	0.47	0.59	0.70	0.82	0.94	1.06
1450	5.84	7.45	9.04	10.72	12.46	14.12	15.53	16.47	0.00	0.14	0.28	0.42	0.58	0.71	0.85	0.99	1.14	1.27
1600	6.07	7.75	9.38	11.06	12.72	14.19	15.24	15.57	0.00	0.16	0.31	0.47	0.63	0.78	0.94	1.10	1.25	1.41
1800	6.28	8.00	9.63	11.22	12.67	14.08	13.29		0.00	0.18	0.35	0.53	0.71	0.88	1.06	1.23	1.41	1.59
2000	6.34	8.06	9.62	11.04	12.14	12.59	11.95	9.64	0.00	0.20	0.39	0.59	0.78	0.98	1.17	1.37	1.57	1.76
2200	6.26	7.92	9.34	10.48	11.08	10.70	8.75	4.44	0.00	0.22	0.43	0.65	0.86	1.08	1.29	1.51	1.72	1.94
2400	6.02	7.57	8.75	9.50	9.43	7.98	4.34		0.00	0.23	0.47	0.70	0.94	1.18	1.41	1.65	1.88	2.12
2600	5.61	6.93	7.85	8.08	7.11	4.32	—		0.00	0.25	0.51	0.76	1.02	1.27	1.53	1.78	2.04	2.29
2800	5.01	6.08	6.56	6.13	4.16	—	—		0.00	0.27	0.55	0.82	1.10	1.37	1.64	1.92	2.19	2.47
3200	3.23	3.57	2.93						0.00	0.31	0.61	0.91	1.22	1.53	1.63	2.14	2.44	2.75

表 6.1-14f　D 型 V 带的额定功率（摘自 GB/T 1171—2017）　　　　（kW）

n_1/r·min^{-1}	小带轮基准直径 d_{d1}/mm								传动比 i 或 $1/i$									
	355	400	450	500	560	630	710	800	1.00 ~ 1.01	1.02 ~ 1.04	1.05 ~ 1.08	1.09 ~ 1.12	1.13 ~ 1.18	1.19 ~ 1.24	1.25 ~ 1.34	1.35 ~ 1.51	1.52 ~ 1.99	≥2.00
	单根 V 带的基本额定功率 P_1								$i \neq 1$ 时额定功率的增量 ΔP_1									
100	3.01	3.66	4.37	5.08	5.91	6.88	8.01	9.22	0.00	0.03	0.07	0.10	0.14	0.17	0.21	0.24	0.28	0.31
150	4.20	5.14	6.17	7.18	8.43	9.82	11.38	13.11	0.00	0.05	0.11	0.15	0.21	0.26	0.31	0.36	0.42	0.47
200	5.31	6.52	7.90	9.21	10.76	12.54	14.55	16.76	0.00	0.07	0.14	0.21	0.28	0.35	0.42	0.49	0.56	0.63
250	6.36	7.88	9.50	11.09	12.97	15.13	17.54	20.18	0.00	0.09	0.18	0.26	0.35	0.44	0.57	0.61	0.70	0.78
300	7.35	9.13	11.02	12.88	15.07	17.57	20.35	23.39	0.00	0.10	0.21	0.31	0.42	0.52	0.62	0.73	0.83	0.94
400	9.24	11.45	13.85	16.20	18.95	22.05	25.45	29.08	0.00	0.14	0.28	0.42	0.56	0.70	0.83	0.97	1.11	1.25
500	10.90	13.55	16.40	19.17	22.38	25.94	29.76	33.72	0.00	0.17	0.35	0.52	0.70	0.87	1.04	1.22	1.39	1.56
600	12.39	15.42	18.67	21.78	25.32	29.18	33.18	37.13	0.00	0.21	0.42	0.62	0.83	1.04	1.25	1.46	1.67	1.88
700	13.70	17.07	20.63	23.99	27.73	31.68	35.59	39.14	0.00	0.24	0.49	0.73	0.97	1.22	1.46	1.70	1.95	2.19
800	14.83	18.46	22.25	25.76	29.55	33.38	36.87	39.55	0.00	0.28	0.56	0.83	1.11	1.39	1.67	1.95	2.22	2.50
950	16.15	20.06	24.01	27.50	31.04	34.19	36.76		0.00	0.33	0.66	0.99	1.32	1.60	1.92	2.31	2.64	2.97
1100	16.98	20.99	24.84	28.02	30.85	32.65	32.52	29.26	0.00	0.38	0.77	1.15	1.53	1.91	2.29	2.68	3.06	3.44
1200	17.25	21.20	24.84	26.71	29.67	30.15	27.88	21.32	0.00	0.42	0.84	1.25	1.67	2.09	2.50	2.92	3.34	3.75
1300	17.26	21.06	24.35	26.54	27.58	26.37	21.42	10.73	0.00	0.45	0.91	1.35	1.81	2.26	2.71	3.16	3.61	4.06
1450	16.77	20.15	22.02	23.59	22.58	18.06	7.99		0.00	0.51	1.01	1.51	2.02	2.52	3.02	3.52	4.03	4.53
1600	15.63	18.31	19.59	18.88	15.13	6.25	—	—	0.00	0.56	1.11	1.67	2.23	2.78	3.33	3.89	4.45	5.00
1800	12.97	14.28	13.34	9.59	—	—	—		0.00	0.63	1.24	1.88	2.51	3.13	3.74	4.38	5.01	5.62

表 6.1-14g　E 型 V 带的额定功率（摘自 GB/T 1171—2017）　　　（kW）

n_1/r·min^{-1}	小带轮基准直径 d_{d1}/mm								传动比 i 或 $1/i$										≥2.00
	500	560	630	710	800	900	1000	1120	1.00~1.01	1.02~1.04	1.05~1.08	1.09~1.12	1.13~1.18	1.19~1.24	1.25~1.34	1.35~1.51	1.52~1.99	
	单根 V 带的基本额定功率 P_1								$i\neq1$ 时额定功率的增量 ΔP_1									
100	6.21	7.32	8.75	10.31	12.05	13.96	15.64	18.07	0.00	0.07	0.14	0.21	0.28	0.34	0.41	0.48	0.55	0.62
150	8.60	10.33	12.32	14.56	17.05	19.76	22.14	25.58	0.00	0.10	0.20	0.31	0.41	0.52	0.62	0.72	0.83	0.93
200	10.86	13.09	15.65	18.52	21.70	25.15	28.52	32.47	0.00	0.14	0.28	0.41	0.55	0.69	0.83	0.96	1.10	1.24
250	12.97	15.67	18.77	22.23	26.03	30.14	34.11	38.71	0.00	0.17	0.34	0.52	0.69	0.86	1.03	1.20	1.37	1.55
300	14.96	18.10	21.69	25.69	30.05	34.71	39.17	44.26	0.00	0.21	0.41	0.62	0.83	1.03	1.24	1.45	1.65	1.86
350	16.81	20.38	24.42	28.89	33.73	38.64	43.66	49.04	0.00	0.24	0.48	0.72	0.96	1.20	1.45	1.69	1.92	2.17
400	18.55	22.49	26.95	31.83	37.05	42.49	47.52	52.98	0.00	0.28	0.55	0.83	1.00	1.38	1.65	1.93	2.20	2.48
500	21.65	26.25	31.36	36.85	42.53	48.20	53.12	57.94	0.00	0.34	0.64	1.03	1.38	1.72	2.07	2.41	2.75	3.10
600	24.21	29.30	34.83	40.58	46.26	51.48	55.45	58.42	0.00	0.41	0.83	1.24	1.65	2.07	2.48	2.89	3.31	3.72
700	26.21	31.59	37.26	42.87	47.96	51.95	54.00	53.62	0.00	0.48	0.97	1.45	1.93	2.41	2.89	3.38	3.86	4.34
800	27.57	33.03	38.52	43.52	47.38	49.21	48.19	42.77	0.00	0.55	1.10	1.65	2.21	2.76	3.31	3.86	4.41	4.96
950	28.32	33.40	37.92	41.02	41.59	38.19	30.08	—	0.00	0.65	1.29	1.95	2.62	3.27	3.92	4.58	5.23	5.89
1100	27.30	31.35	33.94	33.74	29.06	17.65			0.00	0.76	1.52	2.27	3.03	3.79	4.40	5.30	6.06	6.82
1200	25.53	28.49	29.17	25.91	16.46													
1300	22.82	24.31	22.56	15.44	—													
1450	16.82	15.35	8.85															

表 6.1-14h　SPZ 型窄 V 带的额定功率（摘自 GB/T 13575.1—2008）

d_{d1}/mm	i 或 $\frac{1}{i}$	小轮转速 n_1/r·min^{-1}															
		200	400	700	800	950	1200	1450	1600	2000	2400	2800	3200	3600	4000	4500	5000
		额定功率 P_1/kW															
63	1	0.20	0.35	0.54	0.60	0.68	0.81	0.93	1.00	1.17	1.32	1.45	1.56	1.66	1.74	1.81	1.85
	1.2	0.22	0.39	0.61	0.68	0.78	0.94	1.08	1.17	1.38	1.57	1.74	1.89	2.03	2.15	2.27	2.37
	1.5	0.23	0.41	0.65	0.72	0.83	1.00	1.16	1.25	1.48	1.69	1.88	2.06	2.21	2.35	2.50	2.63
	≥3	0.24	0.43	0.68	0.76	0.88	1.06	1.23	1.33	1.58	1.81	2.03	2.22	2.40	2.56	2.74	2.88
71	1	0.25	0.44	0.70	0.78	0.90	1.08	1.25	1.35	1.59	1.81	2.00	2.18	2.33	2.46	2.59	2.68
	1.2	0.27	0.49	0.77	0.87	1.00	1.20	1.40	1.51	1.79	2.05	2.29	2.51	2.70	2.87	3.05	3.20
	1.5	0.28	0.51	0.81	0.91	1.04	1.26	1.47	1.59	1.90	2.18	2.43	2.67	2.88	3.08	3.28	3.45
	≥3	0.29	0.53	0.85	0.95	1.09	1.33	1.55	1.68	2.00	2.30	2.58	2.83	3.07	3.28	3.51	3.71
80	1	0.31	0.55	0.88	0.99	1.14	1.38	1.60	1.73	2.05	2.34	2.61	2.85	3.06	3.24	3.42	3.56
	1.2	0.33	0.59	0.96	1.07	1.24	1.50	1.75	1.89	2.25	2.59	2.90	3.18	3.43	3.65	3.89	4.07
	1.5	0.34	0.61	0.99	1.11	1.28	1.56	1.82	1.97	2.36	2.71	3.04	3.34	3.61	3.86	4.12	4.33
	≥3	0.35	0.64	1.03	1.15	1.33	1.62	1.90	2.06	2.46	2.84	3.18	3.51	3.80	4.06	4.35	4.58
90	1	0.37	0.67	1.09	1.21	1.40	1.70	1.98	2.14	2.55	2.93	3.26	3.57	3.84	4.07	4.30	4.46
	1.2	0.39	0.71	1.16	1.30	1.50	1.82	2.13	2.31	2.76	3.17	3.55	3.90	4.21	4.48	4.76	4.97
	1.5	0.40	0.74	1.19	1.34	1.55	1.88	2.20	2.39	2.86	3.30	3.70	4.06	4.39	4.68	4.99	5.23
	≥3	0.41	0.76	1.23	1.38	1.60	1.95	2.28	2.47	2.96	3.42	3.84	4.23	4.58	4.89	5.22	5.48
100	1	0.43	0.79	1.28	1.44	1.66	2.02	2.36	2.55	3.05	3.49	3.90	4.26	4.58	4.85	5.10	5.27
	1.2	0.45	0.83	1.35	1.52	1.76	2.14	2.51	2.72	3.25	3.74	4.19	4.59	4.95	5.26	5.57	5.79
	1.5	0.46	0.85	1.39	1.56	1.81	2.20	2.58	2.80	3.35	3.86	4.33	4.76	5.13	5.46	5.80	6.05
	≥3	0.47	0.87	1.43	1.60	1.86	2.27	2.66	2.88	3.46	3.99	4.48	4.92	5.32	5.67	6.03	6.30
112	1	0.51	0.93	1.52	1.70	1.97	2.40	2.80	3.04	3.62	4.16	4.64	5.06	5.42	5.72	5.99	6.14
	1.2	0.53	0.98	1.59	1.78	2.07	2.52	2.95	3.20	3.83	4.41	4.93	5.39	5.79	6.13	6.45	6.65
	1.5	0.54	1.00	1.63	1.83	2.12	2.58	3.03	3.28	3.93	4.53	5.07	5.55	5.98	6.33	6.68	6.91
	≥3	0.55	1.02	1.66	1.87	2.17	2.65	3.10	3.37	4.04	4.65	5.21	5.72	6.16	6.54	6.91	7.17
125	1	0.59	1.09	1.77	1.99	2.30	2.80	3.28	3.55	4.24	4.85	5.40	5.88	6.27	6.58	6.83	6.92
	1.2	0.61	1.13	1.84	2.07	2.40	2.93	3.43	3.72	4.44	5.10	5.69	6.21	6.64	6.99	7.29	7.44
	1.5	0.62	1.15	1.88	2.11	2.45	2.99	3.50	3.80	4.54	5.22	5.83	6.37	6.83	7.19	7.52	7.69
	≥3	0.63	1.17	1.91	2.15	2.50	3.05	3.58	3.88	4.65	5.35	5.98	6.53	7.01	7.40	7.75	7.95

（续）

d_{d1} /mm	i 或 $\frac{1}{i}$	小轮转速 n_1/r·min^{-1}															
		200	400	700	800	950	1200	1450	1600	2000	2400	2800	3200	3600	4000	4500	5000
		额定功率 P_1, kW															
140	1	0.68	1.26	2.06	2.31	2.68	3.26	3.82	4.13	4.92	5.63	6.24	6.75	7.16	7.45	7.64	7.60
	1.2	0.70	1.30	2.13	2.39	2.77	3.39	3.96	4.30	5.13	5.87	6.53	7.08	7.53	7.86	8.10	8.12
	1.5	0.71	1.32	2.17	2.43	2.82	3.45	4.04	4.38	5.23	6.00	6.67	7.25	7.72	8.07	8.33	8.37
	≥3	0.72	1.34	2.20	2.47	2.87	3.51	4.11	4.46	5.33	6.12	6.81	7.41	7.90	8.27	8.56	8.63
160	1	0.80	1.49	2.44	2.73	3.17	3.86	4.51	4.88	5.80	6.60	7.27	7.81	8.19	8.40	8.41	8.11
	1.2	0.82	1.53	2.51	2.82	3.27	3.98	4.66	5.05	6.00	6.84	7.56	8.13	8.56	8.81	8.88	8.62
	1.5	0.83	1.55	2.54	2.86	3.32	4.05	4.74	5.13	6.11	6.97	7.70	8.30	8.74	9.02	9.11	8.88
	≥3	0.84	1.57	2.58	2.90	3.37	4.11	4.81	5.21	6.21	7.09	7.85	8.46	8.93	9.22	9.34	9.14
180	1	0.92	1.71	2.81	3.15	3.65	4.45	5.19	5.61	6.63	7.50	8.20	8.71	9.01	9.08	8.81	8.11
	1.2	0.94	1.76	2.88	3.23	3.75	4.57	5.34	5.77	6.84	7.75	8.49	9.04	9.38	9.49	9.28	8.62
	1.5	0.95	1.78	2.92	3.28	3.80	4.63	5.41	5.86	6.94	7.87	8.63	9.21	9.57	9.70	9.51	8.88
	≥3	0.96	1.80	2.95	3.32	3.85	4.69	5.49	5.94	7.04	8.00	8.78	9.37	9.75	9.90	9.74	9.14

表 6.1-14i　SPA 型窄 V 带的额定功率（摘自 GB/T 13575.1—2008）

d_{d1} /mm	i 或 $\frac{1}{i}$	小轮转速 n_1/r·min^{-1}															
		200	400	700	800	950	1200	1450	1600	2000	2400	2800	3200	3600	4000	4500	5000
		额定功率 P_1/kW															
90	1	0.43	0.75	1.17	1.30	1.48	1.76	2.02	2.16	2.49	2.77	3.00	3.16	3.26	3.29	3.24	3.07
	1.2	0.47	0.85	1.34	1.49	1.70	2.04	2.35	2.53	2.96	3.33	3.64	3.90	4.09	4.22	4.28	4.22
	1.5	0.50	0.89	1.42	1.58	1.81	2.18	2.52	2.71	3.19	3.60	3.96	4.27	4.50	4.68	4.80	4.80
	≥3	0.52	0.94	1.50	1.67	1.92	2.32	2.69	2.90	3.42	3.88	4.29	4.63	4.92	5.14	5.32	5.37
100	1	0.53	0.94	1.49	1.65	1.89	2.27	2.61	2.80	3.27	3.67	3.99	4.25	4.42	4.50	4.48	4.31
	1.2	0.57	1.03	1.65	1.84	2.11	2.54	2.95	3.17	3.73	4.22	4.64	4.98	5.25	5.43	5.52	5.46
	1.5	0.60	1.08	1.73	1.93	2.22	2.68	3.11	3.36	3.96	4.50	4.96	5.35	5.66	5.89	6.04	6.04
	≥3	0.62	1.13	1.81	2.02	2.33	2.82	3.28	3.54	4.19	4.78	5.29	5.72	6.08	6.35	6.56	6.62
112	1	0.64	1.16	1.86	2.07	2.38	2.86	3.31	3.57	4.18	4.71	5.15	5.49	5.72	5.85	5.83	5.61
	1.2	0.69	1.26	2.02	2.26	2.60	3.14	3.65	3.94	4.64	5.27	5.79	6.23	6.55	6.77	6.87	6.76
	1.5	0.71	1.30	2.10	2.35	2.71	3.28	3.82	4.12	4.87	5.54	6.12	6.60	6.97	7.23	7.39	7.34
	≥3	0.74	1.35	2.18	2.44	2.82	3.42	3.98	4.30	5.11	5.82	6.44	6.96	7.38	7.69	7.91	7.91
125	1	0.77	1.40	2.25	2.52	2.90	3.50	4.06	4.38	5.15	5.80	6.34	6.76	7.03	7.16	7.09	6.75
	1.2	0.82	1.50	2.42	2.70	3.12	3.78	4.40	4.75	5.61	6.36	6.99	7.49	7.86	8.08	8.13	7.90
	1.5	0.84	1.54	2.50	2.80	3.23	3.92	4.56	4.93	5.84	6.63	7.31	7.86	8.28	8.54	8.65	8.48
	≥3	0.86	1.59	2.58	2.89	3.34	4.06	4.73	5.12	6.07	6.91	7.63	8.23	8.69	9.01	9.17	9.06
140	1	0.92	1.66	2.71	3.03	3.49	4.23	4.91	5.29	6.22	7.01	7.64	8.11	8.39	8.48	8.27	7.69
	1.2	0.96	1.77	2.87	3.21	3.71	4.50	5.24	5.66	6.68	7.56	8.29	8.85	9.22	9.40	9.31	8.85
	1.5	0.99	1.82	2.95	3.31	3.82	4.64	5.41	5.84	6.91	7.84	8.61	9.22	9.64	9.85	9.83	9.42
	≥3	1.01	1.86	3.03	3.40	3.93	4.78	5.58	6.03	7.14	8.12	8.94	9.59	10.05	10.32	10.35	10.00
160	1	1.11	2.04	3.30	3.70	4.27	5.17	6.01	6.47	7.60	8.53	9.24	9.72	9.94	9.87	9.34	8.28
	1.2	1.15	2.13	3.46	3.88	4.49	5.45	6.34	6.84	8.06	9.08	9.89	10.46	10.77	10.79	10.38	9.43
	1.5	1.18	2.18	3.55	3.98	4.60	5.59	6.51	7.03	8.29	9.36	10.21	10.83	11.18	11.25	10.90	10.01
	≥3	1.20	2.22	3.63	4.07	4.71	5.73	6.68	7.21	8.52	9.63	10.53	11.20	11.60	11.72	11.42	10.58
180	1	1.30	2.39	3.89	4.36	5.04	6.10	7.07	7.62	8.90	9.93	10.67	11.09	11.15	10.81	9.78	7.99
	1.2	1.34	2.49	4.05	4.54	5.25	6.37	7.41	7.99	9.37	10.49	11.32	11.83	11.98	11.73	10.81	9.15
	1.5	1.37	2.53	4.13	4.64	5.36	6.51	7.57	8.17	9.60	10.76	11.64	12.20	12.39	12.19	11.33	9.72
	≥3	1.39	2.58	4.21	4.73	5.47	6.65	7.74	8.35	9.83	11.04	11.96	12.56	12.81	12.65	11.85	10.30
200	1	1.49	2.75	4.47	5.01	5.79	7.00	8.11	8.72	10.13	11.22	11.92	12.19	11.98	11.25	9.50	6.75
	1.2	1.53	2.84	4.63	5.19	6.00	7.27	8.44	9.08	10.60	11.77	12.56	12.93	12.81	12.17	10.54	7.91
	1.5	1.55	2.89	4.71	5.29	6.11	7.41	8.61	9.27	10.83	12.05	12.89	13.30	13.23	12.63	11.06	8.43
	≥3	1.58	2.93	4.79	5.38	6.22	7.55	8.77	9.45	11.06	12.32	13.21	13.67	13.64	13.09	11.58	9.06
224	1	1.71	3.17	5.16	5.77	6.67	8.05	9.30	9.97	11.51	12.59	13.15	13.13	12.45	11.04	8.15	3.87
	1.2	1.75	3.26	5.32	5.96	6.89	8.33	9.63	10.34	11.97	13.14	13.79	13.86	13.28	11.96	9.19	5.02
	1.5	1.78	3.30	5.40	6.05	6.99	8.46	9.80	10.53	12.20	13.42	14.12	14.23	13.69	12.42	9.71	5.60
	≥3	1.80	3.35	5.48	6.14	7.10	8.60	9.96	10.71	12.43	13.69	14.44	14.60	14.11	12.89	10.23	6.17
250	1	1.95	3.62	5.88	6.59	7.60	9.15	10.53	11.26	12.85	13.84	14.13	13.62	12.22	9.83	5.29	
	1.2	1.99	3.71	6.05	6.77	7.82	9.43	10.86	11.63	13.31	14.39	14.77	14.36	13.05	10.75	6.33	
	1.5	2.02	3.75	6.13	6.87	7.93	9.56	11.03	11.81	13.54	14.67	15.10	14.73	13.47	11.21	6.85	
	≥3	2.04	3.80	6.21	6.96	8.04	9.70	11.19	12.00	13.77	14.95	15.42	15.10	13.83	11.67	7.36	

表 6.1-14j　SPB 型窄 V 带的额定功率（摘自 GB/T 13575.1—2008）

d_{d1} /mm	i 或 $\frac{1}{i}$	小轮转速 n_1/r·min^{-1}														
		200	400	700	800	950	1200	1450	1600	1800	2000	2200	2400	2800	3200	3600
		额定功率 P_1/kW														
140	1	1.08	1.92	3.02	3.35	3.83	4.55	5.19	5.54	5.95	6.31	6.62	6.86	7.15	7.17	6.89
	1.2	1.17	2.12	3.35	3.74	4.29	5.14	5.90	6.32	6.83	7.29	7.69	8.03	8.52	8.73	8.65
	1.5	1.22	2.21	3.53	3.94	4.52	5.43	6.25	6.71	7.27	7.70	8.23	8.61	9.20	9.51	9.52
	≥3	1.27	2.31	3.70	4.13	4.76	5.72	6.61	7.40	7.71	8.26	8.76	9.20	9.89	10.29	10.40
160	1	1.37	2.47	3.92	4.37	5.01	5.98	6.86	7.33	7.89	8.38	8.80	9.13	9.52	9.53	9.10
	1.2	1.46	2.66	4.27	4.76	5.47	6.57	7.56	8.11	8.77	9.36	9.87	10.30	10.89	11.09	10.86
	1.5	1.51	2.76	4.44	4.96	5.70	6.86	7.92	8.50	9.21	9.85	10.41	10.88	11.57	11.87	11.74
	≥3	1.56	2.86	4.61	5.15	5.93	7.15	8.27	8.89	9.65	10.33	10.94	11.47	12.25	12.65	12.61
180	1	1.65	3.01	4.82	5.37	6.16	7.38	8.46	9.05	9.74	10.34	10.83	11.21	11.62	11.49	10.77
	1.2	1.75	3.20	5.16	5.76	6.63	7.97	9.17	9.83	10.62	11.32	1.91	12.39	12.98	13.05	12.52
	1.5	1.80	3.30	5.33	5.96	6.86	8.26	9.53	10.22	11.06	11.80	12.44	12.97	13.66	13.83	13.40
	≥3	1.85	3.40	5.50	6.15	7.09	8.55	9.88	10.61	11.50	12.29	12.98	13.56	14.35	14.61	14.28
200	1	1.94	3.54	5.96	6.35	7.30	8.74	10.02	10.70	11.50	12.18	12.72	13.11	13.41	13.01	11.83
	1.2	2.03	3.74	6.03	6.75	7.76	9.33	10.73	11.48	12.38	13.15	13.79	14.28	14.78	14.57	13.69
	1.5	2.08	3.84	6.21	6.94	7.99	9.62	11.03	11.87	12.82	13.64	14.33	14.86	15.46	15.36	14.46
	≥3	2.13	3.93	6.38	7.14	8.23	9.91	11.43	12.26	13.26	14.13	14.86	15.45	16.14	16.14	15.34
224	1	2.28	4.18	6.73	7.52	8.63	10.33	11.81	12.59	13.49	14.21	14.76	15.10	15.14	14.22	12.23
	1.2	2.37	4.37	7.07	7.91	9.10	10.92	12.52	13.37	14.37	15.19	15.83	16.27	16.51	15.78	13.98
	1.5	2.42	4.47	7.24	8.10	9.33	11.21	12.87	13.76	14.80	15.68	16.37	16.86	17.19	16.57	14.86
	≥3	2.47	4.57	7.41	8.30	9.56	11.50	13.23	14.15	15.24	16.16	16.90	17.44	17.87	17.35	15.74
250	1	2.64	4.86	7.84	8.75	10.04	11.99	13.66	14.51	15.47	16.19	16.68	16.89	16.44	14.69	11.48
	1.2	2.74	5.05	8.18	9.14	10.50	12.57	14.37	15.29	16.35	17.17	17.75	18.06	17.81	16.25	13.23
	1.5	2.79	5.15	8.35	9.33	10.74	12.87	14.72	15.68	16.78	17.66	18.28	18.65	18.49	17.03	14.11
	≥3	2.83	5.25	8.52	9.53	10.97	13.16	15.07	16.07	17.22	18.15	18.82	19.23	19.17	17.81	14.99
280	1	3.05	5.63	9.09	10.14	11.62	13.82	15.65	16.56	17.52	18.17	18.48	18.43	17.13	14.04	8.92
	1.2	3.15	5.83	9.43	10.53	12.08	14.41	16.36	17.34	18.39	19.14	19.55	19.60	18.49	15.60	10.68
	1.5	3.20	5.93	9.60	10.72	12.32	14.70	16.72	17.73	18.83	19.63	20.09	20.18	19.18	16.38	11.56
	≥3	3.25	6.02	9.77	10.92	12.55	14.99	17.07	18.12	19.27	20.12	20.62	20.77	19.86	17.16	12.43
315	1	3.53	6.53	10.51	11.71	13.40	15.84	17.79	18.70	19.55	20.00	19.97	19.44	16.71	11.47	3.40
	1.2	3.63	6.72	10.85	12.11	13.86	16.43	18.50	19.48	20.44	20.97	21.05	20.61	18.07	13.03	5.16
	1.5	3.68	6.82	11.02	12.30	14.09	16.72	18.85	19.87	20.88	21.46	21.58	21.20	18.76	13.81	6.04
	≥3	3.73	6.92	11.19	12.50	14.32	17.01	19.21	20.26	21.32	21.95	22.12	21.78	19.44	14.59	6.91
355	1	4.08	7.53	12.10	13.46	15.33	17.99	19.96	20.78	21.39	21.42	20.79	19.46	14.45	5.91	
	1.2	4.17	7.73	12.44	13.85	15.80	18.57	20.67	21.56	22.27	22.39	21.87	20.63	15.81	7.47	
	1.5	4.22	7.82	12.61	14.04	16.03	18.86	21.02	21.95	22.71	22.88	22.40	21.22	16.50	8.25	
	≥3	4.27	7.92	12.78	14.24	16.26	19.16	21.37	22.34	23.15	23.37	22.94	21.80	17.18	9.03	
400	1	4.68	8.64	13.82	15.34	17.39	20.17	22.02	22.62	22.76	22.07	20.46	17.87	9.37		
	1.2	4.78	8.84	14.16	15.73	17.85	20.75	22.72	23.40	23.63	23.04	21.54	19.04	10.74		
	1.5	4.83	8.94	14.33	15.92	18.09	21.05	23.08	23.79	24.07	23.53	22.07	19.63	11.42		
	≥3	4.87	9.03	14.50	16.12	18.32	21.34	23.43	24.18	24.51	24.02	22.61	20.21	12.10		

表 6.1-14k　SPC 型窄 V 带的额定功率（摘自 GB/T 13575.1—2008）

d_{d1}/mm	i 或 $\frac{1}{i}$	200	300	400	500	600	700	800	950	1200	1450	1600	1800	2000	2200	2400
		额定功率 P_1/kW														
224	1	2.90	4.08	5.19	6.23	7.21	8.13	8.99	10.19	11.89	13.22	13.81	14.35	14.58	14.47	14.01
	1.2	3.14	4.44	5.67	6.83	7.92	8.97	9.95	11.33	13.33	14.95	15.73	16.51	16.98	17.11	16.88
	1.5	3.26	4.62	5.91	7.13	8.28	9.39	10.43	11.90	14.05	15.82	16.69	17.59	18.17	18.43	18.32
	≥3	3.38	4.80	6.15	7.43	8.64	9.81	10.91	12.47	14.77	16.69	17.65	18.66	19.37	19.75	19.75
250	1	3.50	4.95	6.31	7.60	8.81	9.95	11.02	12.51	14.61	16.21	16.52	17.52	17.70	17.44	16.69
	1.2	3.74	5.31	6.79	8.19	9.53	10.79	11.98	13.64	16.05	17.95	18.83	19.67	20.10	20.08	19.57
	1.5	3.86	5.49	7.03	8.49	9.89	11.21	12.46	14.21	16.77	18.82	19.79	20.75	21.30	21.40	21.01
	≥3	3.98	5.67	7.27	8.79	10.25	11.63	12.94	14.78	17.49	19.69	20.75	21.83	22.50	22.72	22.45
280	1	4.18	5.94	7.59	9.15	10.62	12.01	13.31	15.10	17.60	19.44	20.20	20.75	20.75	20.13	18.86
	1.2	4.42	6.30	8.07	9.75	11.34	12.85	14.27	16.24	19.04	21.18	22.12	22.91	23.15	22.77	21.73
	1.5	4.54	6.48	8.31	10.05	11.70	13.27	14.75	16.81	19.76	22.05	23.07	23.99	24.34	24.09	23.17
	≥3	4.66	6.66	8.55	10.35	12.06	13.69	15.23	17.38	20.48	22.92	24.03	25.07	25.54	25.41	24.61
315	1	4.97	7.08	9.07	10.94	12.70	14.36	15.90	18.01	20.88	22.87	23.58	23.91	23.47	22.18	19.98
	1.2	5.21	7.44	9.55	11.54	13.42	15.20	16.86	19.15	22.32	24.60	25.50	26.07	25.87	24.82	32.86
	1.5	5.33	7.62	9.79	11.84	13.73	15.62	17.34	19.72	23.04	25.47	26.46	27.15	27.07	26.14	24.30
	≥3	5.45	7.80	10.03	12.14	14.14	16.04	17.82	20.29	23.76	26.34	27.42	28.23	28.26	27.46	25.74
355	1	5.87	8.37	10.72	12.94	15.02	16.96	18.76	21.17	23.34	26.29	26.80	26.62	25.37	22.94	19.22
	1.2	6.11	8.73	11.20	13.54	15.74	17.80	19.72	22.31	25.78	28.03	28.72	28.78	27.77	25.58	22.10
	1.5	6.23	8.91	11.44	13.84	16.10	18.22	20.20	22.88	26.50	28.90	29.68	29.86	28.97	26.90	23.54
	≥3	6.35	9.09	11.68	14.14	16.46	18.64	20.68	23.45	27.22	29.77	30.64	30.94	30.17	28.22	24.98
400	1	6.86	9.80	12.56	15.15	17.56	19.79	21.84	24.52	27.83	29.46	29.53	28.42	25.81	21.54	15.48
	1.2	7.10	10.16	13.04	15.75	18.28	20.63	22.80	25.66	29.27	31.20	31.45	30.58	28.21	24.18	18.35
	1.5	7.22	10.34	13.28	16.04	18.64	21.05	23.28	26.23	29.99	32.07	32.41	31.66	29.41	25.50	19.79
	≥3	7.34	10.52	13.52	16.34	19.00	21.47	23.76	26.80	30.70	32.94	33.37	32.74	30.60	26.82	21.23
450	1	7.96	11.37	14.56	17.54	20.29	22.81	25.07	27.94	31.15	32.06	31.33	28.69	23.95	16.89	
	1.2	8.20	11.73	15.04	18.13	21.01	23.65	26.03	29.08	32.59	33.80	33.25	30.85	26.34	19.53	
	1.5	8.32	11.91	15.28	18.43	21.37	24.07	26.51	29.65	33.31	34.67	34.21	31.92	27.54	20.85	
	≥3	8.44	12.09	15.52	18.73	21.73	24.48	26.99	30.22	34.03	35.54	35.16	33.00	28.74	22.17	
500	1	9.04	12.91	16.52	19.86	22.92	25.67	28.09	31.04	33.85	33.58	31.07	26.94	19.35		
	1.2	9.28	13.27	17.00	20.46	23.64	26.51	29.05	32.18	35.29	35.31	33.62	29.10	21.74		
	1.5	9.40	13.45	17.24	20.76	24.00	26.93	29.53	32.75	36.01	36.18	34.57	30.18	22.94		
	≥3	9.52	13.63	17.48	21.06	24.35	27.35	30.01	33.32	36.73	37.05	35.53	31.26	24.14		
560	1	10.32	14.74	18.82	22.56	25.93	28.90	31.43	34.29	36.18	33.83	30.05	21.90			
	1.2	10.56	15.09	19.30	23.16	26.65	29.74	32.39	35.43	37.62	35.57	31.97	24.05			
	1.5	10.68	15.27	19.54	23.46	27.01	30.16	32.87	36.00	38.34	36.44	32.93	25.14			
	≥3	10.80	15.45	19.78	23.76	27.37	30.58	33.35	36.57	39.06	37.31	33.89	26.22			
630	1	11.80	16.82	21.42	25.56	29.25	32.37	34.88	37.37	37.52	31.74	24.90				
	1.2	12.04	17.18	21.90	26.18	29.96	33.21	35.84	38.51	38.96	33.48	26.88				
	1.5	12.16	17.36	22.14	26.48	30.32	33.63	36.32	39.07	39.68	34.35	27.84				
	≥3	12.28	17.54	22.38	26.78	30.68	34.04	36.80	39.64	40.40	35.22	28.79				

表 6.1-14 I 9N、9J 型窄 V 带的额定功率（摘自 GB/T 13575.2—2008） （kW）

表头分组：d_{d1}/mm 各列为 P_1；i 各列为 ΔP_1。

n_1/r·min⁻¹	67	71	75	80	90	100	112	125	140	160	180	200	250	315	1.00~1.01	1.02~1.05	1.06~1.11	1.12~1.18	1.19~1.26	1.27~1.38	1.39~1.57	1.58~1.94	1.95~3.38	3.39以上
100	0.12	0.13	0.15	0.17	0.21	0.24	0.29	0.34	0.39	0.47	0.54	0.61	0.79	1.02	0.0	0.00	0.00	0.01	0.01	0.01	0.01	0.02	0.02	0.02
200	0.21	0.24	0.27	0.31	0.38	0.46	0.54	0.64	0.74	0.88	1.02	1.16	1.50	1.94	0.0	0.00	0.01	0.01	0.02	0.02	0.03	0.03	0.03	0.03
300	0.30	0.35	0.39	0.44	0.55	0.66	0.78	0.92	1.07	1.28	1.48	1.68	2.18	2.81	0.0	0.00	0.01	0.02	0.03	0.03	0.04	0.05	0.05	0.05
400	0.38	0.44	0.50	0.57	0.71	0.85	1.01	1.19	1.39	1.66	1.92	2.18	2.83	3.65	0.0	0.01	0.02	0.03	0.04	0.05	0.05	0.06	0.07	0.07
500	0.46	0.53	0.60	0.69	0.86	1.03	1.23	1.45	1.70	2.03	2.35	2.67	3.46	4.46	0.0	0.01	0.02	0.03	0.05	0.06	0.07	0.08	0.08	0.09
600	0.54	0.62	0.70	0.80	1.01	1.21	1.45	1.71	2.00	2.39	2.77	3.15	4.08	5.25	0.0	0.01	0.03	0.04	0.06	0.07	0.08	0.09	0.10	0.10
700	0.61	0.70	0.80	0.92	1.15	1.38	1.66	1.96	2.29	2.74	3.18	3.61	4.68	6.02	0.0	0.01	0.03	0.05	0.07	0.08	0.09	0.11	0.11	0.12
725	0.63	0.73	0.82	0.95	1.19	1.43	1.71	2.02	2.37	2.83	3.28	3.73	4.83	6.21	0.0	0.01	0.03	0.05	0.07	0.08	0.10	0.11	0.12	0.13
800	0.68	0.79	0.89	1.03	1.29	1.55	1.87	2.20	2.58	3.08	3.58	4.07	5.26	6.76	0.0	0.01	0.03	0.06	0.08	0.09	0.11	0.12	0.13	0.14
900	0.75	0.87	0.99	1.13	1.43	1.72	2.07	2.44	2.86	3.42	3.97	4.51	5.83	7.48	0.0	0.01	0.04	0.06	0.08	0.10	0.12	0.14	0.15	0.16
950	0.78	0.91	1.03	1.19	1.50	1.80	2.17	2.56	3.00	3.59	4.17	4.73	6.11	7.83	0.0	0.01	0.04	0.07	0.08	0.11	0.13	0.14	0.16	0.17
1000	0.81	0.94	1.08	1.24	1.56	1.89	2.27	2.68	3.14	3.75	4.36	4.95	6.39	8.17	0.0	0.02	0.04	0.07	0.09	0.11	0.13	0.15	0.16	0.17
1200	0.94	1.09	1.25	1.44	1.83	2.21	2.66	3.14	3.68	4.40	5.10	5.79	7.46	9.48	0.0	0.02	0.05	0.07	0.09	0.14	0.16	0.18	0.20	0.21
1400	1.06	1.24	1.42	1.64	2.08	2.51	3.03	3.58	4.21	5.02	5.82	6.60	8.46	10.67	0.0	0.02	0.06	0.10	0.11	0.16	0.19	0.21	0.23	0.24
1425	1.07	1.26	1.44	1.66	2.11	2.55	3.08	3.63	4.27	5.10	5.91	6.70	8.58	10.81	0.0	0.02	0.06	0.10	0.13	0.16	0.19	0.21	0.23	0.25
1500	1.12	1.31	1.50	1.73	2.20	2.67	3.21	3.80	4.46	5.32	6.17	6.99	8.93	11.22	0.0	0.02	0.06	0.10	0.13	0.17	0.20	0.23	0.25	0.26
1600	1.17	1.38	1.58	1.83	2.32	2.81	3.39	4.01	4.71	5.62	6.50	7.36	9.39	11.74	0.0	0.02	0.06	0.11	0.14	0.18	0.21	0.24	0.26	0.28
1800	1.28	1.51	1.73	2.01	2.56	3.10	3.74	4.42	5.19	6.19	7.16	8.09	10.25	12.67	0.0	0.03	0.08	0.12	0.17	0.21	0.24	0.27	0.30	0.31
2000	1.39	1.63	1.88	2.19	2.79	3.38	4.08	4.82	5.66	6.74	7.77	8.77	11.03	13.45	0.0	0.03	0.08	0.14	0.19	0.23	0.27	0.30	0.33	0.35
2200	1.49	1.76	2.02	2.35	3.01	3.65	4.41	5.21	6.11	7.26	8.36	9.40	11.73	14.07	0.0	0.03	0.09	0.15	0.21	0.25	0.29	0.33	0.36	0.38
2400	1.58	1.87	2.16	2.52	3.22	3.91	4.72	5.58	6.53	7.75	8.90	9.98	12.33	14.52	0.0	0.04	0.10	0.17	0.23	0.27	0.32	0.36	0.39	0.42
2600	1.67	1.98	2.29	2.68	3.43	4.16	5.03	5.93	6.94	8.21	9.41	10.51	12.84		0.0	0.04	0.10	0.18	0.25	0.30	0.35	0.39	0.43	0.45
2800	1.76	2.09	2.42	2.83	3.63	4.41	5.32	6.27	7.32	8.64	9.87	10.98	13.24		0.0	0.04	0.11	0.19	0.26	0.32	0.37	0.42	0.46	0.49
3000	1.84	2.19	2.54	2.97	3.82	4.64	5.59	6.59	7.68	9.04	10.29	11.40	13.53		0.0	0.04	0.12	0.21	0.28	0.34	0.40	0.45	0.49	0.52
3200	1.92	2.29	2.66	3.11	4.00	4.86	5.86	6.89	8.02	9.41	10.66	11.75			0.0	0.05	0.13	0.22	0.30	0.37	0.43	0.48	0.52	0.56
3400	2.00	2.39	2.77	3.25	4.17	5.07	6.11	7.18	8.33	9.74	10.98	12.04			0.0	0.05	0.14	0.24	0.32	0.39	0.45	0.51	0.56	0.59
3600	2.07	2.47	2.88	3.37	4.34	5.27	6.34	7.44	8.62	10.04	11.25	12.25			0.0	0.05	0.14	0.25	0.34	0.41	0.48	0.54	0.59	0.63
3800	2.13	2.56	2.98	3.49	4.50	5.46	6.57	7.69	8.88	10.29	11.47	12.40			0.0	0.06	0.15	0.26	0.36	0.43	0.51	0.57	0.62	0.66
4000	2.19	2.64	3.07	3.61	4.65	5.64	6.77	7.91	9.12	10.51	11.63				0.0	0.06	0.16	0.28	0.38	0.46	0.54	0.60	0.66	0.69
4200	2.25	2.71	3.16	3.72	4.79	5.81	6.96	8.12	9.32	10.68	11.74				0.0	0.06	0.17	0.29	0.40	0.48	0.56	0.63	0.69	0.73

表 6.1-14m　15N、15J 型窄 V 带的额定功率（摘自 GB/T 13575.2—2008）

(kW)

n_1 /r·min⁻¹	d_{e1}/mm P_1													i　ΔP_1									
	180	190	200	212	224	236	250	280	315	355	400	450	500	1.00~1.01	1.02~1.05	1.06~1.11	1.12~1.18	1.19~1.26	1.27~1.38	1.39~1.57	1.58~1.94	1.95~3.38	3.39~以上
50	0.62	0.67	0.73	0.79	0.86	0.93	1.00	1.17	1.36	1.57	1.81	2.07	2.34	0.0	0.00	0.01	0.02	0.03	0.03	0.04	0.04	0.05	0.05
60	0.73	0.79	0.86	0.94	1.02	1.09	1.19	1.38	1.60	1.86	2.14	2.46	2.77	0.0	0.00	0.01	0.02	0.03	0.04	0.05	0.05	0.06	0.06
80	0.94	1.03	1.11	1.22	1.32	1.42	1.54	1.80	2.09	2.42	2.79	3.20	3.61	0.0	0.01	0.02	0.03	0.04	0.05	0.06	0.07	0.07	0.08
100	1.15	1.26	1.36	1.49	1.62	1.74	1.89	2.20	2.56	2.97	3.43	3.93	4.44	0.0	0.01	0.02	0.04	0.05	0.06	0.08	0.09	0.09	0.10
200	2.13	2.33	2.54	2.78	3.02	3.26	3.54	4.14	4.83	5.61	6.47	7.43	8.38	0.0	0.02	0.04	0.08	0.11	0.13	0.15	0.17	0.19	0.20
300	3.05	3.34	3.64	3.99	4.34	4.69	5.10	5.97	6.97	8.10	9.35	10.73	12.10	0.0	0.02	0.07	0.12	0.16	0.19	0.23	0.26	0.28	0.30
400	3.92	4.30	4.69	5.15	5.61	6.06	6.59	7.72	9.02	10.48	12.11	13.89	15.64	0.0	0.05	0.09	0.16	0.21	0.26	0.30	0.34	0.37	0.39
500	4.75	5.23	5.70	6.26	6.83	7.38	8.03	9.41	10.99	12.77	14.75	16.89	19.00	0.0	0.05	0.11	0.20	0.27	0.32	0.38	0.43	0.46	0.49
600	5.56	6.12	6.68	7.34	8.00	8.66	9.42	11.04	12.90	14.98	17.27	19.76	22.18	0.0	0.06	0.13	0.24	0.32	0.39	0.45	0.51	0.56	0.59
700	6.34	6.98	7.62	8.39	9.15	9.90	10.77	12.62	14.73	17.10	19.69	22.48	25.18	0.0	0.06	0.16	0.27	0.37	0.45	0.53	0.60	0.65	0.69
725	6.53	7.20	7.86	8.64	9.43	10.20	11.10	13.00	15.18	17.61	20.27	23.13	25.89	0.0	0.07	0.16	0.28	0.39	0.47	0.55	0.62	0.67	0.71
800	7.10	7.82	8.54	9.40	10.25	11.10	12.07	14.14	16.50	19.12	21.98	25.04	27.96	0.0	0.07	0.18	0.31	0.43	0.52	0.61	0.68	0.74	0.79
900	7.83	8.63	9.43	10.38	11.32	12.26	13.33	15.61	18.19	21.05	24.15	27.43	30.53	0.0	0.07	0.20	0.35	0.48	0.58	0.68	0.77	0.84	0.89
950	8.19	9.03	9.87	10.86	11.85	12.82	13.95	16.32	19.01	21.99	25.19	28.56	31.73	0.0	0.08	0.21	0.37	0.51	0.61	0.72	0.81	0.88	0.93
1000	8.54	9.42	10.29	11.33	12.36	13.38	14.55	17.02	19.81	22.89	26.19	29.65	32.86	0.0	0.08	0.22	0.39	0.53	0.65	0.76	0.85	0.93	0.98
1200	9.89	10.92	11.93	13.14	14.33	15.50	16.85	19.67	22.82	26.24	29.83	33.48	36.73	0.0	0.10	0.27	0.47	0.64	0.78	0.91	1.02	1.11	1.18
1400	11.16	12.32	13.46	14.82	16.15	17.46	18.96	22.07	25.50	29.14	32.84	36.43	39.41	0.0	0.12	0.31	0.55	0.75	0.91	1.06	1.19	1.30	1.38
1425	11.31	12.49	13.65	15.02	16.37	17.69	19.21	22.35	25.81	29.46	33.17	36.73		0.0	0.12	0.32	0.56	0.76	0.92	1.08	1.21	1.32	1.40
1500	11.76	12.98	14.19	15.61	17.01	18.38	19.94	23.17	26.70	30.39	34.08	37.54		0.0	0.12	0.34	0.59	0.80	0.97	1.14	1.28	1.39	1.48
1600	12.33	13.61	14.88	16.36	17.82	19.25	20.87	24.20	27.80	31.52	35.13	38.38		0.0	0.13	0.36	0.63	0.85	1.03	1.21	1.36	1.49	1.57
1800	13.41	14.80	16.17	17.77	19.33	20.85	22.56	26.03	29.70	33.33	36.63			0.0	0.15	0.40	0.71	0.96	1.16	1.36	1.53	1.67	1.77
2000	14.39	15.88	17.33	19.02	20.66	22.24	24.02	27.55	31.15	34.52				0.0	0.17	0.45	0.78	1.07	1.29	1.51	1.70	1.86	1.97
2200	15.27	16.83	18.35	20.11	21.80	23.42	25.22	28.71	32.11					0.0	0.18	0.49	0.86	1.17	1.42	1.67	1.88	2.04	2.16
2400	16.03	17.65	19.22	21.03	22.74	24.37	26.15	29.51	32.56					0.0	0.20	0.54	0.94	1.28	1.55	1.82	2.05	2.23	2.36
2600	16.67	18.34	19.94	21.76	23.47	25.07	26.79	29.89						0.0	0.21	0.58	1.02	1.39	1.68	1.97	2.22	2.41	2.56
2800	17.19	18.88	20.49	22.30	23.97	25.51	27.12							0.0	0.23	0.63	1.10	1.49	1.81	2.12	2.39	2.60	2.75
3000	17.59	19.28	20.87	22.63	24.23	25.67	27.11							0.0	0.25	0.67	1.18	1.60	1.94	2.27	2.56	2.79	2.95
3500	17.95	19.54	20.97	22.48										0.0	0.29	0.79	1.37	1.87	2.26	2.65	2.98	3.25	3.44

表 6.1-14n　25N、25J 型窄 V 带的额定功率（摘自 GB/T 13575.2—2008）　(kW)

n_1/(r·min⁻¹)	P_1 / d_{e1}/mm 315	335	355	375	400	425	450	475	500	560	630	710	800	ΔP_1 / i 1.00~1.01	1.02~1.05	1.06~1.11	1.12~1.18	1.19~1.26	1.27~1.38	1.39~1.57	1.58~1.94	1.95~3.38	3.39 以上
10	0.62	0.68	0.75	0.81	0.89	0.97	1.05	1.13	1.21	1.40	1.62	1.86	2.14	0.0	0.00	0.01	0.02	0.03	0.03	0.04	0.04	0.05	0.05
20	1.16	1.28	1.41	1.53	1.68	1.84	1.99	2.14	2.29	2.66	3.08	3.55	4.08	0.0	0.01	0.02	0.04	0.05	0.07	0.08	0.09	0.09	0.10
30	1.67	1.85	2.03	2.21	2.44	2.66	2.89	3.11	3.33	3.86	4.48	5.18	5.95	0.0	0.01	0.03	0.06	0.08	0.10	0.12	0.13	0.14	0.15
40	2.16	2.40	2.64	2.88	3.17	3.47	3.76	4.05	4.34	5.04	5.84	6.75	7.77	0.0	0.02	0.05	0.08	0.11	0.13	0.15	0.17	0.19	0.20
50	2.64	2.94	3.23	3.52	3.89	4.25	4.61	4.97	5.33	6.19	7.18	8.30	9.56	0.0	0.02	0.06	0.10	0.14	0.16	0.19	0.22	0.24	0.25
60	3.11	3.46	3.81	4.15	4.59	5.02	5.44	5.87	6.30	7.31	8.49	9.82	11.31	0.0	0.03	0.07	0.12	0.16	0.20	0.23	0.26	0.28	0.30
70	3.57	3.97	4.37	4.78	5.27	5.77	6.27	6.76	7.25	8.42	9.78	11.32	13.04	0.0	0.03	0.08	0.14	0.19	0.23	0.27	0.30	0.33	0.35
80	4.02	4.48	4.93	5.39	5.95	6.51	7.08	7.63	8.19	9.52	11.06	12.80	14.74	0.0	0.03	0.09	0.16	0.22	0.26	0.31	0.35	0.38	0.40
100	4.90	5.46	6.02	6.58	7.28	7.97	8.66	9.35	10.04	11.67	13.57	15.71	18.10	0.0	0.04	0.11	0.20	0.27	0.33	0.39	0.43	0.47	0.50
120	5.76	6.43	7.09	7.75	8.58	9.40	10.22	11.03	11.85	13.78	16.02	18.56	21.39	0.0	0.05	0.14	0.24	0.33	0.39	0.46	0.52	0.57	0.60
140	6.60	7.37	8.14	8.90	9.85	10.80	11.75	12.69	13.62	15.86	18.44	21.36	24.61	0.0	0.06	0.16	0.28	0.38	0.46	0.54	0.61	0.66	0.70
160	7.42	8.29	9.16	10.03	11.11	12.18	13.25	14.31	15.37	17.90	20.82	24.12	27.79	0.0	0.07	0.18	0.32	0.43	0.53	0.62	0.69	0.76	0.80
180	8.22	9.20	10.17	11.14	12.34	13.54	14.73	15.91	17.09	19.91	23.16	26.83	30.91	0.0	0.08	0.21	0.36	0.49	0.59	0.69	0.78	0.85	0.90
200	9.02	10.09	11.16	12.23	13.55	14.87	16.18	17.49	18.79	21.89	25.46	29.50	33.98	0.0	0.08	0.23	0.40	0.54	0.66	0.77	0.87	0.94	1.00
300	12.82	14.38	15.93	17.48	19.40	21.30	23.20	25.09	26.96	31.42	36.53	42.28	48.62	0.0	0.13	0.34	0.60	0.81	0.99	1.16	1.30	1.42	1.50
400	16.38	18.41	20.42	22.42	24.91	27.37	29.82	32.24	34.65	40.35	46.86	54.12	62.03	0.0	0.17	0.46	0.80	1.09	1.32	1.54	1.73	1.89	2.00
500	19.75	22.22	24.67	27.10	30.12	33.10	36.06	38.98	41.88	48.70	56.43	64.94	74.08	0.0	0.21	0.57	1.00	1.36	1.64	1.93	2.17	2.36	2.50
600	22.93	25.82	28.69	31.53	35.03	38.50	41.92	45.29	48.62	56.42	65.16	74.64	84.61	0.0	0.25	0.69	1.20	1.63	1.97	2.31	2.60	2.83	3.00
700	25.93	29.22	32.47	35.69	39.65	43.55	47.38	51.15	54.86	63.47	72.98	83.08	93.40	0.0	0.29	0.80	1.40	1.90	2.30	2.70	3.03	3.30	3.50
725	26.66	30.04	33.38	36.68	40.75	44.75	48.68	52.55	56.33	65.12	74.78	84.98	95.30	0.0	0.30	0.83	1.44	1.97	2.38	2.79	3.14	3.42	3.63
800	28.75	32.41	36.02	39.58	43.95	48.23	52.43	56.54	60.55	69.78	79.79	90.13	100.24	0.0	0.34	0.91	1.59	2.17	2.63	3.08	3.47	3.78	4.00
900	31.38	35.38	39.32	43.18	47.91	52.53	57.03	61.40	65.65	75.29	85.49	95.63		0.0	0.38	1.03	1.79	2.44	2.96	3.47	3.90	4.25	4.50
950	32.62	36.79	40.87	44.87	49.76	54.52	59.15	63.63	67.96	77.72	87.89	97.75		0.0	0.40	1.09	1.89	2.58	3.12	3.66	4.12	4.49	4.75
1000	33.82	38.13	42.35	46.49	51.52	56.41	61.14	65.71	70.10	79.93	89.98	99.42		0.0	0.42	1.14	1.99	2.71	3.29	3.85	4.33	4.72	5.00
1100	36.05	40.64	45.11	49.48	54.76	59.85	64.74	69.41	73.87	83.61	93.14			0.0	0.46	1.26	2.19	2.98	3.62	4.24	4.77	5.19	5.50
1200	38.07	42.90	47.59	52.13	57.60	62.82	67.78	72.48	76.90	86.28	94.87			0.0	0.50	1.37	2.39	3.26	3.95	4.62	5.20	5.67	6.00
1300	39.87	44.89	49.75	54.42	60.01	65.28	70.24	74.86	79.12	87.84				0.0	0.55	1.49	2.59	3.53	4.27	5.01	5.63	6.14	6.50
1400	41.43	46.61	51.59	56.34	61.96	67.21	72.06	76.50	80.50					0.0	0.59	1.60	2.79	3.80	4.60	5.39	6.07	6.61	7.00
1425	41.78	47.00	51.99	56.76	62.41	67.60	72.41	76.50	80.71					0.0	0.60	1.63	2.84	3.87	4.68	5.49	6.18	6.73	7.13
1500	42.74	48.04	53.08	57.86	63.44	68.57	73.22	77.36	80.98					0.0	0.63	1.72	2.99	4.07	4.93	5.78	6.50	7.08	7.50
1600	43.80	49.16	54.22	58.96	64.42	69.33	73.66							0.0	0.67	1.83	3.19	4.34	5.26	6.16	6.93	7.55	8.00
1700	44.58	49.96	54.97	59.61	64.86	69.45	73.36							0.0	0.71	1.94	3.39	4.61	5.59	6.55	7.37	8.03	8.50
1800	45.08	50.42	55.33	59.80	64.74									0.0	0.76	2.06	3.59	4.88	5.92	6.93	7.80	8.50	9.00
1900	45.29	50.52	55.27	59.50	64.03									0.0	0.80	2.17	3.79	5.15	6.25	7.32	8.23	8.97	9.50

2.3　带轮

2.3.1　传动带带轮设计的要求

　　设计传动带带轮时，应使其结构便于制造，质量分布均匀，重量轻，并避免由于铸造产生过大的内应力。$v>5\text{m/s}$ 时要进行静平衡，$v>25\text{m/s}$ 时则应进行动平衡。带轮工作表面应光滑，以减少传动带的磨损。

2.3.2　带轮材料

　　带轮材料常采用灰铸铁、钢、铝合金或工程塑料等。灰铸铁应用最广，当 $v\leqslant30\text{m/s}$ 时采用 HT200，$v\geqslant25\sim45\text{m/s}$，则宜采用孕育铸铁或铸钢，也可用钢板冲压-焊接带轮。

　　小功率传动可用铸铝或塑料。

2.3.3　带轮的结构

　　带轮由轮缘、轮辐和轮毂三部分组成。

　　V 带轮的直径系列见表 6.1-15、表 6.1-16；轮缘及轮槽截面尺寸见表 6.1-17、表 6.1-18；径向和轴向圆跳动公差见表 6.1-19。

　　轮辐部分有实心、辐板（或孔板）和椭圆轮辐等三种，可根据带轮的基准直径参照表 6.1-20 决定。

　　V 带轮的典型结构如图 6.1-6 所示。

表 6.1-15　普通和窄 V 带轮（基准宽度制）直径系列（摘自 GB/T 13575.1—2008）　（mm）

基准直径 d_d	Y	Z SPZ	A SPA	B SPB	C SPC	圆跳动公差 t	基准直径 d_d	Z SPZ	A SPA	B SPB	C SPC	D	E	圆跳动公差 t
20	+						265				⊕			
22.4	+						280	⊕	⊕	⊕	⊕			
25	+						300	⊕	⊕	⊕	⊕			
28	+						315	⊕	⊕	⊕	⊕			0.5
31.5	+						335	⊕	⊕	⊕	⊕			
35.5	+						355	⊕	⊕	⊕	⊕	+		
40	+						375	⊕	⊕	⊕	⊕	+		
45	+						400	⊕	⊕	⊕	⊕	+		
50	+	+				0.2	425	⊕	⊕	⊕	⊕	+		
56	+	+					450	⊕	⊕	⊕	⊕	+		
63		⊕					475					+		
71		⊕					500	⊕	⊕	⊕	⊕	+	+	0.6
75		⊕	+				530					+		
80		⊕	+				560	⊕	⊕	⊕	⊕	+		
85			+				600					+		
90	+	⊕	⊕				630	⊕	⊕	⊕	⊕	+	+	
95		⊕	⊕				670					+		
100		⊕	⊕				710	⊕	⊕	⊕	⊕	+		0.8
106		⊕	⊕				750					+		
112	+	⊕	⊕				800	⊕	⊕	⊕	⊕	+	+	
118		⊕	⊕				900		⊕	⊕	⊕	+	+	
125		⊕	⊕	+		0.3	1000		⊕	⊕	⊕	+	+	
132		⊕	⊕	+			1060					+		
140		⊕	⊕	⊕			1120			⊕	⊕	+		1
150		⊕	⊕	⊕			1250					+	+	
160		⊕	⊕	⊕			1400			⊕	⊕	+	+	
170		⊕	⊕	⊕			1500					+		
180		⊕	⊕	⊕			1600			⊕	⊕	+	+	
200			⊕	⊕	+		1800					+		
212					+	0.4	1900					+		
224		⊕	⊕	⊕	⊕		2000				⊕	+	+	1.2
236					⊕		2240					+		
250		⊕	⊕	⊕	⊕		2500					+		

　　注：1. 有+号的只用于普通 V 带，有⊕号的用于普通 V 带和窄 V 带。

　　　　2. 基准直径的极限偏差为±0.8%。

　　　　3. 轮槽基准直径间的最大偏差，Y 型为 0.3mm，Z、A、B、SPZ、SPA、SPB 型为 0.4mm，C、D、E、SPC 型为 0.5mm。

表 6.1-16 窄 V 带轮（有效宽度制）直径系列（摘自 GB/T 10413—2002） （mm）

有效直径 d_e	9N、9J 选用情况	$2\Delta d$	15N、15J 选用情况	$2\Delta d$
67	◎	4		
71	◎	4		
75	◎	4		
80	◎	4		
85	○	4		
90	○	4		
95	○	4		
100	○	4		
106	○	4		
112	○	4		
118	○	4		
125	○	4		
132	◎	4		
140	◎	4		
150	○	4		
160	◎	4		
180		4	◎	7
190			○	7
200	◎	4	◎	7
212			○	7
224	○	4	◎	7
236			○	7
250	◎	4	○	7
265			◎	7
280	○	4.5	○	7
300			○	7

有效直径 d_e	9N、9J 选用情况	$2\Delta d$	15N、15J 选用情况	$2\Delta d$	25N、25J 选用情况	$2\Delta d$
315	◎	5	◎	7	◎	5
335					○	5.4
355	○	5.7	○	7	◎	5.7
375					○	6
400	◎	6.4	◎	7	◎	6.4
425					○	6.8
450	○	7.2	○	7.2	◎	7.2
475					○	7.6
500	◎	8	◎	8	◎	8
530					○	
560	○	9	○	9	◎	9
600					○	9.6
630	○	10.1	◎	10.1	◎	10.1
710	○	11.4	○	11.4	◎	11.4
800	○	12.8	◎	12.8	◎	12.8
900			○	14.4	○	14.4
1000			○	16	○	16
1120			○	17.9	○	17.9
1250			○	20	○	20
1400			○	22.4	○	22.4
1600					◎	25.6
1800					◎	28.8
2000			○	25.6	◎	32
2240			○	28.8	◎	35.8
2500					◎	40

注：1. 有效直径 d_e 为其最小值，最大值 $d_{emax} = d_e + 2\Delta d$。

    2. ◎表示优先选用，○表示可以选用。

表 6.1-17 V带轮轮缘尺寸（基准宽度制）（摘自 GB/T 10412—2002、GB/T 13575.1—2008）

（mm）

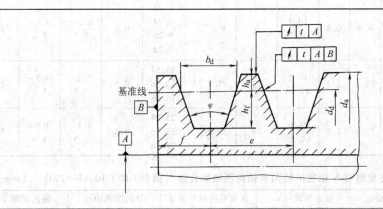

项 目	符号	Y	Z、SPZ	A、SPA	B、SPB	C、SPC	D	E
基准宽度	b_d	5.3	8.5	11.0	14.0	19.0	27.0	32.0
基准线上槽深	h_{amin}	1.6	2.0	2.75	3.5	4.8	8.1	9.6

（续）

项　　目	符号	Y	Z、SPZ	A、SPA	B、SPB	C、SPC	D	E
基准线下槽深	h_{fmin}	4.7	7.0 9.0	8.7 11.0	10.8 14.0	14.3 19.0	19.9	23.4
槽间距	e	8±0.3	12±0.3	15±0.3	19±0.4	25.5±0.5	37±0.6	44.5±0.7
第一槽对称面至端面的最小距离	f_{min}	6	7	9	11.5	16	23	28
槽间距累积极限偏差		±0.6	±0.6	±0.6	±0.8	±1.0	±1.2	±1.4
带轮宽	B		$B=(z-1)e+2f$　（z—轮槽数）					
外　　径	d_a		$d_a=d_d+2h_a$					

轮槽角 φ	32°	相应的基准直径 d_d	≤60	—	—	—	—	—	—
	34°		—	≤80	≤118	≤190	≤315	—	—
	36°		>60	—	—	—	—	≤475	≤600
	38°		—	>80	>118	>190	>315	>475	>600
	极限偏差		±0.5°						

表 6.1-18　窄 V 带轮（有效宽度制）轮槽截面及尺寸（摘自 GB/T 13575.2—2008）　（mm）

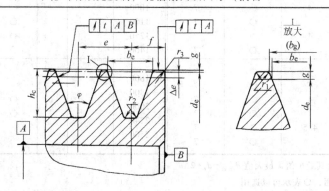

槽型	d_e	$\varphi/(°)$	b_e	Δe	e	f_{min}	h_c	(b_g)	g	r_1	r_2	r_3
9N、9J	≤90 >90~150 >150~305 >305	36 38 40 42	8.9	0.6	10.3 ±0.25	9	$9.5^{+0.5}_{0}$	9.23 9.24 9.26 9.28	0.5	0.2~0.5	0.5~1.0	1~2
15N、15J	≤255 >255~405 >405	38 40 42	15.2	1.3	17.5 ±0.25	13	$15.5^{+0.5}_{0}$	15.54 15.56 15.58	0.5	0.2~0.5	0.5~1.0	2~3
25N、25J	≤405 >405~570 >570	38 40 42	25.4	2.5	28.6 ±0.25	19	$25.5^{+0.5}_{0}$	25.74 25.76 26.78	0.5	0.2~0.5	0.5~1.0	3~5

表 6.1-19　有效宽度制窄 V 带轮的径向和轴向圆跳动公差（摘自 GB/T 10413—2002）　（mm）

有效直径基本值 d_e	径向圆跳动 t_1	轴向圆跳动 t_2	有效直径基本值 d_e	径向圆跳动 t_1	轴向圆跳动 t_2
d_e≤125	0.2	0.3	1000<d_e≤1250	0.8	1
125<d_e≤315	0.3	0.4	1250<d_e≤1600	1	1.2
315<d_e≤710	0.4	0.6			
710<d_e≤1000	0.6	0.8	1600<d_e≤2500	1.2	1.2

表 6.1-20　V带轮的结构型式和辐板厚度

(mm)

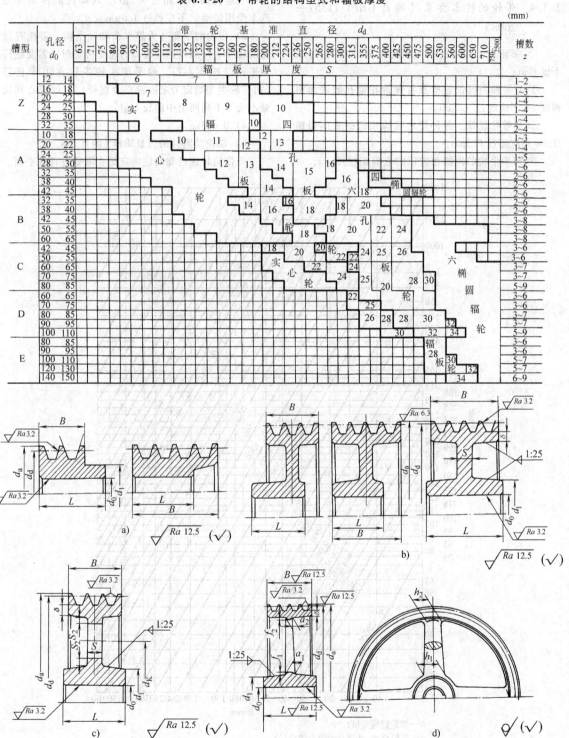

槽型	孔径 d_0		带轮基准直径 d_d 辐板厚度 S	槽数 z
			63 71 75 80 90 95 100 106 112 118 125 132 140 150 160 170 180 200 212 224 236 250 265 280 300 315 355 375 400 425 450 475 500 530 560 600 630 710 750 800	
Z	12	14	6　　　7	1~2
	16	18	7	1~3
	20	22	8	1~4
	24	25	9　　　10	1~4
	28	30	10	1~4
	32	35		2~4
A	10	18	10　11　12　13	1~3
	20	22		1~4
	24	25	12　13　14　15　16	1~5
	28	30		1~6
	32	35	16	2~6
	38	40	18	2~6
	42	45		2~6
B	32	35	14　16	2~6
	38	40		2~6
	42	45	18　20　22　24	3~8
	50	55		3~8
	60	65		3~8
C	42	45	18　20　22　24　25　26	3~6
	50	55		3~6
	60	65	22　24　28　30	3~7
	70	75		3~7
	80	85		5~9
D	60	65	22　25	3~6
	70	75	26　28　28　30	3~6
	80	85		3~7
	90	95	30　32　34	3~7
	100	110		5~9
E	80	85		3~6
	90	95	28　30	5~7
	100	110		5~7
	120	130	32	5~7
	140	150	34	6~9

(表中区域分别为：实心轮、辐板轮、孔板轮、四孔板轮、六孔板轮、椭圆辐轮、四椭圆辐轮、六椭圆辐轮)

图 6.1-6　V带轮的典型结构

a）实心轮　b）辐板轮　c）孔板轮　d）椭圆辐轮

$d_1 = (1.8 \sim 2)d_0$，$L = (1.5 \sim 2)d_0$，S 查表 6.1-20，$S_1 \geqslant 1.5S$，$S_2 \geqslant 0.5S$，$h_1 = 290\sqrt[3]{\dfrac{P}{nA}}$ mm。式中：P—传递的功率（kW），n—带轮的转速（r/min），A—轮辐数，$h_2 = 0.8h_1$，$a_1 = 0.4h_1$，$a_2 = 0.8a_1$，$f_1 = 0.2h_1$，$f_2 = 0.2h_2$

2.3.4 带轮的技术要求（摘自 GB/T 11357— 2008）

1）带轮各工作面的表面粗糙度 Ra 应不超过以下推荐值：

① V 带和多楔带轮槽及各种带轮轴孔的表面粗糙度 Ra 不应超过 3.2μm。

② 平带轮轮缘、各种带轮轮缘棱边的表面粗糙度 Ra 不应超过 6.3μm。

③ 同步带轮的齿侧和齿顶的表面粗糙度 Ra，对一般工业传动不应超过 3.2μm，对高性能传动（如汽车专用传动）不应超过 1.6μm。

2）带轮的平衡分为静平衡和动平衡，带轮有较宽的轮缘表面或以相对较高的速度转动时，需要进行动平衡（图 6.1-7）。静平衡应使带轮在工作直径（由带轮类型确定为基准或有效直径）上的偏心残留量不大于下列两值中的较大值：

a）0.005kg。

b）带轮及附件的当量质量⊖的 0.2%。

当带轮转速已知时应确定是否需要进行动平衡。

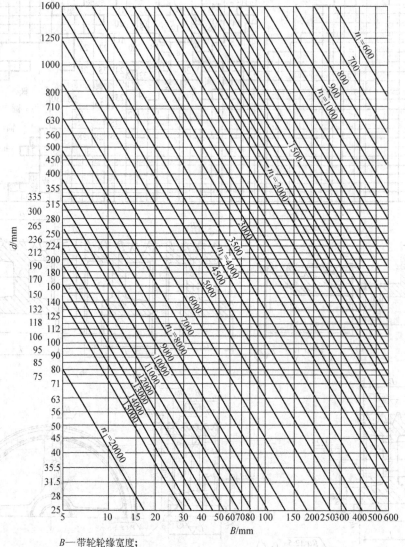

B—带轮轮缘宽度；

d—带轮直径(基准直径或有效直径)。

图 6.1-7 静平衡、动平衡极限转速 n_1（r/min）

⊖ 当量质量系指几何形状与被检带轮相同的铸铁带轮的质量。

通过下面公式计算带轮极限速度：

$$n_1 = \sqrt{1.58 \times 10^{11}/Bd}$$

式中　B——带轮轮缘宽度（mm）；

　　　d——带轮直径（基准直径或有效直径）（mm）。

当带轮转速 $n \leqslant n_1$ 时，进行静平衡；$n > n_1$ 时，进行动平衡。

动平衡要求质量等级由下列两值中选取较大值：

$$G_1 = 6.3 \, mm/s$$

$$G_2 = 5v/M$$

式中　5——残留偏心量的实际限度（g）；

　　　v——带轮的圆周速度（m/s）；

　　　M——带轮的当量质量（kg）。

如果使用者有特殊需求时，质量等级可能小于 G_1 或 G_2。

2.3.5　几种特殊 V 带轮简介

（1）易装拆 V 带轮

易装拆 V 带轮（见图 6.1-8）由带锥孔的轮毂和带外锥的开口锥套组成。锥套已标准化（JB/T 7513—1994），可根据需要选配组合。锥套开有弹性槽，内孔直径可利用锥套的外锥调节，所以即使轴径有一定的加工误差，仍可得到所需的配合，这样就降低了轴的加工要求，而且连接可靠，装拆方便，不需要笨重的拆卸工具；不同轴径只要更换不同锥套，扩大了带轮的通用性，并可由专业厂批量生产。

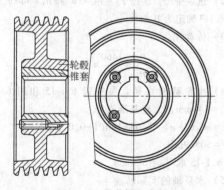
图 6.1-8　易装拆 V 带轮

易装拆 V 带轮的结构也适用于其他带轮、链轮、齿轮或联轴器等与轴的连接。

（2）深槽 V 带轮

深槽 V 带轮可同时适用于两种带型的 V 带，增加了带轮的通用性，便于带轮的专业化生产，常和易装拆带轮结合使用。它还可用于其中较小带型 V 带的交叉、半交叉或角度传动及双面 V 带传动。

图 6.1-9 是 A-B 型深槽 V 带轮的轮槽。各种轮槽尺寸见表 6.1-21。

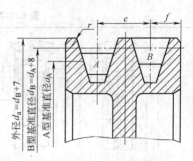
图 6.1-9　A-B 型深槽 V 带轮轮槽

表 6.1-21　深槽 V 带轮轮槽尺寸
（mm）

带型	A	B	C	D	9N	15N	25N
直径增量	7	8	14	19	5.6	8.1	13.2
槽间距 e	19± 0.4	22.5± 0.5	32± 0.6	44.5± 0.6	15± 0.2	23± 0.5	37.5± 0.6
槽边距 f	10.5	15	22	30	11	16	23.5
轮槽圆角 r	0.5	0.5	1	1.5	0.5	1	1

（3）冲压型 V 带轮

冲压型 V 带轮的轮缘部分采用钢板冲压成形后经铆接或点焊组合而成，轮毂部分由铸铁或钢制成，然后用铆接或螺栓连接起来，其结构如图 6.1-10 所示，这种带轮的质量仅为铸造带轮的 1/2.5~1/3，适合大量生产，其轮槽尺寸见表 6.1-22。

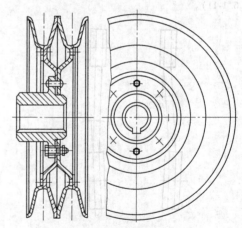
图 6.1-10　冲压型 V 带轮的结构

2.4　V 带传动设计中应注意的问题

1）V 带通常都是做成无端环形带，为便于安装、调整中心距和预紧力，要求轴承的位置能够移动。中心距的调整范围见表 6.1-10。

2）多根 V 带传动时，为避免各根 V 带的载荷分布不均，带的配组公差应满足图样规定。若更换带必须全部同时更换。

表 6.1-22　冲压型 V 带轮轮槽尺寸　　　　　　　　　　　　　　　　　　（mm）

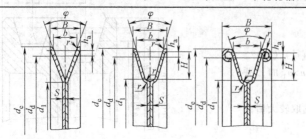

I 型：$d_d < 200mm$
II 型：$d_d = 200 \sim 335mm$
III 型：$d_d = 355 \sim 800mm$

I型　　　　　II型　　　　　III型

带轮形式	尺寸符号		普通槽型				深槽型			
			A	B	C	D	A	B	C	D
I、II、III	B		19	23	28		21	25	32	
			19	23	28	42	21	25	32	48
			29	33	39	56	31	35	43	62
	d_e①		d_d+11	d_d+14	d_d+16	d_d+24	d_d+18	d_d+22	d_d+28	d_d+42
	d_i		d_d-18	d_d-22	d_d-30	d_d-40	d_d-18	d_d-22	d_d-30	d_d-40
	h_{amin}		2.75	3.5	4.8	8.1	5.5	7	10	17
I、II、III	s	$d_d<355$	1.5	1.5	1.5	2.5	1.5	1.5	1.5	2.5
		$d_d \geqslant 355$	2	2	2	3	2	2	2	3
	r	$d_d<355$	1.5	1.5	1.5	2.5	1.5	1.5	1.5	2.5
		$d_d \geqslant 355$	2	2	2	3	2	2	2	3

注：槽宽 b 和槽角 φ 与基准直径 d_d 的关系同铸铁带轮。
① d_e 为 S 较薄时的尺寸。

3）传动装置中，各带轮轴线应相互平行，带轮对应轮槽的对称平面应重合，其偏差不得超过 ±20′（图 6.1-11）。

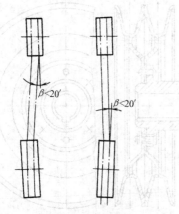

图 6.1-11　带轮装置安装的公差

4）带传动的张紧方法见表 6.1-134。采用张紧轮的带传动，可增大小轮包角，有利于保持带的张紧力，但会增加带的挠曲次数，使带的寿命缩短。

2.5　设计实例

设计由电动机驱动旋转式水泵的普通 V 带传动。电动机为 Y160M-4，额定功率 $P = 11kW$，转速 $n_1 = 1460r/min$，水泵轴转速 $n_2 = 400r/min$，轴间距离约为 1500mm，每天工作 24h。

1）设计功率 P_d。由表 6.1-11 查得工况系数 $K_A = 1.3$，
$$P_d = K_A P = 1.3 \times 11kW = 14.3kW$$

2）选定带型。根据 $P_d = 14.3kW$ 和 $n_1 = 1460r/min$，由图 6.1-3 确定为 B 型。

3）传动比。
$$i = \frac{n_1}{n_2} = \frac{1460}{400} = 3.65$$

4）小轮基准直径。参考表 6.1-15 和图 6.1-3，取 $d_{d1} = 140mm$，大轮基准直径
$$d_{d2} = i d_{d1}(1-\varepsilon) = 3.65 \times 140(1-0.01)mm$$
$$= 505.9mm$$
由表 6.1-15 取 $d_{d2} = 500mm$。

5）水泵轴的实际转速
$$n_2 = \frac{(1-\varepsilon) n_1 d_{d1}}{d_{d2}} = \frac{(1-0.01) 1460 \times 140}{500}r/min$$
$$= 404.7r/min$$

6）带速
$$v = \frac{\pi d_{p1} n_1}{60 \times 1000} = \frac{\pi \times 140 \times 1460}{60 \times 1000}m/s$$
$$= 10.70m/s$$
此处取 $d_{p1} = d_{d1}$。

7）初定中心距　按要求取 $a_0 = 1500mm$。

8）所需基准长度。

$$L_{d0} = 2a_0 + \frac{\pi}{2}(d_{d1} + d_{d2}) + \frac{(d_{d2} - d_{d1})^2}{4a_0}$$

$$= \left[2 \times 1500 + \frac{\pi}{2}(140 + 500) + \frac{(500 - 140)^2}{4 \times 1500} \right] \text{mm}$$

$$= 4026.9 \text{mm}$$

由表 6.1-7 选取基准长度 $L_d = 4000$mm。

9）实际中心距

$$a \approx a_0 + \frac{L_d - L_{d0}}{2} = \left(1500 + \frac{4000 - 4026.9}{2} \right) \text{mm}$$

$$= 1487 \text{mm}$$

安装时所需最小中心距

$$a_{\min} = a - (2b_d + 0.009L_d) = [1487 - (2 \times 14$$
$$+ 0.009 \times 4000)] \text{mm} = 1423 \text{mm}$$

张紧或补偿伸长所需最大中心距

$$a_{\max} = a + 0.02L_d$$

$$= (1487 + 0.02 \times 4000) \text{mm} = 1567 \text{mm}$$

10）小带轮包角

$$\alpha_1 = 180° - \frac{d_{d2} - d_{d1}}{a} \times 57.3°$$

$$= 180° - \frac{500 - 140}{1487} \times 57.3°$$

$$= 166.13°$$

11）单根 V 带的基本额定功率。根据 $d_{d1} = 140$mm 和 $n_1 = 1460$r/min，由表 6.1-14d 查得 B 型带 $P_1 = 2.82$kW。

12）考虑传动比的影响，额定功率的增量 ΔP_1

由表 6.1-14d 查得

$$\Delta P_1 = 0.46 \text{kW}$$

13）V 带的根数

$$z = \frac{P_d}{(P_1 + \Delta P_1) K_\alpha K_L}$$

由表 6.1-12 查得 $K_\alpha = 0.965$，

由表 6.1-7 查得 $K_L = 1.13$，则

$$z = \frac{14.3}{(2.82 + 0.46) \times 0.965 \times 1.13} \text{根}$$

$$= 3.998 \text{根}$$

取 4 根。

14）单根 V 带的预紧力

$$F_0 = 500 \left(\frac{2.5}{K_\alpha} - 1 \right) \frac{P_d}{zv} + mv^2$$

由表 6.1-13 查得 $m = 0.17$kg/m。

$$F_0 = 500 \left(\frac{2.5}{0.965} - 1 \right) \frac{14.3}{4 \times 10.70} \text{N} + 0.17 \times (10.70)^2 \text{N}$$

$$= 285.2 \text{N}$$

15）带轮的结构和尺寸。此处以小带轮为例确定其结构和尺寸。

由 Y160M-4 电动机可知，其轴伸直径 $d = 42$mm，长度 $L = 110$mm。故小带轮轴孔直径应取 $d_0 = 42$mm，毂长应略大于 110mm。

由表 6.1-20 查得，小带轮结构为实心轮。

轮槽尺寸及轮宽按表 6.1-17 计算，参考图 6.1-6 典型结构，即可画出小带轮工作图（见图 6.1-12）。

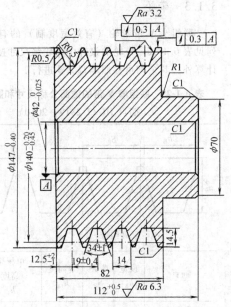
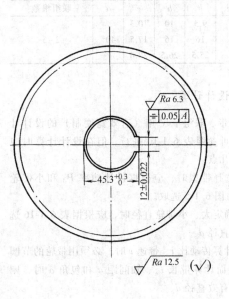

技术要求

1. 轮槽工作面不应有砂眼、气孔。

2. 各轮槽间距的累积误差不得超过 ±0.8，材料：HT200。

图 6.1-12　小带轮工作图

3 联组 V 带

联组 V 带的各根 V 带载荷均匀，可减少运转中的振动和横向翻转，它分为联组普通 V 带（HG/T 3745—2011）和联组窄 V 带（有效宽度制，GB/T 13575.2—2008）。联组窄 V 带和联组普通 V 带相比，具有结构紧凑、寿命长、节能等特点，并适用于高速传动（$v = 35 \sim 45$ m/s），近年来发展较快。

3.1 联组窄 V 带（GB/T 13575.2—2008）（有效宽度制）传动及其设计特点

3.1.1 尺寸规格

联组窄 V 带的截面尺寸见表 6.1-23。联组窄 V 带的有效长度系列见表 6.1-28。

表 6.1-23 联组窄 V 带的截面尺寸

（摘自 GB/T 13575.2—2008）（mm）

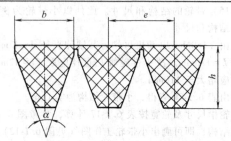

带 型	b	h	e	α	联组根数
9J	9.5	10	10.3	40°	2~5
15J	16	16	17.5		
25J	25.5	26.5	28.6		

3.1.2 设计计算

窄 V 带、联组窄 V 带（有效宽度制）的设计计算方法，可参照表 6.1-10 进行。但在设计计算时应考虑以下几点：

1）选择带型时，应根据设计功率 P_d 和小带轮转速 n_1 由图 6.1-5 选取。

2）确定大、小带轮直径时，应根据表 6.1-16 选定其有效直径 d_e。

3）计算传动比 i、带速 v 时，必须用带轮的节圆直径 d_p；而计算带长 L_e、轴间距 a 和包角 α 时，则用带轮的有效直径 d_e。

$$d_p = d_e - 2\Delta e$$

Δe 值可查表 6.1-18。节圆直径 d_p 和有效直径 d_e 的对应关系可由表 6.1-18 直接查得。

4）根据有效直径计算所需的带长，应按表 6.1-8

选取带的有效长度 L_e。

5）计算带的根数时，基本额定功率、$i \neq 1$ 时额定功率的增量查表 6.1-14l~n，小带轮包角修正系数 K_α 查表 6.1-12，带长修正系数 K_L 查表 6.1-8。

6）联组窄 V 带的设计计算和窄 V 带完全相同，按所需根数选取联组带和组合形式。产品有 2、3、4、5 联组 4 种，可参考表 6.1-24。

表 6.1-24 联组窄 V 带的组合

所需窄 V 带根数	组合形式
6	3,3[①]
7	3,4
8	4,4
9	5,4
10	5,5
11	4,3,4
12	4,4,4
13	4,5,4
14	5,4,5
15	5,5,5
16	4,4,4,4

① 数字表示一根联组窄 V 带的联组根数。

按化工行业标准，联组窄 V 带有 6 种型号，形状、尺寸见表 6.1-25，长度与表 6.1-8 基本一致。

3.1.3 带轮

联组窄 V 带带轮（有效宽度制）的有效直径系列见表 6.1-16。带轮的设计中除轮缘尺寸按表 6.1-18 计算外，其余均可参照本章 2.3 进行。

表 6.1-25 联组窄 V 带的截面公称尺寸和露出高度

（摘自 HG/T 2819—2010）（mm）

型号	顶宽 b_b	带距 S_g	带高度 h_{bb}	单根带高度 h_b	露出高度 ≤
9J、9JX	9.7	10.3	9.7	7.9	5.1
15J、15JX	15.7	17.5	15.7	13.5	6.4
25J、25JX	25.4	28.6	25.4	23.0	7.6

注：有齿切边窄 V 带添加符号"X"。

3.2 联组普通 V 带（见表 6.1-26）

表 6.1-26 联组普通 V 带的截面公称尺寸

（摘自 HG/T 3745—2011） （mm）

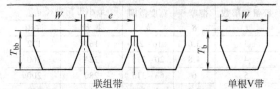

联组带　　　　　　单根V带

型号	顶宽 W	带距 e	单根带高度 T_b	带高度 T_{bb}
AJ、AJX	13	15.88	8	10
BJ、BJX	16	19.05	10	13
CJ、CJX	22	25.40	13	17
DJ	32	36.53	19	21

3.3 联组普通 V 带轮（有效宽度制）轮槽截面尺寸（见表 6.1-27）

表 6.1-27 联组普通 V 带轮（有效宽度制）轮槽截面尺寸（摘自 GB/T 13575.2—2008）

（mm）

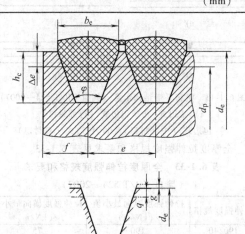

槽 型	AJ	BJ	CJ	DJ
有效宽度 b_e	13	16.5	22.5	32.8
槽顶最大增量 g	0.2	0.25	0.3	0.3
槽顶弧最大深度 q	0.35	0.40	0.45	0.55
有效线差 Δe	1.5	2.0	3.0	4.5
槽深 h_e	12	14	19	26
槽间距 e	15.88± 0.3	19.05± 0.4	25.40± 0.5	36.53± 0.6
e 值累积公差 $\Sigma \Delta e$	±0.6	±0.8	±1.0	±1.2
轮槽与端面距离 f_{min}	9	11.5	16	23
最小有效直径 d_{min}	80	132	212	375
轮槽角 φ 34°	有效直径 d_e			
	$d_e \leqslant 125$	$d_e \leqslant 195$	$d_e \leqslant 325$	
36°				$d_e \leqslant 490$
38°	$d_e > 125$	$d_e > 195$	$d_e > 325$	$d_e > 490$

4 平带传动

4.1 平型传动带的尺寸与公差

平带宽度及其极限偏差和荐用带轮宽度见表 6.1-28。直线度误差在 10m 内不大于 20mm。厚度差不大于平均厚度的 10%。

表 6.1-28 平带宽度、极限偏差和荐用带轮宽度

（摘自 GB/T 524—2007） （mm）

平带宽度公称值	平带宽度极限偏差	荐用对应轮宽	平带宽度公称值	平带宽度极限偏差	荐用对应轮宽
16		20	140		160
20		25	160		180
25		32	180		200
32	±2	40	200	±4	224
40		50	224		250
50		63	250		280
63		71			
71		80	280		315
80		90	315		355
90		100	355		400
100	±3	112	400	±5	450
112		125	450		500
125		140	500		560

环形平带长度是平带在正常安装力作用下的内周长度，见表 6.1-29，有端平带供货最小长度见表 6.1-30。

表 6.1-29 环形平带的长度

（摘自 GB/T 524—2007） （mm）

优选系列	500	560	630	710	800	900
第二系列	530	600	670	750	850	
优选系列	1000	1120	1250	1400	1600	
第二系列	950	1060	1180	1320	1500	1700
优选系列	1800	2000 2240 2500 2800 3150 3550 4000 4500 5000				
第二系列	1900					

注：如果给出的长度不够用，可按下列原则进行补充：系列两端以外，选用 R20 优先数系中的其他数，2000～5000mm 相邻长度值之间，选用 R40 数系中的数。

表 6.1-30 有端平带供货最小长度

（摘自 GB/T 524—2007）

平带宽度 b/mm	$b \leqslant 90$	$90 < b \leqslant 250$	$b > 250$
有端平带供货最小长度/m	8	15	20

注：供货长度由供求双方协商确定，供货的有端平带可由若干段组成，其偏差范围为 0%～±2%。

有端平带接头形式见表 6.1-31。

表 6.1-31　有端平带的接头形式

接头种类		简　图	特点及应用
硫化接头	帆布平带硫化接头	 200~400　50~150	接头平滑、可靠，连接强度高，但连接技术要求高；接头效率 80%~90%
	聚酰胺片基平带硫化接头	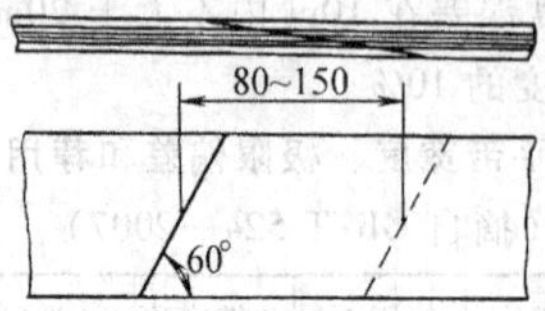 80~150　60°	用于不需经常改接的高速大功率传动和有张紧轮的传动
机械接头	带扣接头	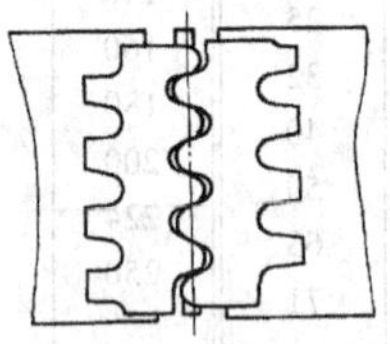	连接迅速、方便，其端部被削弱，运转中有冲击；接头效率 85%~90% 用于经常改接的中小功率传动，帆布平带带扣接头 $v < 20\text{m/s}$
	铁丝钩接头	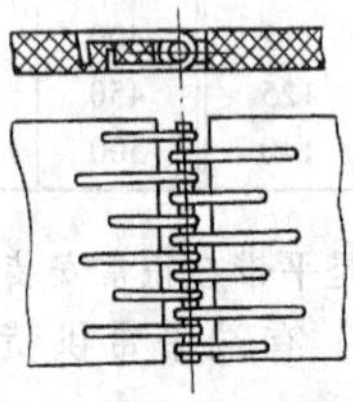	特点同带扣接头 铁丝钩接头 $v < 25\text{m/s}$
	螺栓接头	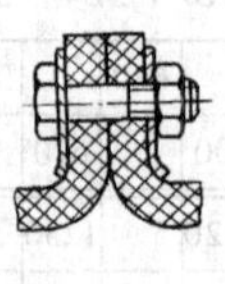	连接方便，接头强度高，只能单面传动；接头效率 30%~65% 用于 $v < 10\text{m/s}$ 的大功率帆布平带传动

4.2　帆布平带

4.2.1　规格

　　平型传动带由纤维织物及织物黏合材料（如橡胶、塑料）制造。其结构由涂覆有橡胶和塑料的一层或数层布料或整体织物构成。整个平带应采用统一的方法硫化或熔合为一体。用帆布制成的平带称为帆布平带，其横截面结构如图 6.1-13 所示（以 4 层帆布的平带为例）。

　　对于包边式结构平带，一般以无封口面为传动面（即使用时与带轮接触的平面）。

　　帆布平带的规格应参考生产厂的产品样本，可参照表 6.1-32 选取。有端平带按所需的长度截取，并将其端部连接起来。其接头形式见表 6.1-31。

表 6.1-32　帆布平带规格　（mm）

胶帆布层数 z	带厚[①] δ	宽度范围 b	最小带轮直径 $d_{\min}$ 推荐	许用
3	3.6	16~20	160	112
4	4.8	20~315	224	160
5	6	63~315	280	200
6	7.2	63~500	315	224
7	8.4		355	280
8	9.6	200~500	400	315
9	10.8		450	355
10	12		500	400
11	13.2	355~500	560	450
12	14.4		630	500

宽度系列：

16　20　25　32　40　50　63　71　80　90　100　112
125　140　160　180　200　224　250　280　315　355
400　450　500

① 带厚为参考尺寸。

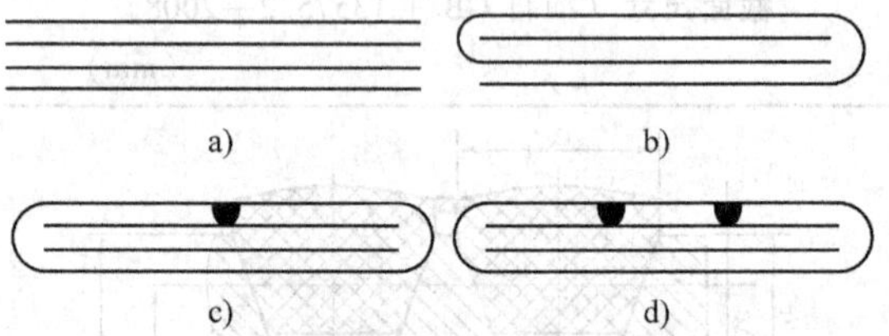

图 6.1-13　帆布平带结构示意（摘自 GB/T 524—2007）
a）切边式　b）包边式（边部封口）
c）包边式（中部封口）　d）包边式（双封口）

全厚度拉伸强度规格和要求见表 6.1-33。

表 6.1-33　全厚度拉伸强度规格和要求
（摘自 GB/T 524—2007）

拉伸强度规格	拉伸强度纵向最小值 /(kN/m)	拉伸强度横向最小值 /(kN/m)
190/40	190	75
190/60	190	110
240/40	240	95
240/60	240	140
290/40	290	115
290/60	290	175
340/40	340	130
340/60	340	200
385/60	385	225
425/60	425	250
450	450	
500	500	
560	560	

注：斜线前的数字表示纵向拉伸强度规格（以 kN/m 为单位）；斜线后的数字表示横向强度对纵向强度的百分比（简称横纵强度比，省略"%"号）；没有斜线时，数字表示纵向拉伸强度规格，其对应的横纵强度比只有 40% 一种。

　　按所采用聚合物不同，平带应在下列环境温度中使用。

除氯丁胶以外的橡胶（普通用途型）　-35~65℃

氯丁胶　　　　　　　　　　　　　　-27~65℃

热塑性塑料　　　　　　　　　　　　0~50℃

产品标记示例如下（摘自 GB/T 524—2007）：

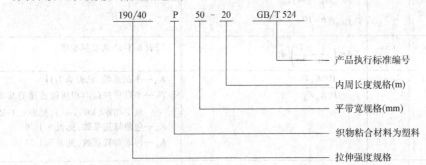

说明：1. 非环形平带标记中无"内周长度规格"。

　　　2. 织物黏合材料的类型：R—通用橡胶材料，C—氯丁胶材料，P—塑料。

4.2.2　设计计算（见表6.1-34）

表6.1-34　帆布平带传动的设计计算

序号	计算项目	符号	单位	计算公式和参数选定	说　明
1	选定胶带				
2	小带轮直径	d_1	mm	$d_1 = (1100 \sim 1350)\sqrt[3]{\dfrac{P}{n_1}}$ 或　$d_1 = \dfrac{6000v}{\pi n_1}$	P—传递的功率（kW） n_1—小带轮转速（r/min） v—带速（m/s），最有利的带速 $v = 10 \sim 20$m/s d_1 应按表6.1-48选取标准值
3	带速	v	m/s	$v = \dfrac{\pi d_1 n_1}{60 \times 1000} \leqslant v_{max}$ 帆布平带 $v_{max} = 30$m/s	应使带速在最有利的带速范围内为佳，否则可考虑改变 d_1 值
4	大带轮直径	d_2	mm	$d_2 = id_1(1-\varepsilon) = \dfrac{n_1}{n_2}d_1(1-\varepsilon)$ ε 取 $0.01 \sim 0.02$	n_2—大带轮转速（r/min） ε—弹性滑动率 d_2 应按表6.1-48选取标准值
5	中心距	a	mm	$a = (1.5 \sim 2)(d_1 + d_2)$ 且 $1.5(d_1 + d_2) \leqslant a \leqslant 5(d_1 + d_2)$	或根据结构要求定
6	所需带长	L	mm	开口传动 $L = 2a + \dfrac{\pi}{2}(d_1 + d_2) + \dfrac{(d_2 - d_1)^2}{4a}$ 交叉传动 $L = 2a + \dfrac{\pi}{2}(d_1 + d_2) + \dfrac{(d_2 + d_1)^2}{4a}$ 半交叉传动 $L = 2a + \dfrac{\pi}{2}(d_1 + d_2) + \dfrac{d_1^2 + d_2^2}{4a}$	未考虑接头长度
7	小带轮包角	α_1	(°)	开口传动 $\alpha_1 = 180° - \dfrac{d_2 - d_1}{a} \times 57.3° \geqslant 150°$ 交叉传动 $\alpha_1 \approx 180° + \dfrac{d_2 - d_1}{a} \times 57.3°$ 半交叉传动 $\alpha_1 \approx 180° + \dfrac{d_1}{a} \times 57.3°$	

（图中标注：）

190/40　P　50 - 20　GB/T 524

产品执行标准编号

内周长度规格(m)

平带宽规格(mm)

织物粘合材料为塑料

拉伸强度规格

（续）

序号	计算项目	符号	单位	计算公式和参数选定	说　　明
8	挠曲次数	y	s^{-1}	$y = \dfrac{1000mv}{L} \leqslant y_{max}$ $y_{max} = 6 \sim 10$	m—带轮数
9	带厚	δ	mm	$\delta \leqslant \left(\dfrac{1}{40} \sim \dfrac{1}{30}\right) d_1$	按表 6.1-32 选取标准值
10	带的截面积	A	mm^2	$A = \dfrac{100 K_A P}{P_0 K_\alpha K_\beta}$	K_A—工况系数，见表 6.1-11 P_0—平带单位截面积所能传递的基本额定功率（kW/cm^2），见表 6.1-35 K_α—包角修正系数，见表 6.1-36 K_β—传动布置系数，见表 6.1-37
11	带宽	b	mm	$b = \dfrac{A}{\delta}$	按表 6.1-28 选取标准值
12	作用在轴上的力	F_r	N	$F_r = 2\sigma_0 A \sin \dfrac{\alpha_1}{2}$ 推荐 $\sigma_0 = 1.8\text{MPa}$	σ_0—带的预紧应力（MPa）
13	带轮结构和尺寸				见本章 4.5

表 6.1-35　帆布平带单位截面积传递的基本额定功率 P_0

（$\alpha = 180°$、载荷平稳、预紧应力 $\sigma_0 = 1.8\text{MPa}$）

（kW/cm^2）

$\dfrac{d_1}{\delta}$	带速 $v/(\text{m/s})$									
	5	6	7	8	9	10	11	12	13	14	15
30	1.1	1.3	1.5	1.7	1.9	2.1	2.3	2.5	2.7	2.9	3.0
35	1.1	1.3	1.5	1.7	2.0	2.2	2.4	2.5	2.7	2.9	3.1
40	1.1	1.3	1.6	1.8	2.0	2.2	2.4	2.6	2.8	2.9	3.1
50	1.2	1.4	1.6	1.8	2.1	2.3	2.5	2.6	3.0	3.0	3.2
75	1.2	1.4	1.7	1.9	2.1	2.3	2.5	2.7	2.9	3.1	3.3
100	1.2	1.4	1.7	1.9	2.1	2.4	2.5	2.8	2.9	3.2	3.4

$\dfrac{d_1}{\delta}$	带速 $v/(\text{m/s})$									
	16	17	18	19	20	22	24	26	28	30
30	3.2	3.3	3.5	3.6	3.7	4.0	4.1	4.3	4.3	4.3
35	3.2	3.4	3.6	3.7	3.8	4.0	4.1	4.4	4.4	4.4
40	3.3	3.5	3.6	3.7	3.9	4.1	4.3	4.4	4.4	4.5
50	3.4	3.5	3.7	3.9	4.0	4.3	4.4	4.5	4.6	4.6
75	3.5	3.6	3.8	4.0	4.1	4.3	4.5	4.6	4.7	4.7
100	3.6	3.7	3.9	4.0	4.1	4.4	4.6	4.7	4.7	4.8

注：本表只适用于 $b < 300\text{mm}$ 的帆布平带。

表 6.1-36　平带传动的包角修正系数 K_α

$\alpha/(°)$	220	210	200	190	180	170
K_α	1.20	1.15	1.10	1.05	1.00	0.97
$\alpha/(°)$	160	150	140	130	120	
K_α	0.94	0.91	0.88	0.85	0.82	

表 6.1-37　传动布置系数 K_β

传动形式	两轮轴连心线与水平线交角 β		
	0~60°	60°~80°	80°~90°
	K_β		
自动张紧传动	1.0	1.0	1.0
简单开口传动（定期张紧或改缝）	1.0	0.9	0.8
交叉传动	0.9	0.8	0.7
半交叉传动、有导轮的角度传动	0.8	0.7	0.6

4.3　聚酰胺片基平带（摘自 GB/T 11063—2014）

聚酰胺（PA 尼龙）片基平带强度高，摩擦因数大，挠曲性好，不易松弛，适用于大功率传动，薄型的可用于高速传动。

4.3.1　结构

如图 6.1-14 所示，以聚酰胺为片基，按其使用和结构不同，以覆盖层材料分类，GG 系列——上、下覆盖层均为橡胶层，LL 系列——上、下覆盖层均为皮革，GL 系列——上覆盖为橡胶，下覆盖层为皮革。标记示例如图 6.1-15 所示。平带尺寸规格见表 6.1-38，平带内周长度极限偏差（环带）、宽度、厚度极限偏差见表 6.1-39、表 6.1-40。

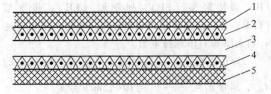

图 6.1-14　聚酰胺片基平带的结构
1—上覆盖层　2、4—布层　3—片基层
5—下覆盖层

4.3.2　设计计算

聚酰胺片基平带传动设计可参照表 6.1-34 帆布平带传动设计进行，但应考虑以下几点：

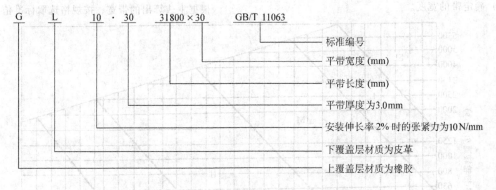

图 6.1-15　聚酰胺片基平带标记示例

（图中标注）
标准编号
平带宽度 (mm)
平带长度 (mm)
平带厚度为3.0mm
安装伸长率2%时的张紧力为10N/mm
下覆盖层材质为皮革
上覆盖层材质为橡胶

表 6.1-38　聚酰胺片基平带的尺寸规格

（mm）

带型	聚酰胺片厚 δ_N	带厚（约）	宽度范围 b	带轮允许最小直径 d_{min}
LL-EL	0.25	2.8		40
LL-L	0.50	3.6		45
LL-M	0.70	4.0		71
LL-H	1.00	4.2	16~300	112
LL-EH	1.40	4.8		180
LL-EEH	2.00	5.2		250
GL-EL	0.25	1.9(1.7)		35
GL-L	0.50	2.5(2.1)		45
GL-M	0.70	2.9(2.5)	16~300	71
GL-H	1.00	3.7(3.3)		112
GL-EH	1.40	4.5(4.1)		180
GL-EEH	2.00	5.2(4.8)		250
GG-EL	0.25	1.6		30
GG-L	0.50	1.8		40
GG-M	0.70	2.0	10~280	63
GG-H	1.00	2.3		100
GG-EH	1.40	2.8		160
GG-EEH	2.00	3.4		224

宽度系列：与普通平带相同

注：1. 本表是根据生产厂样本综合而成，GB/T 11063—2014 只规定了 L、M、H 三种带型。
　　2. 表中各带型的抗拉强度（N/mm）如下：EL—100，L—200，M—300，H—400，EH—600，EEH—800。

表 6.1-39　聚酰胺片基平带内周长度的极限偏差

（摘自 GB/T 11063—2014）　（mm）

内周长度 L	极限偏差
$L \leqslant 1000$	±5
$1000 < L \leqslant 2000$	±10
$2000 < L \leqslant 5000$	±0.5%
$5000 < L \leqslant 20000$	±0.3%
$20000 < L \leqslant 125000$	±0.2%

表 6.1-40　聚酰胺片基平带宽度和厚度的极限偏差

（摘自 GB/T 11063—2014）　（mm）

宽度 b		极限偏差
环形平带	$b \leqslant 60$	±1
	$60 < b \leqslant 150$	±1.5
	$150 < b \leqslant 520$	±2
非环形平带		+2% / 0

厚度 δ	极限偏差	同卷或同条带极限偏差
<3.0	±0.2	±0.1
≥3.0	±0.3	±5%

1）选择带型前，应先根据载荷情况和工作环境等选择结构类型。对于重载、变载以及在油、脂环境下工作的传动，宜选 LL、GL 型，也可选用有抗油、防尘弹胶体摩擦面的 GG 型；轻中载、载荷变动不大、在潮湿、粉尘环境下工作的传动，应选 GG 型；上下两面都需工作的多从动轮传动或交叉传动，则宜选用 LL 型或双面都具有耐磨、耐油、防尘的 GG 型平带。

根据抗拉体的抗拉强度（聚酰胺片厚度不同），聚酰胺片基平带可分为轻型（L）、中型（M）、重型

（H）和特轻型（EL）、加重型（EH）、超重型（EEH）等。根据传动的设计功率 P_d 和小带轮转速 n_1 可由图 6.1-16 选择带型。

2）小带轮直径 d_1，必须大于表 6.1-38 规定的 d_{min}，通常 $d_1 = \dfrac{60000v}{\pi n_1}$，$v = 10 \sim 15 m/s$ 为宜。

3）挠曲次数 y 应小于 $y_{max} = 15 \sim 50$，小轮直径大时取高值。

4）确定带的宽度。

$$b = \frac{P_d}{K_\alpha K_\beta P_0}$$

式中　　P_d——设计功率（kW），$P_d = K_A P$（K_A——工况系数，见表 6.1-11，P——传递的功率）；

P_0——单位带宽的基本额定功率（kW/mm），见表 6.1-41；

K_α——包角系数，见表 6.1-36；

K_β——传动布置系数，见表 6.1-37。

根据上式算出的带宽，按规格选取标准值。

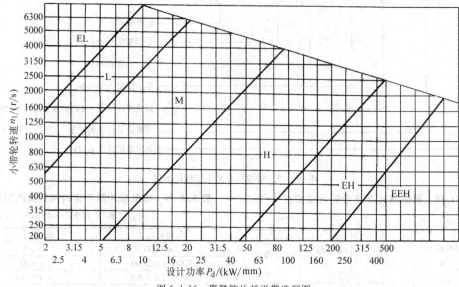

图 6.1-16　聚酰胺片基平带选型图

表 6.1-41　聚酰胺片基平带单位带宽的基本额定功率（$\alpha_1 = 180°$、载荷平稳、预紧应力 $\sigma_0 = 3 MPa$）

（kW/mm）

带型	带速 $v/(m/s)$											
	10	15	20	25	30	35	40	45	50	55~60	65	70
EL	0.06	0.089	0.113	0.135	0.157	0.176	0.193	0.213	0.231	0.248	0.230	0.218
L	0.10	0.148	0.188	0.225	0.261	0.294	0.328	0.356	0.385	0.413	0.384	0.364
M	0.14	0.208	0.263	0.315	0.365	0.412	0.459	0.498	0.539	0.578	0.537	0.510
H	0.20	0.297	0.376	0.450	0.522	0.588	0.656	0.711	0.770	0.825	0.767	0.728
EH	0.28	0.416	0.526	0.630	0.731	0.823	0.918	0.995	1.078	1.155	1.074	1.019
EEH	0.40	0.594	0.752	0.900	1.044	1.176	1.312	1.422	1.540	1.650	1.534	1.456

4.4　高速带传动

带速 $v > 30 m/s$、高速轴转速 $n_1 = 10000 \sim 50000 r/min$ 都属于高速带传动，带速 $v \geqslant 100 m/s$ 时称为超高速带传动。

高速带传动通常都是开口的增速传动，定期张紧时，i 可达到 4；自动张紧时，i 可达到 6；采用张紧轮传动时，i 可达到 8。小带轮直径一般取 $d_1 = 20 \sim 40 mm$。

由于要求传动可靠，运转平稳，并有一定寿命，所以都采用重量轻、厚度薄而均匀、挠曲性好的环形平带，如特制的编织带（麻、丝、聚酰胺丝等）、薄型聚酰胺片基平带、高速环形胶带等。高速带传动若采用硫化接头时，必须使接头与带的挠曲性能尽量接近。

高速带传动的缺点是带的寿命短，个别结构甚至只有几小时，传动效率也较低。

4.4.1　规格

高速带规格见表 6.1-42。

标记示例：

聚氨酯高速带，带厚 1mm 宽 25mm 内周长 1120mm：

聚氨酯高速带 1×25×1120

4.4.2　设计计算

高速带传动的设计计算，可参照表 6.1-34 进行。但计算时应考虑下列几点：

1) 小带轮直径可取 $d_1 \geqslant d_0 + 2\delta_{min}$（$d_0$——轴直径；$\delta_{min}$——最小轮缘厚度，通常取 3~5mm）。若带速和安装尺寸允许，d_1 应尽可能选较大值。

2) 带速 v 应小于表 6.1-43 中的 v_{max}。

表 6.1-42　高速带规格　（mm）

带宽 b	内周长度 L_i 范围	内周长度系列
20	450~1000	450、480、500、530、560、600
25	450~1500	630、670、710、750、800、850
32	600~2000	900、950、1000、1060、1120、1180
40	710~3000	1250、1320、1400、1500、1600、1700
50	710~3000	1800、1900、2000、2120、2240、2350
60	1000~3000	2500、2650、2800、3000
带厚 δ	0.8、1.0、1.2、1.5、2.0、2.5、（3）	

注：1. 编织带带厚无 0.8mm 和 1.2mm。
　　2. 括号内的尺寸尽可能不用。

3) 带的挠曲次数 y 应小于表 6.1-43 中的 y_{max}。

4) 带厚 δ 可根据 d_1 和表 6.1-43 中的 $\dfrac{\delta}{d_{min}}$ 由表 6.1-42 选定。

5) 带宽 b 由下式计算，并选取标准值。

$$b = \frac{K_A P}{K_f K_\alpha K_\beta K_i(\lbrack\sigma\rbrack - \sigma_c)\delta v}$$

式中　P——传递的功率（kW）；
　　　K_A——工况系数，见表 6.1-11；
　　　K_f——拉力计算系数，当 $i=1$、带轮为金属材料时：
　　　　　纤维编织带：$K_f = 0.47$；
　　　　　橡胶带：$K_f = 0.67$；
　　　　　聚氨酯带：$K_f = 0.79$；
　　　　　皮革带：$K_f = 0.72$；
　　　K_α——包角修正系数，见表 6.1-44；
　　　K_β——传动布置系数，见表 6.1-37；
　　　K_i——传动比系数，见表 6.1-45；
　　　$\lbrack\sigma\rbrack$——带的许用拉应力（MPa），见表 6.1-47；
　　　σ_c——带的离心拉应力（MPa），$\sigma_c = mv^2$；
　　　m——带的密度（kg/cm³），见表 6.1-46。

表 6.1-43　高速带传动的 $\dfrac{\delta}{d_{min}}$、v_{max} 和 y_{max}

高速带种类		棉织带	麻、丝、聚酰胺丝织带	橡胶高速带	聚氨酯高速带	薄型聚酰胺片基平带
$\dfrac{\delta}{d_{min}}$	推荐 ≤	$\dfrac{1}{50}$	$\dfrac{1}{30}$	$\dfrac{1}{40}$	$\dfrac{1}{30}$	$\dfrac{1}{100}$
	许用	$\dfrac{1}{40}$	$\dfrac{1}{25}$	$\dfrac{1}{30}$	$\dfrac{1}{20}$	$\dfrac{1}{50}$
v_{max}/(m/s)		40	50	40	50	80
y_{max}/s⁻¹		60	60	100	100	50

表 6.1-44　高速带传动的包角修正系数 K_α

α(°)	220	210	200	190	180	170	160	150
K_α	1.20	1.15	1.10	1.05	1.0	0.95	0.90	0.85

表 6.1-45　传动比系数 K_i

主动轮转速/从动轮转速	$\geqslant\dfrac{1}{1.25}$	$<\dfrac{1}{1.25}\sim\dfrac{1}{1.7}$	$<\dfrac{1}{1.7}\sim\dfrac{1}{2.5}$	$<\dfrac{1}{2.5}\sim\dfrac{1}{3.5}$	$<\dfrac{1}{3.5}$
K_i	1	0.95	0.90	0.85	0.80

表 6.1-46　高速带的密度 m　（kg/cm³）

高速带种类	无覆胶编织带	覆胶编织带	橡胶高速带	聚氨酯高速带	薄型皮革高速带	薄型聚酰胺片基平带
密度 m	0.9×10⁻³	1.1×10⁻³	1.2×10⁻³	1.34×10⁻³	1×10⁻³	1.13×10⁻³

表 6.1-47　高速带的许用拉应力 $\lbrack\sigma\rbrack$　（MPa）

高速带种类	棉、麻、丝编织带	聚酰胺丝编织带	橡胶高速带		聚氨酯高速带	薄型聚酰胺片基平带
			聚酯绳芯	棉绳芯		
$\lbrack\sigma\rbrack$	3.0	5.0	6.5	4.5	6.5	20

4.5　带轮

平带轮的设计要求、材料、轮毂尺寸、静平衡与 V 带轮相同（见本章 2.3）。平带轮的直径、结构型式和辐板厚度 S 见表 6.1-48。轮缘尺寸见表 6.1-49，为防止掉带，通常在大带轮轮缘表面制成中凸度，中凸度见表 6.1-50。

高速带传动必须使带轮重量轻、质量均匀对称，运转时空气阻力小。通常都采用钢或铝合金制造。各个面都应进行加工，轮缘工作表面的表面粗糙度应为 $Ra3.2\mu m$。为防止掉带，主、从动轮轮缘表面都应制成中凸度。除薄型聚酰胺片基平带的带轮外，也可将轮缘表面的两边做成 2° 左右的锥度，如图 6.1-17a 所示。为了防止运转时带与轮缘表面间形成气垫，轮缘表面应开环形槽（大轮可不开），环形槽间距为 5~10mm，见图 6.1-17b 所示。带轮必须按表 6.1-51 的要求进行动平衡。

表 6.1-48　平带轮的直径、结构型式和辐板厚度　　　　　　　　　　（mm）

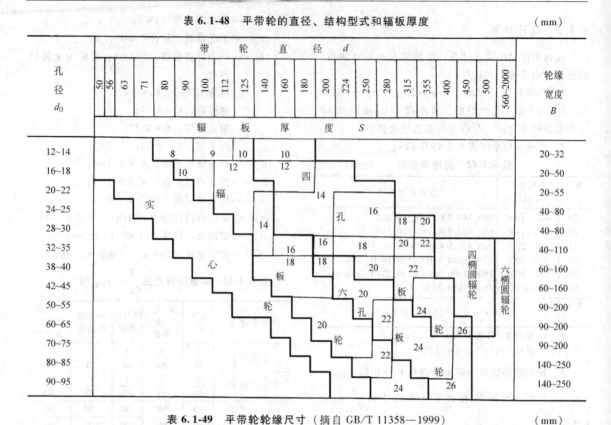

孔径 d_0	带 轮 直 径 d（50 56 63 71 80 90 100 112 125 140 160 180 200 224 250 280 315 355 400 450 500 560~2000）／ 辐 板 厚 度 S	轮缘宽度 B
12~14	实心轮 8 9 10 10 四辐孔板六辐孔板轮	20~32
16~18	10 12 12	20~50
20~22	14	20~55
24~25	14 16	40~80
28~30	14 16 18 20	40~80
32~35	16 16 18 20 22	40~110
38~40	18 18 20 22	60~160
42~45	20 22	60~160
50~55	20 22 24	90~200
60~65	20 22 24 26	90~200
70~75	22 24	90~200
80~85	22 24	140~250
90~95	24 26	140~250

（四椭圆辐轮　六椭圆辐轮）

表 6.1-49　平带轮轮缘尺寸（摘自 GB/T 11358—1999）　　　　　　　　（mm）

带 宽 b		轮缘宽 B	
公称尺寸	偏差	公称尺寸	偏差
16		20	
20		25	
25		32	
32	±2	40	±1
40		50	
50		63	
63		71	
71		80	
80		90	
90		100	
100	±3	112	±1.5
112		125	
125		140	
140		160	
160		180	
180		200	
200	±4	224	±2
224		250	
250		280	
280		315	
315		355	
355		400	
400	±5	450	±3
450		500	
500		560	
560		630	
轮缘厚度		$\delta = 0.005d + 3$	
中凸度 h		见表 6.1-50	

$r = \delta/2$

$r = \delta/2$

表 6.1-50 平带轮轮缘的中凸度

（摘自 GB/T 11358—1999）　（mm）

带轮直径	中凸度 h_{min}	带轮直径	中凸度 h_{min}
20～112	0.3	400～500	1.0
125～140	0.4	560～710	1.2
160～180	0.5	800～1000	1.2～1.5[①]
200～224	0.6	1120～1400	1.5～2.0[①]
250～355	0.8	1600～2000	1.8～2.5[①]

① 轮缘宽 B>250mm 时，取大值。

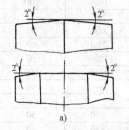 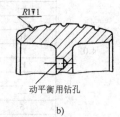

图 6.1-17 高速带轮轮缘表面

表 6.1-51 带轮动平衡要求

带轮类型	允许重心偏移量 $e/\mu m$	精度等级
一般机械带轮（$n \leqslant 1000 r/min$）	50	G6.3
机床小带轮（$n = 1500 r/min$）	15	G2.5
主轴和一般磨头带轮（$n = 6000 \sim 10000 r/min$）	3～5	G2.5
高速磨头带轮（$n = 15000 \sim 30000 r/min$）	0.4～1.2	G1.0
精密磨床主轴带轮（$n = 15000 \sim 50000 r/min$）	0.08～0.25	G0.4

带轮的结构型式可参考图 6.1-6。带轮尺寸较大或因装拆需要（如装在两轴承间），可制成剖分式（图 6.1-18），剖分面应在轮辐处。

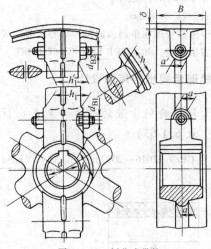

图 6.1-18 剖分式带轮

$d_{B1} = 0.15d + (8 \sim 12) mm$　　d—轴径（mm）

$d_{B2} = 0.45\sqrt{B\delta} + 5 mm$

5　同步带传动

5.1　同步带传动常用术语（摘自 GB/T 6931.3—2008）

同步带：纵向截面具有等距横向齿的环形传动带（见图 6.1-19）。

带节距 P_b：在规定的张紧力下，带的纵向截面上相邻两齿对称中心线的直线距离。

节线：当带垂直其底边弯曲时，在带中保持原长不变的任意一条周线。其长度称为节线长，通常用公称长度 L_p 表示。

基准节圆柱面：与带轮同轴的假想圆柱面，在这个圆柱面上，带轮的节距等于带的节距。

节圆：基准节圆柱面与带轮轴线垂直平面的交线。

节径 d：节圆的直径。

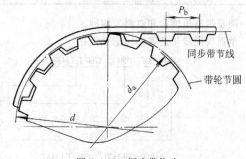

图 6.1-19　同步带传动

5.2　一般传动用同步带的类型和标记

包括梯形齿、曲线齿和圆弧齿的环形一般传动用同步带（简称同步带），其结构如图 6.1-20 所示。其物理性能应符合表 6.1-52 的规定。

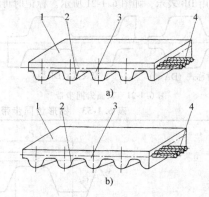

图 6.1-20　同步带结构（摘自 GB/T 13487—2017）

a）梯形齿　b）曲线齿

1—带背　2—齿布　3—带齿　4—芯绳

表 6.1-52 一般传动用同步带的物理性能 （GB/T 13487—2017）

项 目		拉伸强度/(N/mm) ≥	参考力伸长率		齿布黏合强度/(N/mm) ≥	芯绳黏合强度/N ≥	齿体剪切强度/(N/mm) ≥
			参考力/(N/mm) ≥	伸长率(%) ≤			
曲线齿	H3M、S3M、R3M	90	70		—	—	—
	H5M、S5M、R5M	160	130		6	400	50
	H8M、S8M、R8M	300	240		10	700	60
	H14M、S14M、R14M	400	320		12	1200	80
	H20M、S20M、R20M	520	410		15	1600	100
圆弧齿	3M	90	70		—	—	—
	5M	160	130		6	400	50
	8M	300	240	4.0	10	700	60
	14M	400	320		12	1200	80
	20M	520	410		15	1600	100
梯形齿	MXL、T2.5	60	45		—	—	—
	XXL	70	55		—	—	—
	XL、T5	80	60		5	200	50
	L	120	90		6.5	380	60
	H、T10	270	220		8	600	70
	XH、T20	380	300		10	800	75
	XXH	450	360		12	1500	90

同步带有单面齿和双面齿两种。

单面齿同步带的规格标记示例：

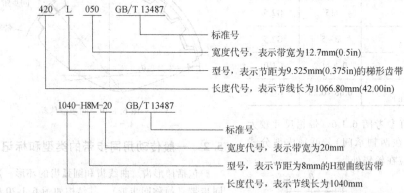

- 标准号
- 宽度代号，表示带宽为12.7mm(0.5in)
- 型号，表示节距为9.525mm(0.375in)的梯形齿带
- 长度代号，表示节线长为1066.80mm(42.00in)

1040-H8M-20 GB/T 13487

- 标准号
- 宽度代号，表示带宽为20mm
- 型号，表示节距为8mm的H型曲线齿带
- 长度代号，表示节线长为1040mm

对称式双面齿同步带用 DA 表示，交叉式双面齿同步带用 DB 表示，如图 6.1-21 所示。标记时可将双

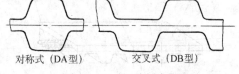

对称式（DA型）   交叉式（DB型）

图 6.1-21 双面齿同步带

面齿同步带符号加在单面齿同步带型号之前，其余标记表示方法不变，如 420DB L050 GB/T 13487。

5.3 梯形齿同步带传动设计

5.3.1 梯形齿同步带的规格（见表 6.1-53～表 6.1-55）

表 6.1-53 梯形齿同步带的齿形尺寸（摘自 GB/T 11616—2013）   （mm）

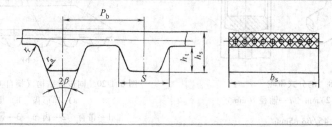

（续）

带型①	节距 P_b	齿形角 $2\beta/(°)$	齿根厚 S	齿高 h_t	带高② h_s	齿根圆角半径 r_r	齿顶圆角半径 r_a	节线差 t_a
MXL	2.032	40	1.14	0.51	1.14	0.13	0.13	0.254
XXL	3.175	50	1.73	0.76	1.52	0.20	0.30	0.254
XL	5.080	50	2.57	1.27	2.30	0.38	0.38	0.254
L	9.525	40	4.65	1.91	3.60	0.51	0.51	0.381
H	12.700	40	6.12	2.29	4.30	1.02	1.02	0.686
XII	22.225	40	12.57	6.35	11.20	1.57	1.19	1.397
XXH	31.750	40	19.05	9.53	15.70	2.29	1.52	1.524

① 带型即节距代号，MXL—最轻型；XXL—超轻型；XL—特轻型；L—轻型；H—重型；XH—特重型；XXH—超重型。
② 系单面带的带高。

表 6.1-54 梯形齿同步带的带长及极限偏差（摘自 GB/T 11616—2013）

带长代号	节线长 L_p/mm 基本尺寸	极限偏差	MXL	XXL	XL	L	H	XH	XXH
36	91.44		45						
40	101.60		50						
44	111.76		55	—					
48	121.92		60	—					
50	127.00		—	40					
56	142.24		70						
60	152.40	±0.41	75	48	30				
64	162.56		80	—	—				
70	177.80		—	56	35				
72	182.88		90	—	—				
80	203.20		100	64	40				
88	223.52		110	—	—				
90	228.60		—	72	45				
100	254.00		125	80	50				
110	279.40		—	88	55				
112	284.48		140	—	—				
120	304.80		—	96	60	—			
124	314.33					33			
124	314.96	±0.46	155						
130	330.20		—	104	65	—			
140	355.60		175	112	70	—			
150	381.00		—	120	75	40			
160	406.40		200	128	80	—			
170	431.80		—	—	85	—			
180	457.20		225	144	90	—			
187	476.25	±0.51	—	—	—	50			
190	482.60		—	—	95	—			
200	508.00		250	160	100	—			
210	533.40		—	—	105	56			
220	558.80		—	176	110	—			
225	571.50		—	—	—	60			
230	584.20				115				
240	609.60				120	64	48		
250	635.00	±0.61			125	—	—		
255	647.70				—	68	—		
260	660.40				130	—	—		
270	685.80					72	54		
285	723.90					76	—		
300	762.00					80	60		
322	819.15					86	—		
330	838.20	±0.66				—	66		

带长代号	节线长 L_p/mm 基本尺寸	极限偏差	MXL	XXL	XL	L	H	XH	XXH
345	876.30					92	—		
360	914.40	±0.66				—	72		
367	933.45					98	—		
390	990.60					104	78		
420	1066.80					112	84		
450	1143.00	±0.76				120	90		
480	1219.20					128	96		
507	1289.05					—	—	58	
510	1295.40					136	102		
540	1371.60					144	108		
560	1422.40	±0.81					—	64	
570	1447.80					—	114		
600	1524.00					160	120		
630	1600.20						126	72	
660	1676.40	±0.86					132	—	
700	1778.00					140	80		56
750	1905.00					150			
770	1955.80	±0.91				—	88		
800	2032.00					160			64
840	2133.60					—	96		
850	2159.00	±0.97				170			
900	2286.00					180			72
980	2489.20					—	112		
1000	2540.00	±1.02				200	—		80
1100	2794.00	±1.07				220	—		
1120	2844.80	±1.12				—	128	—	
1200	3048.00						—		96
1250	3175.00					250	—		
1260	3200.40	±1.17				—	144		
1400	3556.00	±1.22				280	160	112	
1540	3911.60	±1.32				—	176		
1600	4064.00						—		128
1700	4318.00	±1.37				340			
1750	4445.00					200	—		
1800	4572.00	±1.42				—			144

表 6.1-55 梯形齿同步带宽度 b_s 系列 （mm）

带宽		极限偏差			带型						
代号	尺寸系列	$L_p<838.20$	$L_p>838.20\sim1676.40$	$L_p>1676.40$	MXL	XXL	XL	L	H	XH	XXH
012	3.0										
019	4.8				MXL	XXL					
025	6.4	+0.5	—	—							
031	7.9	-0.8					XL				
037	9.5										
050	12.7		+0.8	+0.8							
075	19.1	±0.8	-1.3	-1.3				L			
100	25.4										
150	38.1										
200	50.8	+0.8 (H)① -1.3	±1.3(H)	+1.3 (H) -1.5					H		
300	76.2	+1.3 (H) -1.5	±1.5(H) ±0.48	+1.5 (H) -2.0 ±0.48						XH	XXH
400	101.6	—									
500	127.0	—									

① 极限偏差只适用于括号内的带型。

5.3.2 梯形齿同步带的选型和基准额定功率（见图 6.1-22 和表 6.1-56）

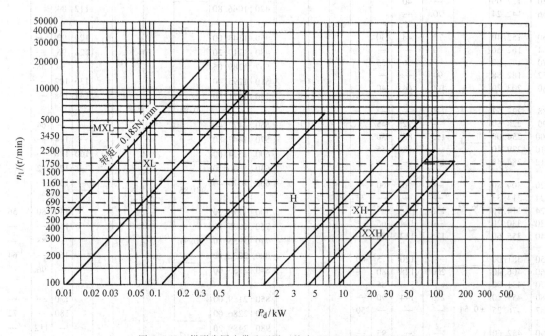

图 6.1-22 梯形齿同步带选型图（摘自 GB/T 11362—2008）

表 6.1-56a XL 型带（节距 5.080mm，基准宽度 9.5mm）**基准额定功率 P_0**（摘自 GB/T 11362—2008） （kW）

小带轮转速 n_1 /r·min⁻¹	小带轮齿数和节圆直径/mm									
	10 16.17	12 19.40	14 22.64	16 25.87	18 29.11	20 32.34	22 35.57	24 38.81	28 45.28	30 48.51
950	0.040	0.048	0.057	0.065	0.073	0.081	0.089	0.097	0.113	0.121
1160	0.049	0.059	0.069	0.079	0.089	0.098	0.108	0.118	0.138	0.147
1425	—	0.073	0.085	0.097	0.109	0.121	0.133	0.145	0.169	0.181
1750	—	0.089	0.104	0.119	0.134	0.148	0.163	0.178	0.207	0.221
2850	—	0.145	0.169	0.193	0.216	0.240	0.263	0.287	0.333	0.355

（续）

小带轮转速 n_1 /r·min^{-1}	小带轮齿数和节圆直径/mm									
	10 16.17	12 19.40	14 22.64	16 25.87	18 29.11	20 32.34	22 35.57	24 38.81	28 45.28	30 48.51
3450	—	0.175	0.204	0.232	0.261	0.289	0.317	0.345	0.399	0.425
100	0.004	0.005	0.006	0.007	0.008	0.009	0.009	0.010	0.012	0.013
200	0.009	0.010	0.012	0.014	0.015	0.017	0.019	0.020	0.024	0.026
300	0.013	0.015	0.018	0.020	0.023	0.026	0.028	0.031	0.036	0.038
400	0.017	0.020	0.024	0.027	0.031	0.034	0.037	0.041	0.048	0.051
500	0.021	0.026	0.030	0.034	0.038	0.043	0.047	0.051	0.060	0.064
600	0.026	0.031	0.036	0.041	0.046	0.051	0.056	0.061	0.071	0.076
700	0.030	0.036	0.042	0.048	0.054	0.060	0.065	0.071	0.083	0.089
800	0.034	0.041	0.048	0.054	0.061	0.068	0.075	0.082	0.095	0.102
900	0.038	0.046	0.054	0.061	0.069	0.076	0.084	0.092	0.107	0.115
1000	0.043	0.051	0.060	0.068	0.076	0.085	0.093	0.102	0.119	0.127
1100	0.047	0.056	0.065	0.075	0.084	0.093	0.103	0.112	0.131	0.140
1200	—	0.061	0.071	0.082	0.092	0.102	0.112	0.122	0.142	0.152
1300	—	0.066	0.077	0.088	0.099	0.110	0.121	0.132	0.154	0.165
1400	—	0.071	0.083	0.095	0.107	0.119	0.131	0.142	0.166	0.178
1500	—	0.076	0.089	0.102	0.115	0.127	0.140	0.152	0.178	0.190
1600	—	0.082	0.095	0.109	0.122	0.136	0.149	0.163	0.189	0.203
1700	—	0.087	0.101	0.115	0.130	0.144	0.158	0.173	0.201	0.215
1800	—	0.092	0.107	0.122	0.137	0.152	0.168	0.183	0.213	0.228
2000	—	0.102	0.119	0.136	0.152	0.169	0.186	0.203	0.236	0.252
2200	—	0.112	0.131	0.149	0.168	0.186	0.204	0.223	0.259	0.277
2400	—	0.122	0.142	0.163	0.183	0.203	0.223	0.242	0.282	0.301
2600	—	0.132	0.154	0.176	0.198	0.219	0.241	0.262	0.304	0.325
2800	—	0.142	0.166	0.189	0.213	0.236	0.259	0.282	0.327	0.349
3000	—	0.152	0.178	0.203	0.228	0.252	0.277	0.301	0.349	0.373
3200	—	0.163	0.189	0.216	0.242	0.269	0.295	0.321	0.371	0.396
3400	—	0.173	0.201	0.229	0.257	0.285	0.312	0.340	0.393	0.420
3600	—	0.183	0.213	0.242	0.272	0.301	0.330	0.359	0.415	0.443
3800	—	—	—	0.256	0.287	0.317	0.348	0.378	0.436	0.465
4000	—	—	—	0.269	0.301	0.333	0.365	0.396	0.458	0.487
4200	—	—	—	0.282	0.316	0.349	0.382	0.415	0.478	0.509
4400	—	—	—	0.295	0.330	0.365	0.400	0.433	0.499	0.531
4600	—	—	—	0.308	0.345	0.381	0.417	0.452	0.519	0.552
4800	—	—	—	0.321	0.359	0.396	0.433	0.470	0.539	0.573

表 6.1-56b **L 型带**（节距 9.525mm，基准宽度 25.4mm）**基准额定功率 P_0**（摘自 GB/T 11362—2008）

（kW）

小带轮转速 n_1 /r·min^{-1}	小带轮齿数和节圆直径/mm													
	12 36.38	14 42.45	16 48.51	18 54.57	20 60.64	22 66.70	24 72.77	26 78.83	28 84.89	30 90.90	32 97.02	36 109.15	40 121.28	44 133.40	48 145.53
725	0.34	0.39	0.45	0.51	0.56	0.62	0.67	0.73	0.78	0.84	0.90	1.01	1.12	1.23	1.33
870	0.40	0.47	0.54	0.61	0.67	0.74	0.81	0.87	0.94	1.01	1.07	1.20	1.33	1.46	1.59
950	0.44	0.52	0.59	0.66	0.73	0.81	0.88	0.95	1.03	1.10	1.17	1.31	1.45	1.59	1.73
1160	0.54	0.63	0.72	0.81	0.90	0.98	1.07	1.16	1.25	1.33	1.42	1.59	1.76	1.93	2.09
1425	—	0.77	0.88	0.99	1.10	1.20	1.31	1.42	1.52	1.63	1.73	1.94	2.14	2.34	2.53

（续）

小带轮转速 n_1 /r·min⁻¹	小带轮齿数和节圆直径/mm														
	12 36.38	14 42.45	16 48.51	18 54.57	20 60.64	22 66.70	24 72.77	26 78.83	28 84.89	30 90.90	32 97.02	36 109.15	40 121.28	44 133.40	48 145.53
1750	—	0.95	1.08	1.21	1.34	1.47	1.60	1.73	1.86	1.98	2.11	2.35	2.59	2.81	3.03
2850	—	—	1.73	1.94	2.14	2.34	2.53	2.72	2.90	3.08	3.25	3.57	3.86	4.11	4.33
3450	—	—	2.08	2.32	2.55	2.78	3.00	3.21	3.40	3.59	3.77	4.09	4.35	4.56	4.69
100	0.05	0.05	0.06	0.07	0.08	0.09	0.09	0.10	0.11	0.12	0.12	0.14	0.16	0.17	0.19
200	0.09	0.11	0.12	0.14	0.16	0.17	0.19	0.20	0.22	0.23	0.25	0.28	0.31	0.34	0.37
300	0.14	0.16	0.19	0.21	0.23	0.26	0.28	0.30	0.33	0.35	0.37	0.42	0.47	0.51	0.56
400	0.19	0.22	0.25	0.28	0.31	0.34	0.37	0.40	0.43	0.47	0.50	0.56	0.62	0.68	0.74
500	0.23	0.27	0.31	0.35	0.39	0.43	0.47	0.50	0.54	0.58	0.62	0.70	0.77	0.85	0.93
600	0.28	0.33	0.37	0.42	0.47	0.51	0.56	0.60	0.65	0.70	0.74	0.83	0.93	1.02	1.11
700	0.33	0.38	0.43	0.49	0.54	0.60	0.65	0.70	0.76	0.81	0.87	0.97	1.08	1.18	1.29
800	0.37	0.43	0.50	0.56	0.62	0.68	0.74	0.80	0.86	0.93	0.99	1.11	1.23	1.35	1.47
900	0.42	0.49	0.56	0.63	0.70	0.77	0.83	0.90	0.97	1.04	1.11	1.24	1.38	1.51	1.65
1000	0.47	0.54	0.62	0.70	0.77	0.85	0.93	1.00	1.08	1.15	1.23	1.38	1.53	1.67	1.82
1100	0.51	0.60	0.68	0.77	0.85	0.93	1.02	1.10	1.18	1.27	1.35	1.51	1.68	1.83	1.99
1200	0.56	0.65	0.74	0.83	0.93	1.02	1.11	1.20	1.29	1.38	1.47	1.65	1.82	1.99	2.16
1300	0.60	0.70	0.80	0.90	1.00	1.10	1.20	1.30	1.39	1.49	1.59	1.78	1.96	2.15	2.33
1400	0.65	0.76	0.87	0.97	1.08	1.18	1.29	1.39	1.50	1.60	1.70	1.91	2.11	2.30	2.49
1500	0.70	0.81	0.93	1.04	1.15	1.27	1.38	1.49	1.60	1.71	1.82	2.04	2.25	2.45	2.65
1600	0.74	0.87	0.99	1.11	1.23	1.35	1.47	1.59	1.70	1.82	1.94	2.16	2.38	2.60	2.81
1700	0.79	0.92	1.05	1.18	1.30	1.43	1.56	1.68	1.81	1.93	2.05	2.29	2.52	2.74	2.96
1800	0.83	0.97	1.11	1.24	1.38	1.51	1.65	1.78	1.91	2.04	2.16	2.41	2.65	2.88	3.11
1900	0.88	1.03	1.17	1.31	1.45	1.59	1.73	1.87	2.01	2.14	2.27	2.53	2.78	3.02	3.25
2000	0.93	1.08	1.23	1.38	1.53	1.67	1.82	1.96	2.11	2.25	2.38	2.65	2.91	3.15	3.39
2200	1.02	1.18	1.35	1.51	1.68	1.83	1.99	2.15	2.30	2.45	2.60	2.88	3.16	3.41	3.65
2400	1.11	1.29	1.47	1.65	1.82	1.99	2.16	2.33	2.49	2.65	2.81	3.11	3.39	3.65	3.89
2600	1.20	1.39	1.59	1.78	1.96	2.15	2.33	2.51	2.68	2.85	3.01	3.32	3.61	3.87	4.10
2800	1.29	1.50	1.70	1.91	2.11	2.30	2.49	2.68	2.86	3.03	3.20	3.52	3.81	4.07	4.29
3000	1.38	1.60	1.82	2.04	2.25	2.45	2.65	2.85	3.03	3.21	3.39	3.71	4.00	4.24	4.45
3200	—	1.70	1.94	2.16	2.38	2.60	2.81	3.01	3.20	3.39	3.56	3.89	4.17	4.40	4.58
3400	—	1.81	2.05	2.29	2.52	2.74	2.96	3.17	3.37	3.55	3.73	4.05	4.32	4.53	4.67
3600	—	1.91	2.16	2.41	2.65	2.88	3.11	3.32	3.52	3.71	3.89	4.20	4.45	4.63	4.74
3800	—	2.01	2.27	2.53	2.78	3.02	3.25	3.47	3.67	3.86	4.03	4.33	4.56	4.70	4.76
4000	—	2.11	2.38	2.65	2.91	3.15	3.39	3.61	3.81	4.00	4.17	4.45	4.65	4.75	4.75
4200	—	—	2.49	2.77	3.03	3.28	3.52	3.74	3.94	4.13	4.29	4.55	4.71	4.76	4.70
4400	—	—	2.60	2.88	3.16	3.41	3.65	3.87	4.07	4.24	4.40	4.63	4.75	4.74	4.60
4600	—	—	2.70	3.00	3.27	3.53	3.77	3.99	4.18	4.35	4.49	4.69	4.76	4.69	4.46
4800	—	—	2.81	3.11	3.39	3.65	3.89	4.10	4.29	4.45	4.58	4.74	4.75	4.60	4.27

注：⌐ ̣ ̣ ̣ ˩ 为带轮圆周速度在 33m/s 以上时的功率值，设计时带轮用碳素钢或铸钢。

表 **6.1-56c**　**H 型带**（节距 12.7mm，基准宽度 76.2mm）**基准额定功率 P_0**（摘自 GB/T 11362—2008）

（kW）

小带轮转速 n_1/	小带轮齿数和节圆直径/mm													
r·min^{-1}	14	16	18	20	22	24	26	28	30	32	36	40	44	48
	56.60	64.68	72.77	80.85	88.94	97.02	105.11	113.19	121.28	129.36	145.53	161.70	177.87	194.04
725	4.51	5.15	5.79	6.43	7.08	7.71	8.35	8.99	9.63	10.26	11.53	12.79	14.05	15.30
870	5.41	6.18	6.95	7.71	8.48	9.25	10.01	10.77	11.53	12.29	13.80	15.30	16.79	18.26
950	—	6.74	7.58	8.42	9.26	10.09	10.92	11.75	12.58	13.40	15.04	16.66	18.28	19.87
1160	—	8.23	9.25	10.26	11.28	12.29	13.30	14.30	15.30	16.29	18.26	20.21	22.13	24.03
1425	—	—	11.33	12.57	18.81	15.04	16.26	17.47	18.68	19.87	22.24	24.56	26.83	29.06
1750	—	—	13.88	15.38	16.88	18.36	19.83	21.29	22.73	24.16	26.95	29.67	32.30	34.84
2850	—	—	—	24.56	26.84	29.06	31.22	33.33	35.37	37.33	41.04	44.40	47.39	49.96
3450	—	—	—	29.29	31.90	34.41	36.82	39.13	41.32	43.38	47.09	50.20	52.64	54.35
100	0.62	0.71	0.80	0.89	0.98	1.07	1.16	1.24	1.33	1.42	1.60	1.78	1.96	2.13
200	1.25	1.42	1.60	1.78	1.96	2.13	2.31	2.49	2.67	2.84	3.20	3.56	3.91	4.27
300	1.87	2.13	2.40	2.67	2.93	3.20	3.47	3.73	4.00	4.27	4.80	5.33	5.86	6.39
400	2.49	2.84	3.20	3.56	3.91	4.27	4.62	4.97	5.33	5.68	6.39	7.10	7.80	8.51
500	3.11	3.56	4.00	4.44	4.89	5.33	5.77	6.21	6.66	7.10	7.98	8.86	9.74	10.61
600	3.73	4.27	4.80	5.33	5.86	6.39	6.92	7.45	7.98	8.51	9.56	10.61	11.66	12.71
700	4.35	4.97	5.59	6.21	6.83	7.45	8.07	8.69	9.30	9.91	11.14	12.36	13.57	14.78
800	4.97	5.68	6.39	7.10	7.80	8.51	9.21	9.91	10.61	11.31	12.71	14.09	15.47	16.83
900	—	6.39	7.19	7.98	8.77	9.56	10.35	11.14	11.92	12.71	14.26	15.81	17.35	18.87
1000	—	7.10	7.98	8.86	9.74	10.61	11.49	12.36	13.23	14.09	15.81	17.52	19.20	20.87
1100	—	7.80	8.77	9.74	10.70	11.66	12.62	13.57	14.52	15.47	17.35	19.20	21.04	22.85
1200	—	8.51	9.56	10.61	11.66	12.71	13.75	14.78	15.81	16.83	18.87	20.87	22.85	24.80
1300	—	9.21	10.35	11.49	12.62	13.74	14.87	15.98	17.09	18.19	20.38	22.53	24.64	26.72
1400	—	9.91	11.14	12.36	13.57	14.78	15.98	17.18	18.36	19.54	21.87	24.16	26.40	28.59
1500	—	10.61	11.92	13.23	14.52	15.81	17.09	18.36	19.62	20.87	23.34	25.76	28.13	30.43
1600	—	11.31	12.71	14.09	15.47	16.83	18.19	19.54	20.88	22.20	24.80	27.35	29.82	32.23
1700	—	12.01	13.49	14.95	16.41	17.85	19.29	20.71	22.12	23.51	26.24	28.90	31.48	33.98
1800	—	12.71	14.26	15.81	17.35	18.87	20.38	21.87	23.34	24.80	27.66	30.43	33.11	35.68
1900	—	13.40	15.04	16.66	18.28	19.87	21.46	23.02	24.56	26.08	29.06	31.93	34.69	37.33
2000	—	14.09	15.81	17.52	19.20	20.87	22.53	24.16	25.76	27.35	30.43	33.40	36.24	38.93
2100	—	—	16.58	18.36	20.13	21.87	23.59	25.28	26.95	28.59	31.78	34.84	37.74	40.47
2200	—	—	17.35	19.20	21.04	22.85	24.64	26.40	28.13	29.82	33.11	36.24	39.19	41.96
2300	—	—	18.11	20.04	21.95	23.83	25.68	27.50	29.29	31.03	34.41	37.60	40.60	43.38
2400	—	—	18.87	20.87	22.85	24.80	26.72	28.59	30.43	32.23	35.68	38.93	41.96	44.73
2500	—	—	19.62	21.70	23.75	25.76	27.74	29.67	31.56	33.40	36.92	40.22	43.26	46.02
2600	—	—	20.38	22.53	24.64	26.72	28.75	30.73	32.67	34.55	38.14	41.47	44.51	47.24
2800	—	—	21.87	24.16	26.40	28.59	30.73	32.82	34.84	36.79	40.47	43.84	46.84	49.45

（续）

小带轮转速 $n_1/$ r·min^{-1}	小带轮齿数和节圆直径/mm												
	14 56.60	16 64.68	18 72.77	20 80.85	22 88.94	24 97.02	26 105.11	28 113.19	30 121.28	32 129.36	36 145.53	40 161.70	44 177.87	48 194.04
3000	—	—	23.35	25.76	28.13	30.43	32.67	34.84	36.93	38.93	42.67	46.02	48.93	51.35
3200	—	—	24.80	27.35	29.82	32.23	34.55	36.79	38.93	40.97	44.73	48.01	50.75	52.91
3400	—	—	26.24	28.90	31.49	33.98	36.38	38.67	40.85	42.91	46.64	49.79	52.30	54.11
3600	—	—	—	30.43	33.11	35.68	38.14	40.47	42.68	44.73	48.38	51.35	53.55	54.92
3800	—	—	—	31.93	34.69	37.33	39.84	42.20	44.40	46.43	49.96	52.67	54.49	55.33
4000	—	—	—	33.40	36.24	38.93	41.47	43.84	46.02	48.01	51.35	53.75	55.10	55.31
4200	—	—	—	34.84	37.74	40.47	43.03	45.39	47.53	49.45	52.55	54.56	55.37	54.84
4400	—	—	—	36.24	39.19	41.96	44.51	46.84	48.93	50.75	53.55	55.10	55.27	53.90
4600	—	—	—	37.60	40.60	43.38	45.92	48.20	50.21	51.91	54.35	55.36	54.78	52.46
4800	—	—	—	38.93	41.96	44.73	47.24	49.45	51.35	52.91	54.92	55.31	53.90	50.50

注：▯ 为带轮圆周速度在 33m/s 以上时的功率值，设计时带轮用碳素钢或铸钢。

表 6.1-56d　XH 型带（节距 22.225mm，基准宽度 101.6mm）**基准额定功率 P_0**（摘自 GB/T 11362—2008）

（kW）

小带轮转速 n_1 /r·min^{-1}	小带轮齿数和节圆直径/mm						
	22 155.64	24 169.79	26 183.94	28 198.08	30 212.23	32 226.38	40 282.98
575	18.82	20.50	22.17	23.83	25.48	27.13	33.58
585	19.14	20.85	22.55	24.23	25.91	27.58	34.13
690	22.50	24.49	26.47	28.43	30.38	32.30	39.81
725	23.62	25.70	27.77	29.81	31.84	33.85	41.65
870	28.18	30.63	33.05	35.44	37.80	40.13	49.01
950	30.66	33.30	35.91	38.47	41.00	43.47	52.85
1160	37.02	40.13	43.17	46.13	49.01	51.81	62.06
1425	44.70	48.28	51.73	55.05	58.22	61.24	71.52
1750	53.44	57.40	61.40	64.62	62.83	70.74	79.12
2850	—	78.45	80.45	81.36	81.10	79.57	—
3450	—	81.37	80.10	78.90	71.62	64.10	—
100	3.30	3.60	3.90	4.20	4.50	4.80	5.99
200	6.59	7.19	7.79	8.39	8.98	9.58	11.96
300	9.88	10.77	11.66	12.55	13.44	14.33	17.87
400	13.15	14.33	15.51	16.69	17.87	19.04	23.69
500	16.40	17.87	19.33	20.79	22.24	23.69	29.39
600	19.62	21.37	23.11	24.84	26.56	28.26	34.95
700	22.82	24.84	26.84	28.83	30.80	32.75	40.34
800	25.99	28.26	30.52	32.75	34.95	37.13	45.52
900	29.11	31.64	34.13	36.59	39.01	41.39	50.47
1000	32.19	34.95	37.67	40.34	42.96	45.52	55.17
1100	35.23	38.21	41.13	43.99	46.78	49.50	59.57
1200	38.21	41.39	44.50	47.53	50.47	53.32	63.65
1300	41.13	44.50	47.78	50.95	54.02	56.96	67.39
1400	43.99	47.53	50.96	54.25	57.40	60.41	70.74
1500	46.78	50.47	54.02	57.40	60.62	63.65	73.70
1600	49.50	53.32	56.96	60.41	63.65	66.67	76.22
1700	52.15	56.07	59.78	63.26	66.48	69.45	78.27
1800	54.71	58.71	62.46	65.93	69.11	71.98	79.84
1900	57.18	61.24	65.00	68.43	71.52	74.24	80.88
2000	59.57	63.65	67.39	70.74	73.70	76.22	81.37
2100	61.85	65.94	69.61	72.85	75.63	77.90	81.28
2200	64.04	68.09	71.67	74.76	77.30	79.27	80.59

（续）

小带轮 转速 n_1 /r·min^{-1}	小带轮齿数和节圆直径/mm						
	22 155.64	24 169.79	26 183.94	28 198.08	30 212.23	32 226.38	40 282.98
2300	66.12	70.10	73.56	76.44	78.71	80.32	79.26
2400	68.09	71.98	75.26	77.90	79.84	81.02	77.26
2500	—	73.70	76.78	79.12	80.67	81.37	74.56
2600	—	75.26	78.09	80.09	81.19	81.35	71.15
2800	—	77.90	80.09	81.24	81.28	80.13	—
3000	—	79.84	81.19	81.28	80.00	77.26	—
3200	—	81.02	81.35	80.13	77.26	72.60	—
3400	—	81.41	80.48	77.11	72.95	66.05	—
3600	—	80.94	78.24	73.94	66.98	—	—

注：⌶为带轮圆周速度在 33m/s 以上时的功率值，设计时带轮用碳素钢或铸钢。

表 6.1-56e　XXH 型带（节距 31.75mm，基准宽度 127mm）**基准额定功率 P_0**（摘自 GB/T 11362—2008）

（kW）

小带轮 转速 n_1 /r·min^{-1}	小带轮齿数和节圆直径/mm					
	22 222.34	24 242.55	26 262.76	30 303.19	34 343.62	40 404.25
575	42.09	45.76	49.39	56.52	63.45	73.41
585	42.79	46.52	50.21	57.44	64.46	74.53
690	50.11	54.40	58.62	66.83	74.70	85.74
725	52.51	56.98	61.36	69.87	77.97	89.25
870	62.23	67.36	72.34	81.85	90.66	102.38
950	67.41	72.85	78.10	88.01	97.01	108.55
1160	80.31	86.35	92.06	102.38	111.05	120.49
1425	94.85	101.13	106.80	116.11	122.36	125.12
1750	109.43	115.05	119.53	124.72	124.25	111.30
100	7.44	8.122	8.80	10.15	11.50	13.52
200	14.87	16.21	17.55	20.23	22.91	26.90
300	22.24	24.24	26.23	30.20	34.14	39.99
400	29.54	32.18	34.80	39.99	45.12	52.67
500	36.75	39.99	43.21	49.55	55.76	64.78
600	43.85	47.66	51.42	58.80	65.96	76.19
700	50.80	55.14	59.41	67.70	75.64	86.75
800	57.59	62.41	67.12	76.19	84.72	96.33
900	64.19	69.44	74.53	84.20	93.10	104.78
1000	70.58	76.19	81.58	91.67	100.71	111.97
1100	76.74	82.64	88.26	98.56	107.45	117.75
1200	82.64	88.75	94.50	104.79	113.25	121.98
1300	88.26	94.50	100.28	110.30	118.00	124.53
1400	93.57	99.86	105.56	115.05	121.63	125.24
1500	98.56	104.78	110.30	118.96	124.06	123.99
1600	103.19	109.26	114.46	121.98	125.18	120.62
1700	107.45	113.24	118.00	124.06	124.93	115.00
1800	111.31	116.71	120.88	125.12	123.20	106.99

注：⌶为带轮圆周速度在 33m/s 以上时的功率值，设计时带轮用碳素钢或铸钢。

5.3.3　梯形齿同步带传动设计方法（见表6.1-57）

表 6.1-57　梯形齿同步带传动设计方法（摘自 GB/T 11362—2008）

计算项目	代号	公式及数据	单位	说　明
设计功率	P_d	$P_d = K_A P$	kW	K_A—工况系数，见表6.1-58 P—需传递的功率
带型	MXL XXL XL L H XH XXH	根据P_d和n_1由图6.1-22选择 n_1—小带轮转速（r/min）		当选择的带型与相邻带型较接近时，将两种带型做平行设计，择优选用
节距	P_b	具体带型对应的节距	mm	见表6.1-53
小带轮齿数	z_1	按表6.1-64选取，应使$z_1 \geqslant z_{min}$，z_{min}见表6.1-59		
大带轮齿数	z_2	$z_2 = iz_1$		i为传动比，计算结果按表6.1-64圆整[1]
小带轮节径	d_1	$d_1 = P_b z_1 / \pi$	mm	
大带轮节径	d_2	$d_2 = P_b z_2 / \pi$	mm	
带速	v	$v = \dfrac{\pi d_1 n_1}{60000} = \dfrac{\omega P_b z_1 10^{-3}}{2\pi} < v_{max}$	m/s	v_{max}[2]
节线长	L_p	$L_p = 2a_0\cos\phi + \dfrac{\pi(d_2+d_1)}{2} + \dfrac{\pi\phi(d_2-d_1)}{180}$ 按表6.1-54选择最接近的标准带长	mm	a_0—初定中心距（mm） $\phi = \arcsin\left(\dfrac{d_2-d_1}{2a}\right)$[3]
计算中心距	a	a）近似公式 $a \approx M + \sqrt{M^2 - \dfrac{1}{8}\left[\dfrac{P_b(z_2-z_1)}{\pi}\right]^2}$ b）精确公式 $a = \dfrac{P_b(z_2-z_1)}{2\pi\cos\theta}$ $\mathrm{inv}\theta = \pi\dfrac{z_b-z_2}{z_2-z_1} = \tan\theta - \theta$	mm	$M = \dfrac{P_b}{8}(2z_b - z_1 - z_2)$ z_b—带的齿数； z_2/z_1较大时，采用方法b） z_2/z_1接近1时，采用方法a） θ[3]的数值可用逐步逼近法或查渐开线函数表来确定
小带轮啮合齿数	z_m	$z_m = \mathrm{ent}\left[\dfrac{z_1}{2} - \dfrac{P_b z_1}{2\pi^2 a}(z_2-z_1)\right]$		ent[ ]—取括号内的整数部分
基准额定功率 （XL~XXH型，$z_m \geqslant 6$时）	P_0	$P_0 = \dfrac{(T_a - mv^2)v}{1000}$ 表6.1-56给出了XL~XXH型带的基准额定功率值，可直接查得	kW	T_a—带的基准宽度b_{so}的许用工作拉力（N）（见表6.1-61）； b_{so}—带的基准宽度（mm）（见表6.1-60）； m—带的基准宽度b_{so}的单位长度的质量（kg/m）（见表6.1-61）； v—带的速度（m/s）
啮合齿数系数	K_Z	$z_m \geqslant 6$时，$K_Z = 1$； $z_m < 6$时，$K_Z = 1 - 0.2(6-z_m)$		
额定功率	P_r	$P_r = \left(K_Z K_W T_a - \dfrac{b_s mv^2}{b_{so}}\right)v \times 10^{-3}$ $P_r \approx K_Z K_W P_0$	kW	K_W—宽度系数 $K_W = \left(\dfrac{b_s}{b_{so}}\right)^{1.14}$

（续）

计算项目	代号	公式及数据	单位	说 明
带宽	b_s	根据设计要求，$P_d \leqslant P_r$ 故带宽 $b_s \geqslant b_{so}\left(\dfrac{P_d}{K_Z P_0}\right)^{1/1.14}$	mm	b_{so} 见表 6.1-60 计算结果按表 6.1-55 确定带宽。一般应 使 $b_s < d_1$
验算工作能力	P	$P_r = \left(K_Z K_W T_a - \dfrac{b_s m v^2}{b_{so}}\right) v \times 10^{-3} > P_d$ 时，传递 能力足够	kW	T_a 和 m 见表 6.1-61 $v = \dfrac{P_d d_1 n_1}{60000}$

① GB/T 11361—2008 推荐梯形带轮齿数：10～20（取整数）、(21)、22、(23)、(24)、25、(26)、(27)、28、(30)、32、36、40、48、60、72、84、96、120、156，括号内的尺寸尽量不采用（参见表 6.1-64）。

② GB/T 11362—2008 规定同步带允许最大线速度 v_{max}（m/s）：
MXL、XXL、XL 型带—40～50，L、H 型带—35～40，XH 型带—25～30。

③ 计算辅助角 θ 的公式：

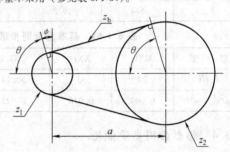

$$\mathrm{inv}\theta = \pi \frac{z_b - z_2}{z_2 - z_1}$$

式中　$\mathrm{inv}\theta = \tan\theta - \theta$，$\theta$（见右图）的数值可用逐步逼近法或查渐开线函数表来确定。

表 6.1-58　工况系数 K_A（GB/T 11362—2008）

工 作 机	原 动 机					
	交流电动机（普通转矩笼型、同步电动机），直流电动机（并励），多缸内燃机			交流电动机（大转矩、大滑差率、单相、滑环），直流电动机（复励、串励），单缸内燃机		
	运 转 时 间			运 转 时 间		
	断续使用每 日 3～5h	普通使用每 日 8～10h	连续使用每 日 16～24h	断续使用每 日 3～5h	普通使用每 日 8～10h	连续使用每 日 16～24h
	K_A					
复印机、计算机、医疗器械	1.0	1.2	1.4	1.2	1.4	1.6
清扫机、缝纫机、办公机械、带锯盘	1.2	1.4	1.6	1.4	1.6	1.8
轻载荷传送带、包装机、筛子	1.3	1.5	1.7	1.5	1.7	1.9
液体搅拌机、圆形带锯、平碾盘、洗涤机、造纸机、印刷机械	1.4	1.6	1.8	1.6	1.8	2.0
搅拌机（水泥、黏性体）、带式输送机（矿石、煤、砂）、牛头刨床、中挖掘机、离心压缩机、振动筛、纺织机械（整经机、绕线机）、回转压缩机、往复式发动机	1.5	1.7	1.9	1.7	1.9	2.1
输送机（盘式、吊式、升降式）、抽水泵、洗涤机、鼓风机（离心式、引风、排风）、发动机、激励机、卷扬机、起重机、橡胶加工机（压延、滚轧压出机）、纺织机械（纺纱、精纺、捻纱机、绕纱机）	1.6	1.8	2.0	1.8	2.0	2.2
离心分离机、输送机（货物、螺旋）、锤击式粉碎机、造纸机（碎浆）	1.7	1.9	2.1	1.9	2.1	2.3
陶土机械（硅、黏土搅拌）、矿山用混料机、强制送风机	1.8	2.0	2.2	2.0	2.2	2.4

注：1. 当增速传动时，将下列系数加到工况系数 K_A 中：

增速比	1.00～1.24	1.25～1.74	1.75～2.49	2.50～3.49	≥3.50
系数	0	0.1	0.2	0.3	0.4

2. 当使用张紧轮时，还要将下列系数加到工况系数 K_A 中：

张紧轮的位置	松边内侧	松边外侧	紧边内侧	紧边外侧
系数	0	0.1	0.1	0.2

3. 对带型为 14M 和 20M 的传动，当 $n_1 \leqslant 600$r/min 时，应追加系数（加进 K_A 中）：

n_1/r·min^{-1}	≤200	201～400	401～600
K_A 增加值	0.3	0.2	0.1

4. 对频繁正反转、严重冲击、紧急停机等非正常传动，视具体情况修正 K_A。

表 6.1-59　小带轮的最小齿数 z_{min}（摘自 GB/T 11362—2008）

小带轮转速 $n_1/r \cdot min^{-1}$	带			型			
	MXL	XXL	XL	L	H	XH	XXH
<900	10	10	10	12	14	22	22
900～<1200	12	12	10	12	16	24	24
1200～<1800	14	14	12	14	18	26	26
1800～<3600	16	16	12	16	20	30	—
3600～<4800	18	18	15	18	22	—	—

表 6.1-60　同步带的基准宽度 b_{so}（摘自 GB/T 11362—2008）　（mm）

带　　型	MXL、XXL	XL	L	H	XH	XXH
b_{so}	6.4	9.5	25.4	76.2	101.6	127.0

表 6.1-61　基准宽度同步带的许用工作拉力 T_a 和单位长度的质量 m

带　　型	MXL	XXL	XL	L	H	XH	XXH
T_a/N	27	31	50.17	244.46	2100.85	4048.90	6398.03
$m/kg \cdot m^{-1}$	0.007	0.010	0.022	0.095	0.448	1.484	2.473

5.3.4　梯形齿同步带带轮

同步带轮的齿形一般推荐采用渐开线齿形，并由渐开线齿形带轮刀具用展成法加工而成，因此齿形尺寸取决于其加工刀具的尺寸。表 6.1-62 给出了加工渐开线齿形的齿条刀具的尺寸和公差。也可以使用直边齿形，表 6.1-63 给出了直边齿带轮的尺寸和公差。

标准同步带轮的直径见表 6.1-64，带轮宽度见表 6.1-65，带轮的挡圈尺寸见表 6.1-66。

带轮的公差和表面粗糙度见表 6.1-67，同步带传动安装要求见图 6.1-23。

带轮的结构参见本章 2.3.3。

带轮在安装时，必须注意带轮轴线的平行度，使各带轮的传动中心平面位于同一平面内，防止因带轮偏斜而使带侧压紧在挡圈上，造成带侧面磨损加剧，甚至带被挡圈切断。偏斜角 θ_m（图 6.1-23）的允许最大值是：

带宽/mm	$tan\theta_m$ 允许最大值
$b_s \leqslant 20$	$\leqslant 6/1000$
$20 < b_s \leqslant 40$	$\leqslant 5/1000$
$40 < b_s \leqslant 70$	$\leqslant 4/1000$
$70 < b_s \leqslant 100$	$\leqslant 3/1000$
$100 < b_s$	$\leqslant 2/1000$

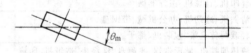

图 6.1-23　带轮安装要求

表 6.1-62　加工渐开线齿形的齿条刀具的尺寸和公差（摘自 GB/T 11361—2008）　（mm）

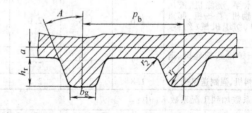

项　　　　目	槽			型			
	MXL	XXL	XL	L	H	XH	XXH
带轮齿数	10～23,≥24	≥10	≥10	≥10	14～19,≥20	≥18	≥18
节距 $P_b \pm 0.003$	2.032	3.175	5.080	9.525	12.700	22.225	31.750
齿形角 $A \pm 0.12°/(°)$	28,20	25	25	20	20	20	20
齿高 $h_r + 0.05$	0.64	0.84	1.40	2.13	2.59	6.88	10.29
齿顶厚 $b_{g0}^{+0.05}$	0.61,0.67	0.96	1.27	3.10	4.24	7.59	11.61
齿顶圆角半径 $r_1 \pm 0.03$	0.30	0.30	0.61	0.86	1.47	2.01	2.69
齿根圆角半径 $r_2 \pm 0.03$	0.23	0.28	0.61	0.53	1.04,1.42	1.93	2.82
两倍节根距 $2a$	0.508	0.508	0.508	0.762	1.372	2.794	3.048

表 6.1-63 直边齿带轮的尺寸和公差（摘自 GB/T 11361—2008） （mm）

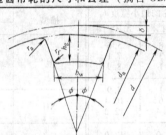

项 目	符 号	槽 型						
		MXL	XXL	XL	L	H	XH	XXH
齿槽底宽	b_w	0.84 ± 0.05	$0.96^{+0.05}_{0}$	1.32 ± 0.05	3.05 ± 0.10	4.19 ± 0.13	7.90 ± 0.15	12.17 ± 0.18
齿高	h_g	$0.69^{0}_{-0.05}$	$0.84^{0}_{-0.05}$	$1.65^{0}_{-0.08}$	$2.67^{0}_{-0.10}$	$3.05^{0}_{-0.13}$	$7.14^{0}_{-0.13}$	$10.31^{0}_{-0.13}$
槽半角	$\phi\pm1.5°$	20	25	25	20	20	20	20
齿根圆角半径	r_f	0.25	0.35	0.41	1.19	1.60	1.98	3.96
齿顶圆角半径	r_a	$0.13^{+0.05}_{0}$	0.30 ± 0.05	$0.64^{+0.05}_{0}$	$1.17^{+0.13}_{0}$	$1.60^{+0.13}_{0}$	$2.39^{+0.13}_{0}$	$3.18^{+0.13}_{0}$
两倍节顶距	2δ	0.508	0.508	0.508	0.762	1.372	2.794	3.048
外圆直径	d_a	$d_a=d-2\delta$						
外圆节距	P_a	$p_a=\dfrac{\pi d_a}{z}$ （z—带轮齿数）						
根圆直径	d_f	$d_f=d_a-2h_g$						

表 6.1-64 标准同步带轮的直径（摘自 GB/T 11361—2008） （mm）

带轮齿数 $z_{1,2}$	标 准 直 径													
	MXL		XXL		XL		L		H		XH		XXH	
	d	d_a	d	d_a	d	d_a	d	d_a	d	d_a	d	d_a	d	d_a
10	6.47	5.96	10.11	9.60	16.17	15.66								
11	7.11	6.61	11.12	10.61	17.79	17.28								
12	7.76	7.25	12.13	11.62	19.40	18.90	36.38	35.62						
13	8.41	7.90	13.14	12.63	21.02	20.51	39.41	38.65						
14	9.06	8.55	14.15	13.64	22.64	22.13	42.45	41.69	56.60	55.23				
15	9.70	9.19	15.16	14.65	24.26	23.75	45.48	44.72	60.64	59.27				
16	10.35	9.84	16.17	15.66	25.87	25.36	48.51	47.75	64.68	63.31				
17	11.00	10.49	17.18	16.67	27.49	26.98	51.54	50.78	68.72	67.35				
18	11.64	11.13	18.19	17.68	29.11	28.60	54.57	53.81	72.77	71.39	127.34	124.55	181.91	178.86
19	12.29	11.78	19.20	18.69	30.72	30.22	57.61	56.84	76.81	75.44	134.41	131.62	192.02	188.97
20	12.94	12.43	20.21	19.70	32.34	31.83	60.64	59.88	80.85	79.48	141.49	138.69	202.13	199.08
(21)	13.58	13.07	21.22	20.72	33.96	33.45	63.67	62.91	84.89	83.52	148.56	145.77	212.23	209.18
22	14.23	13.72	22.23	21.73	35.57	35.07	66.70	65.94	88.94	87.56	155.64	152.84	222.34	219.29
(23)	14.88	14.37	23.24	22.74	37.19	36.68	69.73	68.97	92.98	91.61	162.71	159.92	232.45	229.40
(24)	15.52	15.02	24.26	23.75	38.81	38.30	72.77	72.00	97.02	95.65	169.79	166.99	242.55	239.50
25	16.17	15.66	25.27	24.76	40.43	39.92	75.80	75.04	101.06	99.69	176.86	174.07	252.66	249.61
(26)	16.82	16.31	26.28	25.77	42.04	41.53	78.83	78.07	105.11	103.73	183.94	181.14	262.76	259.72
(27)	17.46	16.96	27.29	26.78	43.66	43.15	81.86	81.10	109.15	107.78	191.01	188.22	272.87	269.82
28	18.11	17.60	28.30	27.79	45.28	44.77	84.89	84.13	113.19	111.82	198.08	195.29	282.98	279.93
(30)	19.40	18.90	30.32	29.81	48.51	48.00	90.96	90.20	121.28	119.90	212.23	209.44	303.19	300.14
32	20.70	20.19	32.34	31.83	51.74	51.24	97.02	96.26	129.36	127.99	226.38	223.59	323.40	320.35
36	23.29	22.78	36.38	35.87	58.21	57.70	109.15	108.39	145.53	144.16	254.68	251.89	363.83	360.78
40	25.37	25.36	40.43	39.92	64.68	64.17	121.28	120.52	161.70	160.33	282.98	280.18	404.25	401.21
48	31.05	30.54	48.51	48.00	77.62	77.11	145.53	144.77	194.04	192.67	339.57	336.78	485.10	482.06
60	38.81	38.30	60.64	60.13	97.02	96.51	181.91	181.15	242.55	241.18	424.47	421.67	606.38	603.33
72	46.57	46.06	72.77	72.26	116.43	115.92	218.30	217.53	291.06	289.69	509.36	506.57	727.66	724.61
84							254.68	253.92	339.57	338.20	594.25	591.46	848.93	845.88
96							291.06	290.30	388.08	386.71	679.15	676.35	970.21	967.16
120							363.83	363.07	485.10	483.73	848.93	846.14	1212.76	1209.71
156									630.64	629.26				

注：括号中的齿数为非优先的直径尺寸。

表 6.1-65 同步带轮的宽度（摘自 GB/T 11361—2008） （mm）

（续）

槽型	轮宽		带轮的最小宽度 b_f		槽型	轮宽		带轮的最小宽度 b_f	
	代号	公称尺寸	双边挡圈	无挡圈		代号	公称尺寸	双边挡圈	无挡圈
MXL XXL	012	3.0	3.8	5.6	H	075	19.1	20.3	24.8
	019	4.8	5.3	7.1		100	25.4	26.7	31.2
	025	6.4	7.1	8.9		150	38.1	39.4	43.9
						200	50.8	52.8	57.3
XL	025	6.4	7.1	8.9		300	76.2	79.0	83.5
	031	7.9	8.6	10.4	XH	200	50.8	56.6	62.6
	037	9.5	10.4	12.2		300	76.2	83.8	89.8
						400	101.6	110.7	116.7
L	050	12.7	14.0	17.0	XXH	200	50.8	56.6	64.1
	075	19.1	20.3	23.3		300	76.2	83.8	91.3
	100	25.4	26.7	29.7		400	101.6	110.7	118.2
						500	127.0	137.7	145.2

表 6.1-66　同步带轮的挡圈尺寸（摘自 GB/T 11361—2008）

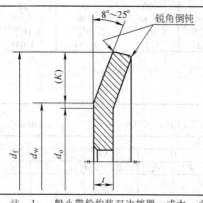

带型	MXL	XXL	XL	L	H	XH	XXH
K_{min}	0.5	0.8	1.0	1.5	2.0	4.8	6.1
t（参考）	0.5 ~ 1.0	0.5 ~ 1.5	1.0 ~ 1.5	1.0 ~ 2.0	1.5 ~ 2.5	4.0 ~ 5.0	5.0 ~ 6.5

d_o—带轮外径（mm）

d_w—挡圈弯曲处直径（mm），$d_w = (d_o + 0.38) \pm 0.25$

K_{min}—挡圈最小高度（mm）

注：1. 一般小带轮均装双边挡圈，或大、小轮的不同侧各装单边挡圈。
2. 轴间距 $a > 8d_1$（d_1—小带轮节径），两轮均装双边挡圈。
3. 轮轴垂直水平面时，两轮均应装双边挡圈；或至少主动轮装双边挡圈，从动轮下侧装单边挡圈。

表 6.1-67　同步带轮的公差和表面粗糙度（摘自 GB/T 11361—2008）　　　（mm）

项　目		符号	带 轮 外 径 d_a								
			≤25.4	>25.4 ~ 50.8	>50.8 ~ 101.6	>101.6 ~ 177.8	>177.8 ~ 304.8	>304.8 ~ 508	>508 ~ 762	>762 ~ 1016	>1016
外径极限偏差		Δd_a	+0.05 0	+0.08 0	+0.10 0	+0.13 0	+0.15 0	+0.18 0	+0.20 0	+0.23 0	+0.25 0
节距偏差	任意两相邻齿	Δp	±0.03								
	90°弧内累积	Δp_Σ	±0.05	±0.08	±0.10	±0.13	±0.15	±0.18	±0.20		
外圆径向圆跳动		δt_2	0.13				0.13+$(d_a -203.2) \times 0.0005$				
端面圆跳动		δt_1	0.10		0.001d_a		0.25+$(d_a -254.0) \times 0.0005$				
轮齿与轴孔平行度			<0.001B（B—轮宽，B 小于 10mm 时，按 10mm 计算）								
外圆锥度			<0.001B（B 小于 10mm 时，按 10mm 计算）								
轴孔直径极限偏差		Δd_0	H7 或 H8								
外圆、齿面的表面粗糙度			$Ra3.2 \sim 6.3$								

5.3.5　设计实例

例　设计精密车床的梯形齿同步带传动。电动机为 Y112M-4，其额定功率 $P = 4$kW，额定转速 $n_1 = 1440$r/min，传动比 $i = 2.4$（减速），中心距约为 450mm。每天两班制工作（按 16h 计）。

解　1）设计功率 P_d。由表 6.1-58 查得 $K_A = 1.6$，

$$P_d = K_A P = 1.6 \times 4\text{kW} = 6.4\text{kW}$$

2）选定带型和节距。根据 $P_d = 6.4$kW 和 $n_1 =$ 1440r/min，由图 6.1-22 确定为 H 型，节距 $P_b = 12.7$mm。

3）小带轮齿数 z_1。根据带型 H 和小带轮转速 n_1，由表 6.1-59 查得小带轮的最小齿数 $z_{1min} = 18$，此处取 $z_1 = 20$。

4）小带轮节圆直径 d_1。

$$d_1 = \frac{z_1 P_b}{\pi} = \frac{20 \times 12.7}{\pi}\text{mm} = 80.85\text{mm}$$

由表 6.1-63 查得其外径 $d_{a1} = d_1 - 2\delta = (80.85 - 1.37)$mm = 79.48mm。

5）大带轮齿数 z_2。

$$z_2 = iz_1 = 2.4 \times 20 = 48$$

6）大带轮节圆直径 d_2。

$$d_2 = \frac{z_2 P_b}{\pi} = \frac{48 \times 12.7}{\pi} \text{mm} = 194.04\text{mm}$$

由表 6.1-63 查得其外径 $d_{a2} = d_2 - 2\delta = (194.04 - 1.37)$ mm $= 192.67$mm。

7）带速 v。

$$v = \frac{\pi d_1 n_1}{60 \times 1000} = \frac{\pi \times 80.85 \times 1440}{60 \times 1000}\text{m/s}$$

$$= 6.1\text{m/s} < v_{\max} = 35 \sim 40\text{m/s}, \text{ 合格}$$

8）初定中心距 a_0。

取 $a_0 = 450$mm

9）带长及其齿数。

$$L_0 = 2a_0 + \frac{\pi}{2}(d_1 + d_2) + \frac{(d_2 - d_1)^2}{4a_0}$$

$$= \left[2 \times 450 + \frac{\pi}{2}(80.85 + 194.04) + \frac{(194.04 - 80.85)^2}{4 \times 450} \right]\text{mm} = 1338.91\text{mm}$$

由表 6.1-54 查得应选用带长代号为 510 的 H 型同步带，其节线长 $L_p = 1295.4$mm，节线长上的齿数 $z = 102$。

10）实际中心距 a。此结构的轴间距可调整，

$$a \approx a_0 + \frac{L_p - L_0}{2} = \left[450 + \frac{1295.4 - 1338.91}{2} \right]\text{mm}$$

$$= 428.25\text{mm}$$

11）小带轮啮合齿数 z_m。

$$z_m = \text{ent}\left[\frac{z_1}{2} - \frac{P_b z_1}{2\pi^2 a}(z_2 - z_1) \right]$$

$$= \text{ent}\left[\frac{20}{2} - \frac{12.7 \times 20}{2\pi^2 \times 428.25}(48 - 20) \right] = 9$$

12）基本额定功率。

$$P_0 = \frac{(T_a - mv^2)v}{1000}$$

由表 6.1-61 查得 $T_a = 2100.85$N，$m = 0.448$kg/m，

$$P_0 = \frac{(2100.85 - 0.448 \times 6.1^2) \times 6.1}{1000}\text{kW} = 12.71\text{kW}$$

此值也可由表 6.1-56c 用插值法求得。

13）所需带宽。

$$b_s = b_{so}^{1.14}\sqrt{\frac{P_d}{K_z P_0}}$$

由表 6.1-60 查得 H 型带 $b_{so} = 76.2$mm，$z_m = 9$，$K_z = 1$。

$$b_s = 76.2^{1.14}\sqrt{\frac{6.4}{12.71}}\text{mm} = 41.74\text{mm}$$

由表 6.1-55 查得，应选带宽代号为 200 的 H 型带，其 $b_s = 50.8$mm。

14）带轮结构和尺寸。

传动选用的同步带为 510H200；

小带轮：$z_1 = 20$，$d_1 = 80.85$mm，$d_{a1} = 79.48$mm；

大带轮：$z_2 = 48$，$d_2 = 194.04$mm，$d_{a2} = 192.67$mm。

可根据上列参数决定带轮的结构和全部尺寸（以下略）。

5.4 曲线齿同步带传动设计

5.4.1 曲线齿同步带的规格

曲线齿同步带有三种系列：H 系列（又称 HTD 带和圆弧齿同步带）、S 系列（又称 STPD 带和平顶圆弧齿同步带）和 R 系列（又称 RPP 带和凹顶抛物线齿同步带）。曲线齿同步带齿形为曲线，与相当节距的梯形齿同步带比较，其齿高、齿根厚和齿根圆角半径等均比梯形齿大，带齿受载后应力分布状态较好，齿根应力集中小，承载能力高，并可防止跳齿和啮合过程中齿的干涉。其中 S 系列带啮合时其带齿顶与轮槽底接触，减小了传动中的多边形效应，使速度更均匀，传动误差小，定位精度高；R 系列带齿廓为抛物线，接触面更大，且齿顶有凹槽，有利于与轮槽底部接触时缓冲吸振，噪声更小，传动速度可更高。我国已有标准，并在食品、汽车、纺织、制药、印刷、造纸等行业得到广泛应用。H 型、R 型、S 型曲线齿同步带的带齿尺寸、带宽和极限偏差、长度系列、节线长极限偏差见表 6.1-68 ~ 表 6.1-73。

GB/T 24619—2009《曲线齿同步带传动》采用了相应国际标准 ISO 13050：1990，规定了 H8M、H14M、R8M、R14M、S8M、S14M 等六种型号的曲线齿同步带。其附录中增加了国际标准没有的 H、R 两种齿形中 3mm、5mm 和 20mm 三种节距的带和带轮尺寸，这些目前已有行业标准，并投入生产、使用。

表 6.1-68 H 型带齿尺寸（摘自 GB/T 24619—2009） （mm）

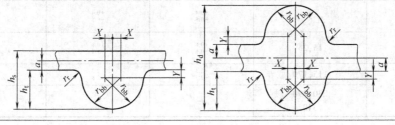

（续）

齿型	节距 P_b	带高 h_s	带高 h_d	齿高 h_t	根部半径 r_r	顶部半径 r_{bb}	节线差 a	X	Y	带宽
H3M	3	2.4		1.21	0.3	0.86	0.381	0	0.35	6,9,15
DH3M	3		3.2	1.21	0.3	0.86	0.381	0	0.35	
H5M	5	3.8		2.08	0.41	1.5	0.572	0	0.58	9,15,20
DH5M	5		5.3	2.08	0.41	1.5	0.572	0	0.58	25,30,40
H8M	8	6		3.38	0.76	2.59	0.686	0.089	0.787	20,25,30
DH8M	8		8.1	3.38	0.76	2.59	0.686	0.089	0.787	40,50,60 70,85
H14M	14	10		6.02	1.35	4.55	1.397	0.152	1.470	30,40,55
DH14M	14		14.8	6.02	1.35	4.55	1.397	0.152	1.470	85,100,115 130,150,170
H20M	20	13.2		8.68	2.03	6.4	2.159	0	2.28	70,85,100,115 130,150,170,230

表 6.1-69　H 型、R 型、S 型带宽和极限偏差（摘自 GB/T 24619—2009）　（mm）

带　型	带宽 b_s	带宽极限偏差		
		$L_p \leqslant 840$	$840 < L_p \leqslant 1680$	$L_p > 1680$
H8M DH8M R8M DR8M	20,30	+0.8 −0.8	+0.8 −1.3	+0.8 −1.3
	50	+1.3 −1.3	+1.3 −1.3	+1.3 −1.5
	85	+1.5 −1.5	+1.5 −2.0	+2.0 −2.0
H14M DH14M R14M DR14M	40	+0.8 −1.3	+0.8 −1.3	+1.3 −1.5
	55	+1.3 −1.3	+1.5 −1.5	+1.5 −1.5
	85	+1.5 −1.5	+1.5 −2.0	+2.0 −2.0
	115,170	+2.3 −2.3	+2.3 −2.8	+2.3 −3.3
S8M DS8M	15,25	+0.8 −0.8	+0.8 −1.3	+0.8 −1.3
	60	+1.3 −1.5	+1.5 −1.5	+1.5 −2.0
S14M DS14M	40	+0.8 −1.3	+0.8 −1.3	+1.3 −1.5
	60	+1.3 −1.5	+1.5 −1.5	+1.5 −2.0
	80,100	+1.5 −1.5	+1.5 −2.0	+2.0 −2.0
	120	+2.3 −2.3	+2.3 −2.8	+2.3 −3.3
H3M DH3M R3M DR3M	8,9	+0.4 −0.8	+0.4 −0.8	
	15	+0.8 −0.8	+0.8 −1.2	+0.8 −1.2
H5M DH5M R5M DR5M	9	+0.4 −0.8	+0.4 −0.8	—
	15,25	+0.8 −0.8	+0.8 −1.2	+0.8 −1.2
H20M R20M	115,170	+2.3 −2.3	+2.3 −2.8	+2.3 −3.3
	230,290 340	—	—	+4.8 −6.4

表 6.1-70 R 型带齿尺寸（摘自 GB/T 24619—2009） （mm）

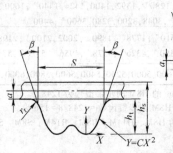

齿型	节距 P_b	齿形角 β	齿根厚 S	带高 h_s	带高 h_d	齿高 h_t	根部半径 r_r	节线差 Q	C
R3M	3	16°	1.95	2.4		1.27	0.380	0.380	3.056
DR3M	3	16°	1.95		3.3	1.27	0.380	0.380	3.056
R5M	5	16°	3.30	3.8		2.15	0.630	0.570	1.795
DR5M	5	16°	3.30		5.44	2.15	0.630	0.570	1.795
R8M	8	16°	5.5	5.4		3.2	1	0.686	1.228
DR8M	8	16°	5.5		7.8	3.2	1	0.686	1.228
R14M	14	16°	9.5	9.7		6	1.75	1.397	0.643
DR14M	14	16°	9.5		14.5	6	1.75	1.397	0.643
R20M	20	16°	13.60	14.50		8.75	2.5	2.160	2.288

表 6.1-71 S 型带齿尺寸（摘自 GB/T 24619—2009） （mm）

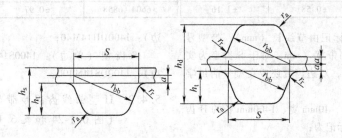

齿型	节距 P_b	带高 h_s	带高 h_d	齿高 h_t	根部半径 r_r	顶部半径 r_{bb}	节线差 Q	S	r_a
S8M	8	5.3	—	3.05	0.8	5.2	0.686	5.2	0.8
DS8M	8	—	7.5	3.05	0.8	5.2	0.686	5.2	0.8
S14M	14	10.2	—	5.3	1.4	9.1	1.397	9.1	1.4
DS14M	14	—	13.4	5.3	1.4	9.1	1.397	9.1	1.4

表 6.1-72 H 型曲线齿同步带长度系列（摘自 JB/T 7512.1—2014）

带的型号	节距 P_b/mm	带节线长度 L_p 系列/mm
H3M	3	120,144,150,177,192,201,207,225,252,264,276,300,339,384,420,459,486,501,537,564,633,750,936,1800
H5M	5	295,300,320,350,375,400,420,450,475,500,520,550,560,565,600,615,635,645,670,695,710,740,800,830,845,860,870,890,900,920,930,940,950,975,1000,1025,1050,1125,1145,1270,1295,1350,1380,1420,1595,1800,1870,2000,2350

（续）

带的型号	节距 P_b/mm	带节线长度 L_p 系列/mm
H8M	8	416, 424, 480*, 560*, 600, 640*, 720*, 760, 800*, 840, 856, 880*, 920, 960*, 1000, 1040, 1056, 1080, 1120*, 1200*, 1248, 1280*, 1392, 1400, 1424, 1440*, 1600*, 1760*, 1800*, 2000*, 2240, 2272, 2400*, 2600*, 2800*, 3048, 3200, 3280, 3600*, 4400*
H14M	14	966*, 1190*, 1400*, 1540*, 1610*, 1778*, 1890*, 2002, 2100*, 2198, 2310*, 2450*, 2590*, 2800*, 3150*, 3360*, 3500*, 3850*, 4326*, 4578*, 4956*, 5320*, 5740*, 6160*, 6860*
H20M	20	2000, 2500, 3400, 3800, 4200, 4600, 5000, 5200, 5400, 5600, 5800, 6000, 6200, 6400, 6600

注：1. 长度代号等于其节线长 L_p 的数值，如 L_p = 1248mm 的 H8M 同步带型号为 1248。
　　2. 带的齿数 = 节线长度 L_p/节距 p_b，如 L_p = 1248 的 H8M 同步带齿数 = 1248/8 = 156 齿。
　　3. 有 * 的带长系列同时为 GB/T 24619—2009 规定的 H8M、H14M、R8M、R14M、S8M、S14M 六种型号单、双面曲线齿同步带带长系列。

表 6.1-73　节线长极限偏差 （mm）

节线长范围	中心距极限偏差	节线长极限偏差	节线长范围	中心距极限偏差	节线长极限偏差
≤254	±0.20	±0.40	>3320~3556	±0.61	±1.22
>254~381	±0.23	±0.46	>3556~3810	±0.64	±1.28
>381~508	±0.25	±0.50	>3810~4064	±0.66	±1.32
>508~762	±0.30	±0.60	>4064~4318	±0.69	±1.38
>762~1016	±0.33	±0.66	>4318~4572	±0.71	±1.42
>1016~1270	±0.38	±0.76	>4572~4826	±0.73	±1.46
>1270~1524	±0.41	±0.82	>4826~5008	±0.76	±1.52
>1524~1778	±0.43	±0.86	>5008~5334	±0.79	±1.58
>1778~2032	±0.46	±0.92	>5334~5588	±0.82	±1.64
>2032~2286	±0.48	±0.96	>5588~5842	±0.85	±1.70
>2286~2540	±0.51	±1.02	>5842~6096	±0.88	±1.76
>2540~2794	±0.53	±1.06	>6096~6350	±0.91	±1.82
>2794~3048	±0.56	±1.12	>6350~6604	±0.94	±1.88
>3048~3320	±0.58	±1.16	>6604~6858	±0.97	±1.94

曲线齿同步带的标记由节线长（mm）、带型号（包括齿型和节距）和带宽（mm，对于 S 齿型为实际带宽的 10 倍）组成，双边齿带还应在型号前加字母 D。

示例：节距 14mm、40mm 宽、1400mm 长的 H 齿和 S 齿曲线齿同步带标记为：

H 齿型（单边）：1400H14M40，H 齿型（双边）：1400DH14M40；

S 齿型（单边）：1400S14M400，S 齿型（双边）：1400DS14M400。

5.4.2　H 型曲线齿同步带的选型和额定功率（图 6.1-24 和表 6.1-74）

表 6.1-74a　H3M（6mm 宽）基本额定功率 P_0（摘自 JB/T 7512.3—2014） （kW）

z_1		10	12	14	16	18	20	24	28	32	40	48	56	64	72	80
d_1/mm		9.55	11.46	13.37	15.28	17.19	19.10	22.92	26.74	30.56	38.20	45.48	53.48	61.12	68.75	76.39
小带轮转速/(r/min)	20	0.001	0.001	0.001	0.001	0.002	0.002	0.002	0.003	0.003	0.004	0.006	0.007	0.008	0.008	0.008
	40	0.002	0.002	0.002	0.003	0.003	0.003	0.004	0.005	0.006	0.009	0.011	0.013	0.015	0.017	0.019
	60	0.002	0.003	0.003	0.004	0.005	0.005	0.006	0.008	0.010	0.013	0.017	0.020	0.023	0.025	0.028
	100	0.004	0.005	0.006	0.007	0.007	0.009	0.011	0.013	0.016	0.021	0.028	0.033	0.038	0.042	0.047
	200	0.008	0.010	0.011	0.013	0.015	0.017	0.022	0.027	0.032	0.043	0.055	0.066	0.075	0.084	0.094
	300	0.011	0.013	0.016	0.018	0.021	0.024	0.030	0.036	0.043	0.058	0.074	0.087	0.100	0.112	0.125
	400	0.013	0.016	0.019	0.023	0.026	0.030	0.037	0.045	0.053	0.071	0.090	0.107	0.122	0.138	0.153
	500	0.016	0.019	0.023	0.027	0.031	0.035	0.044	0.053	0.062	0.083	0.106	0.125	0.143	0.161	0.179
	600	0.018	0.022	0.027	0.031	0.035	0.040	0.050	0.060	0.071	0.095	0.120	0.142	0.163	0.183	0.203
	700	0.020	0.025	0.030	0.035	0.040	0.045	0.056	0.068	0.080	0.106	0.134	0.159	0.181	0.204	0.227
	800	0.023	0.028	0.033	0.039	0.044	0.050	0.062	0.075	0.088	0.117	0.148	0.174	0.199	0.224	0.249
	870	0.024	0.030	0.035	0.041	0.047	0.053	0.066	0.080	0.094	0.124	0.157	0.185	0.211	0.238	0.264
	900	0.025	0.030	0.036	0.042	0.048	0.054	0.068	0.082	0.096	0.127	0.160	0.189	0.216	0.243	0.270
	1000	0.027	0.033	0.039	0.046	0.052	0.059	0.073	0.088	0.104	0.137	0.173	0.204	0.233	0.262	0.291

（续）

z_1	10	12	14	16	18	20	24	28	32	40	48	56	64	72	80
d_1/mm	9.55	11.46	13.37	15.28	17.19	19.10	22.92	26.74	30.56	38.20	45.48	53.48	61.12	68.75	76.39
1160	0.030	0.037	0.044	0.051	0.059	0.066	0.082	0.099	0.116	0.153	0.192	0.226	0.258	0.291	0.323
1200	0.031	0.038	0.045	0.052	0.060	0.068	0.084	0.101	0.119	0.156	0.197	0.232	0.265	0.298	0.330
1400	0.035	0.043	0.051	0.059	0.068	0.076	0.094	0.113	0.133	0.175	0.219	0.258	0.295	0.331	0.368
1450	0.036	0.044	0.052	0.061	0.069	0.078	0.097	0.116	0.137	0.179	0.225	0.264	0.302	0.339	0.377
1600	0.039	0.047	0.056	0.065	0.075	0.084	0.104	0.125	0.147	0.192	0.241	0.283	0.323	0.363	0.403
1750	0.042	0.051	0.060	0.070	0.080	0.090	0.112	0.134	0.157	0.205	0.256	0.301	0.344	0.386	0.429
1800	0.042	0.052	0.062	0.072	0.082	0.092	0.114	0.136	0.160	0.209	0.261	0.307	0.351	0.394	0.437
2000	0.046	0.056	0.067	0.077	0.089	0.100	0.123	0.148	0.173	0.226	0.281	0.331	0.377	0.423	0.469
2400	0.053	0.065	0.077	0.089	0.102	0.115	0.141	0.169	0.197	0.257	0.319	0.375	0.427	0.479	0.530
2800	0.060	0.073	0.086	0.100	0.114	0.129	0.158	0.189	0.221	0.287	0.355	0.416	0.474	0.530	0.586
3200	0.066	0.081	0.096	0.111	0.126	0.142	0.175	0.209	0.243	0.315	0.389	0.455	0.517	0.578	0.638
3600	0.073	0.088	0.105	0.121	0.138	0.155	0.191	0.227	0.265	0.342	0.421	0.492	0.558	0.622	0.685
4000	0.079	0.096	0.113	0.131	0.150	0.168	0.206	0.245	0.285	0.368	0.451	0.526	0.596	0.663	0.727
5000	0.094	0.114	0.134	0.155	0.177	0.198	0.243	0.288	0.334	0.427	0.521	0.603	0.678	0.749	0.814
6000	0.108	0.131	0.154	0.178	0.202	0.227	0.227	0.327	0.378	0.481	0.581	0.667	0.743	0.812	0.871
7000	0.121	0.147	0.173	0.200	0.227	0.254	0.309	0.364	0.419	0.528	0.631	0.718	0.790	0.850	0.896
8000	0.134	0.163	0.191	0.221	0.250	0.279	0.339	0.398	0.456	0.569	0.673	0.754	0.816	0.861	0.885
10000	0.159	0.192	0.226	0.259	0.293	0.326	0.393	0.457	0.519	0.631	0.724	0.781	0.804	0.792	0.729
12000	0.182	0.220	0.257	0.295	0.332	0.368	0.438	0.505	0.566	0.666	0.729	0.739	0.691	0.582	—
14000	0.204	0.245	0.286	0.327	0.366	0.404	0.476	0.541	0.596	0.670	0.683	0.616	—	—	—

第 1 列表头为："小带轮转速 /(r/min)"

表 6.1-74b　H5M（9mm 宽）基本额定功率 P_0（摘自 JB/T 7512.3—2014）　（kW）

z_1	14	16	18	20	24	28	32	36	40	44	48	56	64	72	80
d_1/mm	22.28	25.46	28.65	31.83	38.20	44.56	50.93	57.30	63.66	70.03	76.39	89.13	101.86	114.59	127.32
20	0.004	0.005	0.006	0.007	0.009	0.011	0.013	0.015	0.017	0.020	0.023	0.027	0.031	0.034	0.038
40	0.009	0.011	0.012	0.014	0.018	0.021	0.026	0.030	0.035	0.040	0.045	0.054	0.061	0.069	0.077
60	0.013	0.016	0.018	0.021	0.026	0.032	0.038	0.045	0.052	0.060	0.068	0.080	0.092	0.103	0.115
100	0.022	0.026	0.030	0.035	0.044	0.054	0.064	0.075	0.087	0.100	0.113	0.134	0.153	0.172	0.192
200	0.045	0.053	0.061	0.069	0.088	0.107	0.128	0.150	0.174	0.199	0.226	0.268	0.306	0.345	0.383
300	0.061	0.072	0.083	0.094	0.119	0.145	0.172	0.202	0.233	0.266	0.300	0.356	0.407	0.458	0.509
400	0.076	0.090	0.103	0.117	0.147	0.179	0.213	0.249	0.286	0.326	0.368	0.436	0.498	0.561	0.623
500	0.091	0.106	0.122	0.139	0.174	0.211	0.251	0.292	0.336	0.382	0.430	0.510	0.583	0.656	0.728
600	0.104	0.122	0.140	0.159	0.199	0.241	0.286	0.334	0.383	0.435	0.489	0.580	0.662	0.745	0.827
700	0.117	0.137	0.158	0.179	0.223	0.271	0.321	0.373	0.428	0.485	0.545	0.646	0.738	0.829	0.921
800	0.130	0.152	0.174	0.198	0.247	0.299	0.353	0.411	0.471	0.533	0.598	0.709	0.809	0.910	1.010
870	0.139	0.162	0.186	0.211	0.263	0.318	0.376	0.437	0.500	0.566	0.634	0.751	0.858	0.965	1.071
900	0.142	0.166	0.191	0.216	0.269	0.326	0.385	0.447	0.512	0.580	0.650	0.769	0.879	0.987	1.096
1000	0.154	0.180	0.206	0.234	0.291	0.352	0.416	0.483	0.552	0.625	0.699	0.828	0.945	1.062	1.178
1160	0.173	0.201	0.231	0.262	0.326	0.393	0.464	0.537	0.614	0.694	0.776	0.918	1.047	1.176	1.304
1200	0.177	0.207	0.237	0.268	0.334	0.403	0.475	0.551	0.629	0.710	0.794	0.939	1.072	1.204	1.334
1400	0.199	0.232	0.266	0.301	0.375	0.451	0.532	0.615	0.702	0.791	0.884	1.044	1.919	1.336	1.480
1450	0.205	0.239	0.274	0.309	0.384	0.463	0.545	0.631	0.720	0.811	0.905	1.071	1.220	1.368	1.515
1600	0.221	0.257	0.295	0.333	0.414	0.498	0.586	0.677	0.771	0.869	0.969	1.144	1.303	1.461	1.617
1750	0.236	0.275	0.315	0.356	0.442	0.532	0.625	0.722	0.822	0.925	1.030	1.215	1.384	1.550	1.713
1800	0.242	0.281	0.322	0.364	0.451	0.543	0.638	0.736	0.838	0.943	1.050	1.239	1.410	1.578	1.745
2000	0.262	0.305	0.349	0.394	0.488	0.586	0.688	0.794	0.902	1.014	1.128	1.329	1.511	1.689	1.864
2400	0.301	0.350	0.400	0.451	0.558	0.669	0.784	0.902	1.024	1.148	1.274	1.479	1.697	1.891	2.079
2800	0.338	0.393	0.449	0.506	0.625	0.748	0.874	1.004	1.137	1.272	1.408	1.649	1.863	2.067	2.262
3200	0.374	0.434	0.496	0.559	0.688	0.822	0.960	1.100	1.242	1.386	1.531	1.786	2.008	2.217	2.411
3600	0.409	0.474	0.541	0.609	0.749	0.893	1.040	1.190	1.340	1.492	1.644	1.908	2.134	2.340	2.526
4000	0.443	0.513	0.585	0.658	0.808	0.961	1.116	1.274	1.431	1.589	1.745	2.015	2.238	2.436	2.604
5000	0.523	0.605	0.688	0.772	0.943	1.115	1.288	1.459	1.628	1.792	1.951	2.212	2.402	2.541	2.623
6000	0.598	0.690	0.783	0.877	1.064	1.250	1.433	1.610	1.778	1.973	2.084	2.301	2.411	2.434	2.358
7000	0.669	0.769	0.870	0.971	1.171	1.365	1.550	1.722	1.880	2.019	2.137	2.268	2.245	2.084	1.766
8000	0.735	0.843	0.950	1.057	1.264	1.459	1.637	1.794	1.927	2.031	2.101	2.100	1.882	—	—
10000	0.854	0.972	1.088	1.199	1.403	1.577	1.714	1.804	1.842	1.819	1.729	—	—	—	—
12000	0.956	1.078	1.193	1.299	1.476	1.594	1.643	1.609	—	—	—	—	—	—	—
14000	1.039	1.158	1.354	1.473	1.495	1.403	—	—	—	—	—	—	—	—	—

第 1 列表头为："小带轮转速 /(r/min)"

表 6.1-74c H8M（20mm 宽）基本额定功率 P_0（摘自 JB/T 7512.3—2014） （kW）

z_1	22	24	26	28	30	32	34	36	38	40	44	48	56	64	72	80
d_1/mm	56.02	61.12	66.21	71.30	76.38	81.49	86.58	91.67	96.77	101.86	112.05	122.23	142.60	162.97	183.35	203.72
小带轮转速/(r/min)																
10	0.02	0.02	0.02	0.03	0.04	0.04	0.07	0.08	0.08	0.09	0.10	0.10	0.12	0.14	0.16	0.18
20	0.04	0.04	0.05	0.06	0.07	0.08	0.14	0.14	0.16	0.17	0.19	0.19	0.22	0.26	0.30	0.33
40	0.07	0.09	0.10	0.12	0.14	0.16	0.25	0.27	0.29	0.13	0.34	0.37	0.42	0.48	0.54	0.60
60	0.12	0.13	0.15	0.17	0.21	0.25	0.36	0.38	0.41	0.44	0.48	0.51	0.59	0.68	0.76	0.85
100	0.19	0.22	0.25	0.28	0.34	0.41	0.54	0.58	0.63	0.68	0.74	0.79	0.92	1.04	1.18	1.31
200	0.37	0.41	0.47	0.55	0.66	0.78	0.96	1.04	1.12	1.21	1.31	1.42	1.63	1.86	2.08	2.31
300	0.53	0.59	0.67	0.79	0.94	1.13	1.33	1.44	1.56	1.67	1.82	1.96	2.28	2.57	2.87	3.18
400	0.69	0.76	0.87	1.01	1.20	1.45	1.66	1.81	1.95	2.10	2.28	2.47	2.86	3.22	3.59	3.96
500	0.83	0.92	1.04	1.20	1.43	1.73	1.96	2.15	2.33	2.50	2.72	2.94	3.39	3.82	4.24	4.67
600	0.98	1.07	1.20	1.38	1.64	1.99	2.25	2.47	2.68	2.87	3.13	3.37	3.90	4.37	4.85	5.32
700	1.14	1.25	1.35	1.54	1.83	2.22	2.51	2.77	3.01	3.23	3.51	3.79	4.37	4.89	5.41	5.92
800	1.31	1.42	1.54	1.69	1.99	2.42	2.75	3.05	3.32	3.56	3.86	4.18	4.82	5.38	5.92	6.46
900	1.42	1.54	1.68	1.81	2.10	2.54	2.92	3.24	3.54	3.78	4.11	4.44	5.12	5.70	6.27	6.81
1000	1.63	1.78	1.92	2.07	2.26	2.73	3.21	3.57	3.90	4.18	4.54	4.89	5.63	6.25	6.85	7.42
1160	1.89	2.06	2.33	2.40	2.57	2.95	3.54	3.95	4.33	4.63	5.03	5.42	6.22	6.87	7.48	8.04
1200	1.95	2.13	2.31	2.48	2.66	3.02	3.61	4.04	4.43	4.74	5.14	5.54	6.36	7.01	7.62	8.18
1400	2.28	2.48	2.69	2.89	3.10	3.23	3.97	4.46	4.92	5.26	5.69	6.12	7.00	7.66	8.25	8.76
1600	2.60	2.83	3.07	3.30	3.54	3.77	4.28	4.83	5.36	5.72	6.18	6.65	7.56	8.20	8.72	9.06
1750	2.84	3.10	3.36	3.61	3.86	4.11	4.48	5.09	5.65	6.05	6.53	7.00	7.92	8.51	8.89	9.71
2000	3.25	3.54	3.83	4.11	4.40	4.68	4.97	5.43	6.11	6.53	7.02	7.50	8.39	8.97	9.94	10.85
2400	3.88	4.23	4.57	4.91	5.25	5.59	5.92	6.25	6.68	7.15	7.62	8.17	9.37	10.50	11.53	12.48
2800	4.51	4.91	5.30	5.70	6.09	6.47	6.85	7.23	7.59	7.96	8.68	9.37	10.68	11.86	12.91	13.82
3200	—	—	6.03	6.47	6.90	7.33	7.75	8.17	8.58	8.97	9.75	10.50	11.86	13.05	14.05	14.81
3500	—	—	—	7.50	7.96	8.41	8.86	9.28	9.71	10.52	11.29	12.67	13.82	—	—	—
4000	—	—	—	—	—	8.97	9.47	9.94	10.41	10.85	11.70	12.48	13.82	—	—	—
4500	—	—	—	—	—	—	10.46	10.96	11.44	11.91	12.76	13.51	—	—	—	—
5000	—	—	—	—	—	—	—	11.91	12.39	12.85	—	—	—	—	—	—
5500	—	—	—	—	—	—	—	13.23	13.67	—	—	—	—	—	—	—

注：与粗黑线框内功率对应的使用寿命将会降低。

表 6.1-74d H14M（40mm 宽）基本额定功率 P_0（摘自 JB/T 7512.3—2014） （kW）

z_1	28	29	30	32	34	36	38	40	44	48	56	64	72	80
d_1/mm	124.78	129.23	133.69	142.60	151.52	160.43	169.34	178.25	196.08	213.90	249.55	285.21	320.86	365.51
小带轮转速/(r/min)														
10	0.18	0.19	0.19	0.21	0.23	0.27	0.32	0.377	0.41	0.45	0.52	0.60	0.68	0.78
20	0.37	0.38	0.39	0.42	0.46	0.53	0.63	0.75	0.83	0.90	1.05	1.20	1.35	1.57
40	0.73	0.75	0.78	0.84	0.93	1.06	1.27	1.50	1.65	1.81	2.10	2.40	2.70	3.13
60	1.10	1.13	1.17	1.25	1.39	1.59	1.91	2.25	2.48	2.70	3.16	3.60	4.05	4.70
100	1.83	1.89	1.95	2.08	2.31	2.65	3.18	3.75	4.13	4.51	5.25	6.01	6.75	7.83
200	3.65	3.77	3.91	4.12	4.63	5.30	6.36	7.34	8.25	9.00	10.50	12.00	13.50	15.64
300	5.01	5.25	5.54	5.74	6.87	7.94	9.12	9.86	11.28	13.07	15.73	17.97	20.21	22.89
400	6.14	6.51	6.90	7.24	8.57	10.40	11.21	12.09	13.71	15.73	19.36	22.29	24.63	27.04
500	7.19	7.67	8.17	8.65	10.15	12.23	13.11	14.10	15.88	18.05	22.13	25.24	27.83	30.50
600	8.16	8.76	9.36	9.98	11.63	13.89	14.85	15.94	17.84	20.13	24.56	27.85	30.54	33.40
700	9.08	9.78	10.48	11.25	13.02	15.43	16.46	17.64	19.64	22.01	26.71	29.93	32.85	35.83
800	9.95	10.75	11.56	12.46	14.33	16.85	17.97	19.22	21.29	23.71	28.60	31.79	34.79	37.84
870	10.54	11.41	12.27	13.27	15.21	17.80	18.96	20.25	22.37	24.80	29.80	32.94	35.96	39.16
1000	11.59	12.57	13.55	14.72	16.76	19.64	20.69	22.05	24.21	26.65	31.76	34.73	37.73	40.72
1160	12.81	13.92	15.02	16.40	18.54	21.31	22.63	24.06	26.23	28.63	33.75	36.37	39.25	42.01
1200	13.11	14.25	15.37	16.80	—	21.75	23.08	24.53	26.69	29.08	34.17	36.73	39.52	42.19
1400	14.53	15.79	17.05	18.70	20.94	23.77	25.17	26.67	28.79	31.06	35.90	37.87	40.21	42.28
1600	15.78	17.24	18.59	20.45	22.72	25.54	26.98	28.51	30.53	32.60	37.00	38.20	39.84	—
1750	16.84	18.25	19.66	21.65	23.92	26.71	28.17	29.70	31.60	33.49	37.40	37.91	—	—
2000	18.40	19.84	21.29	23.46	25.75	28.38	29.68	31.32	32.97	34.47	37.31	36.44	—	—
2400	20.82	22.08	23.52	25.83	27.91	30.30	31.66	33.00	34.72	35.14	—	—	—	—
2800	23.48	24.11	25.30	27.52	29.34	31.31	32.47	33.53	33.72	33.33	—	—	—	—
3200	—	26.36	26.91	28.51	29.97	31.41	32.24	32.88	—	—	—	—	—	—
3500	—	—	28.25	29.07	29.94	30.92	31.40	—	—	—	—	—	—	—
4000	—	—	—	30.17	29.27	—	—	—	—	—	—	—	—	—

注：与粗黑线框内功率对应的使用寿命将会降低。

表 6.1-74e　H20M（115mm 宽）基本额定功率 P_0（摘自 JB/T 7512.3—2014）　　（kW）

z_1	34	36	38	40	44	48	52	56	60	64	68	72	80	90
d_1/mm	216.45	229.18	241.92	254.65	280.11	305.58	331.04	356.51	381.97	407.44	432.90	458.37	509.30	572.96
10	2.01	2.16	2.31	2.46	2.69	2.98	3.21	3.43	3.66	3.80	4.03	4.18	4.55	5.00
20	4.03	4.33	4.55	4.85	5.45	5.89	6.42	6.86	7.31	7.68	8.06	8.18	9.17	10.00
30	6.04	6.49	6.86	7.31	8.13	8.88	9.62	10.29	10.97	11.49	12.09	12.61	13.73	15.07
40	7.98	8.58	9.18	9.77	10.82	11.79	12.70	13.80	14.55	15.37	17.11	16.86	18.28	20.07
50	10.00	10.74	11.41	12.16	13.50	14.77	15.96	17.23	18.20	19.17	20.14	21.04	22.90	25.06
60	12.01	12.91	13.73	14.62	16.26	17.68	19.17	20.14	21.86	22.97	24.17	25.29	27.45	30.06
80	16.04	17.23	18.28	19.47	21.63	23.57	25.59	27.53	29.17	30.66	32.15	33.64	36.55	40.06
100	19.99	21.48	22.90	24.32	27.08	29.54	31.93	34.39	36.40	38.34	40.21	42.07	45.73	50.06
150	30.06	32.23	34.32	36.48	40.58	44.24	47.89	51.62	54.61	57.44	60.28	63.04	68.48	74.97
200	40.06	41.78	45.73	48.64	54.01	58.93	63.80	68.71	72.66	76.47	80.31	83.93	91.09	99.67
300	57.96	62.29	66.17	70.35	78.93	87.80	93.53	99.14	104.66	110.04	115.26	120.40	130.40	142.34
400	73.03	78.33	83.15	88.40	98.99	110.04	116.97	123.76	130.40	136.82	143.08	149.20	160.99	174.79
500	87.06	93.25	98.99	105.11	117.57	130.40	138.35	146.14	153.68	160.99	168.00	174.79	187.69	202.46
600	100.19	107.27	113.77	120.70	134.73	149.20	—	166.58	174.79	182.62	190.16	197.32	210.75	225.67
730	116.15	124.21	131.59	139.43	155.32	171.58	—	190.38	199.11	207.31	215.00	222.23	235.21	248.57
800	124.28	132.86	140.62	148.83	165.54	182.62	192.62	201.94	210.75	218.95	226.56	233.57	245.73	257.37
870	132.04	141.07	149.20	157.85	175.31	193.06	203.21	212.61	221.26	229.40	236.78	243.35	254.31	263.64
970	142.64	152.18	160.76	169.94	188.29	206.87	—	226.34	234.77	242.30	248.94	254.61	263.04	—
1170	161.88	172.33	181.58	191.42	210.97	230.51	—	248.27	255.13	260.58	264.61	267.07	267.44	—
1200	164.57	175.09	184.49	194.33	214.03	233.57	—	250.88	257.37	262.37	265.87	267.74	266.47	—
1460	185.46	196.57	206.19	216.27	235.96	254.98	261.55	265.95	267.96	267.52	264.46	—	—	—
1600	194.93	206.12	215.59	225.52	244.54	262.37	266.70	268.04	266.47	—	—	—	—	—
1750	203.66	214.70	223.60	233.27	251.03	266.99	267.96	265.35	—	—	—	—	—	—
2000	214.92	225.14	233.13	241.26	225.36	266.47	—	—	—	—	—	—	—	—

注：与粗黑线框内功率对应的使用寿命将会降低。

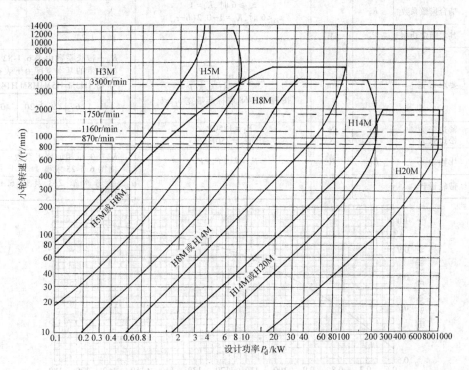

图 6.1-24　H 型曲线齿同步带选型图（摘自 JB/T 7512.3—2014）

5.4.3　H 型曲线齿同步带传动设计计算（根据 JB/T 7512.2—2014）

H 型曲线齿同步带传动的设计计算见表 6.1-75。

表 6.1-75　H 型曲线齿同步带传动设计计算

序号	计算项目	符号	单位	计算公式和参数选定	说明
1	设计功率	P_d	kW	$P_d = K_A P$	P—传递的功率(kW) K_A—工况系数,见表 6.1-58
2	选定带型节距 P_b	P_b	mm	根据 P_d 和 n_1 由图 6.1-24 选取	n_1—小带轮转速(r/min)
3	小带轮齿数	z_1		$z_1 \geqslant z_{1min}$ z_{1min} 见表 6.1-81	带速 v 和安装尺寸允许时,z_1 应取较大的值
4	小带轮节圆直径	d_1	mm	$d_1 = \dfrac{z_1 P_b}{\pi}$	
5	大带轮齿数	z_2		$z_2 = i z_1 = \dfrac{n_1}{n_2} z_1$	i—传动比 n_2—大带轮转速(r/min) z_2 计算后应圆整
6	大带轮节圆直径	d_2	mm	$d_2 = \dfrac{z_2 P_b}{\pi}$	
7	带速	v	m/s	$v = \dfrac{\pi d_1 n_1}{60 \times 1000}$	
8	初定中心距	a_0	mm	$0.7(d_1+d_2) \leqslant a_0 \leqslant 2(d_1+d_2)$	或根据结构要求确定
9	带长(节线长度)	L_0	mm	$L_0 = 2a_0 + \dfrac{\pi(d_1+d_2)}{2} + \dfrac{(d_2-d_1)^2}{4a_0}$	按表 6.1-72 选取标准节线长 L_p
10	带齿数	Z		$Z = \dfrac{L_p}{P_b}$	
11	实际中心距	a	mm	$a = \left[M + \sqrt{M^2 - 32(d_2-d_1)^2} \right] /16$ $M = 4L_p - 2\pi(d_2+d_1)$	
12	安装量 调整量	I S	mm mm	$a_{min} = a - I$ $a_{max} = a + S$	I,S 可由表 6.1-83 查得
13	啮合齿数	z_m		$z_m = \text{ent}\left(0.5 - \dfrac{d_2-d_1}{6a}\right) z_1$	
14	啮合齿数系数	K_z		$z_m \geqslant 6$ 时,$K_z = 1$ $z_m < 6$ 时,$K_z = 1 - 0.2(6 - z_m)$	
15	基本额定功率	P_0	kW		表 6.1-74
16	要求带宽	b_s	mm	$b_s \geqslant b_{so}^{1.14} \sqrt{\dfrac{P_d}{K_L K_z P_0}}$ 按表 6.1-68 取标准带宽 $b_f \geqslant b_s$	K_L—带长系数由表 6.1-82 查得 b_{so}—带的基本宽度由下表查得 带型 H3M H5M H8M H14M H20M b_{so}/mm 6 9 20 40 115
17	紧边张力 松边张力	F_1 F_2	N N	$F_1 = 1250 P_d / v$ $F_2 = 250 P_d / v$	
18	压轴力	F_Q	N	$F_Q = K_F(F_1 + F_2)$	K_F—矢量相加修正系数由图 6.1-25 求得
19	带轮设计				参考本章 2.3 及表 6.1-75 ~ 表 6.1-94

行16说明栏带型子表:

带型	H3M	H5M	H8M	H14M	H20M
b_{so}/mm	6	9	20	40	115

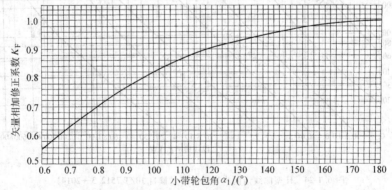

图 6.1-25　矢量相加修正系数(摘自 GB/T 7512.3—2014)

$$\text{小带轮包角 } \alpha_1 = 180° - \left(\frac{d_2-d_1}{a}\right) \times 57.3°$$

5.4.4 曲线齿同步带带轮（见表 6.1-76～表 6.1-89）

表 6.1-76 加工 H 型曲线齿带轮齿条刀具尺寸及公差（摘自 GB/T 24619—2009） （mm）

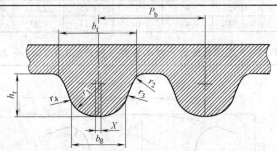

齿型	H8M			H14M		
齿数	22～27	28～80	90～200	28～36	37～89	90～216
$P_b \pm 0.012$	8	8	8	14	14	14
$h_r \pm 0.015$	3.29	3.61	3.63	6.32	6.20	6.35
b_g	3.48	4.16	4.24	7.11	7.73	8.11
b_1	6.04	6.05	5.69	11.14	10.79	10.26
$r_1 \pm 0.012$	2.55	2.77	2.64	4.72	4.66	4.62
$r_2 \pm 0.012$	1.14	1.07	0.94	1.88	1.83	1.91
$r_3 \pm 0.012$	0	12.90	0	20.83	15.75	20.12
$r_4 \pm 0.012$	0	0.73	0	1.14	1.14	0.25
X	0	0.25	0	0	0	0

表 6.1-77 H 型带轮轮齿尺寸和公差（摘自 GB/T 24619—2009） （mm）

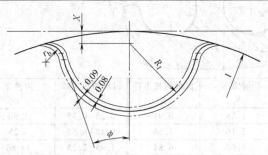

齿型	H8M			H14M					
齿数 z	22～27	28～89	90～200	28～32	33～36	37～57	58～89	90～153	154～216
R_1	2.675	2.629	2.639	4.859	4.834	4.737	4.669	4.636	4.597
r_b	0.874	1.024	1.008	1.544	1.613	1.654	1.902	1.704	1.770
X	0.620	0.975	0.991	1.468	1.494	1.461	1.529	1.692	1.730
$\phi/(°)$	11.3	7	6.6	7.1	5.2	9.3	8.9	6.9	8.6

表 6.1-78 R 型带轮轮齿尺寸及公差（摘自 GB/T 24619—2009） （mm）

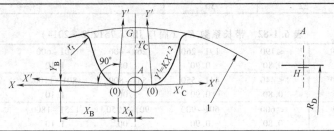

（续）

齿型	齿数	GH	X_A	X_B	Y_B	X'_C	Y'_C	K	$r_t \pm 0.015$	R_D
R8M	$22 \sim 37$	3.47	1	4	0.11	1.75	2.61	0.84767	0.83	22
	$\geqslant 38$	3.47	0.92	4	0	1.75	2.61	0.84767	0.95	22
R14M	$\geqslant 28$	6.04	1.64	4	0	3.21	4.93	0.4799	1.6	32

表 6.1-79 S 型带轮轮齿尺寸和公差（摘自 GB/T 24619—2009）   （mm）

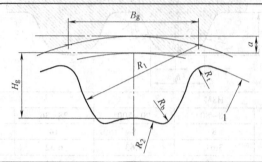

齿型	齿数	$B_g{}^{+0.1}_{\ 0}$	$H_g \pm 0.03$	$R_2 \pm 0.1$	$R_b \pm 0.1$	$R_t{}^{+0.1}_{\ 0}$	a	$R_1{}^{+0.1}_{\ 0}$
S8M	$\geqslant 22$	5.2	2.83	4.04	0.4	0.75	0.686	5.3
S14M	$\geqslant 28$	9.1	4.95	7.07	0.7	1.31	1.397	9.28

表 6.1-80 H 型曲线齿同步带轮齿（摘自 JB/T 7512.2—2014）   （mm）

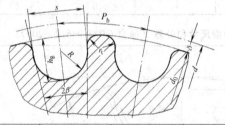

节圆直径
$$d = \frac{P_b z}{\pi}$$

外径
$$d_0 = d - 2\delta$$

槽型	节距 P_b	齿槽深 h_g	齿槽圆弧半径 R	齿顶圆角半径 r_t	齿槽宽 s	两倍节顶距 2δ	齿形角 2β
H3M	3	1.28	0.91	$0.26 \sim 0.35$	1.90	0.762	$\approx 14°$
H5M	5	2.16	1.56	$0.48 \sim 0.52$	3.25	1.144	$\approx 14°$
H20M	20	8.60	6.84	$1.95 \sim 2.25$	14.80	4.320	$\approx 14°$

表 6.1-81 最少齿数 z_{min}（摘自 JB/T 7512.2—2014）

带轮转速 /(r/min)	带　型				
	H3M	H5M	H8M	H14M	H20M
			z_{min}		
$\leqslant 900$	10	14	22	28	34
$>900 \sim 1200$	14	20	28	28	34
$>1200 \sim 1800$	16	24	32	32	38
$>1800 \sim 3600$	20	28	36	—	—
$>3600 \sim 4800$	22	30	—	—	—

表 6.1-82 带长系数 K_L（摘自 JB/T 7512.2—2014）

H3M	L_p/mm	$\leqslant 190$	$191 \sim 260$	$261 \sim 400$	$401 \sim 600$	>600
	K_L	0.80	0.90	1.00	1.10	1.20
H5M	L_p/mm	$\leqslant 440$	$441 \sim 550$	$551 \sim 800$	$801 \sim 1100$	>1100
	K_L	0.80	0.90	1.00	1.10	1.20
H8M	L_p/mm	$\leqslant 600$	$601 \sim 900$	$901 \sim 1250$	$1251 \sim 1800$	>1800
	K_L	0.80	0.90	1.00	1.10	1.20

（续）

H14M	L_p/mm	≤1400	1401～1700	1701～2000	2001～2500	2501～3400	>3400
	K_L	0.80	0.90	0.95	1.00	1.05	1.10
H20M	L_p/mm	≤2000	2001～2500	2501～3400	3401～4600	4601～5600	>5600
	K_L	0.80	0.85	0.95	1.00	1.05	1.10

表 6.1-83　中心距安装量 I 和调整量 S （摘自 JB/T 7512.2—2014）　　（mm）

L_p	I	S	L_p	I	S
≤500	1.02	0.76	>2260～3020	2.79	1.27
>500～1000	1.27	0.76	>3020～4020	3.56	1.27
>1000～1500	1.78	1.02	>4020～4780	4.32	1.27
>1500～2260	2.29	1.27	>4780～6860	5.33	1.27

注：当带轮加挡圈量，安装量 I 还应加下列数值（mm）：

带型	单轮加挡圈	两轮均加挡圈
H3M	3.0	6.0
H5M	13.5	19.1
H8M	21.6	32.8
H14M	35.6	58.2
H20M	47.0	77.5

表 6.1-84　H 型曲线齿同步带轮宽度 （摘自 GB/T 24619—2009，JB/T 7512.2—2014）　（mm）

双边挡圈　　　　　无挡圈　　　　　单边挡圈

轮宽代号	槽型 H3M		槽型 H5M		槽型 H8M		槽型 H14M		槽型 H20M		轮宽代号	槽型 H3M		槽型 H5M		槽型 H8M		槽型 H14M		槽型 H20M	
	带	轮	宽	度								带	轮	宽	度					
	b_f	b_f'	b_f	b_f'	b_f	b_f'	b_f	b_f'	b_f	b_f'		b_f	b_f'	b_f	b_f'	b_f	b_f'	b_f	b_f'	b_f	b_f'
6	7.3	11.0									70			72.7	79.0	73	81	78.5	85		
9	10.3	14.0	10.3	14.0							85			89	96	89	101	89.5	102		
15	16.3	20.0	16.3	20.0							100					104	112	104.5	117		
20			21.3	25.0	22	30					115					120	131	120.5	134		
25			26.3	30.0	26.7	33.0					130					135	143	136	150		
30			31.3	35.0	32	40	32	40			150					155	163	158	172		
40			41.3	45.0	41.7	48.0	42	55			170					175	186	178	192		
50					53	60					230							238	254		
55							58	70			290							298	314		
60					62.7	69.0					340							348	364		

表 6.1-85　带轮挡圈尺寸 （摘自 JB/T 7512.2—2014）　　（mm）

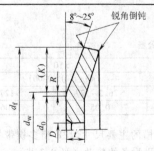

d_0—带轮外径（mm）；d_w—挡圈弯曲处直径（mm），$d_w = d_0 + 2R$

d_f—挡圈外径（mm），$d_f = d_w + 2K$

D—挡圈与带轮配合孔直径（mm）

槽型	H3M	H5M	H8M	H14M	H20M
挡圈最小高度 K	2.0～2.5	2.5～3.5	4.0～5.5	7.0～7.5	8.0～8.5
$R = (d_w - d_0)/2$	1	1.5	2	2.5	3
挡圈厚度 t	1.5～2.0	1.5～2.0	1.5～2.5	2.5～3.0	3.0～3.5

表 6.1-86 节距偏差（摘自 GB/T 24617—2009，JB/T 7512.2—2014）　　　　　　（mm）

带轮外径 d_0	节距偏差	
	任意两相邻齿	90°弧内累积
≤25.40		±0.05
>25.40~50.08		±0.08
>50.08~101.60		±0.10
>101.60~177.80	±0.03	±0.13
>177.80~304.80		±0.15
>304.80~508.00		±0.18
>508.00		±0.20

表 6.1-87 带轮外径极限偏差（摘自 GB/T 24617—2009，JB/T 7512.2—2014）

外径 d_0	≤25.4	>25.4 ~50.8	>50.8 ~101.6	>101.6 ~177.8	>177.8 ~304.8	>304.8 ~508.0	>508.0~ 762.0	>762~ 1016	>1016
极限偏差	$^{+0.05}_{0}$	$^{+0.08}_{0}$	$^{+0.10}_{0}$	$^{+0.13}_{0}$	$^{+0.15}_{0}$	$^{+0.18}_{0}$	$^{+0.20}_{0}$	$^{+0.23}_{0}$	$^{+0.25}_{0}$

表 6.1-88 带轮端面和径向圆跳动公差（摘自 GB/T 24617—2009，JB/T 7512.2—2014）

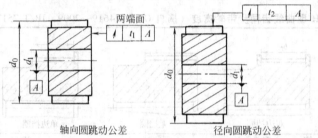

轴向圆跳动公差　　　　　　径向圆跳动公差

外径 d_0	≤101.6	>101.6~254.0	>254.0
轴向圆跳动公差 t_1	0.1	$d_0×0.001$	$0.25+(d_0-254)×0.0005$
外径 d_0	≤203.20		>203.20
径向圆跳动公差 t_2	0.13		$0.13+(d_0-203.20)×0.0005$

表 6.1-89 带轮平行度、圆柱度公差（摘自 JB/T 7512.2—2014）　　　　　　（mm）

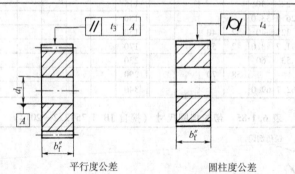

平行度公差　　　　　　圆柱度公差

带轮宽度 $b_f(b_f'')$	≤10		>10	
平行度公差 t_3	<0.01		$<b_f(b_f'')×0.001$	
带轮宽度 b_f''	≤12.7	>12.7~38.1	>38.1~76.2	>76.2~127	>127
圆柱度公差 t_4	0.01	0.02	0.04	0.05	0.06

6 多楔带传动

6.1 多楔带的规格

GB/T 16588—2009规定了5种工业用环形多楔

带和多楔带带轮槽的主要尺寸。PK型多楔带主要用
于汽车内燃机辅助设备的传动（见8.3节）。

多楔带截面尺寸见表 6.1-90。

带的有效长度按 GB/T 16588—2009 的规定，用
户可根据需要与制造厂协商，有效长度的极限偏差见

表 6.1-91。JB/T 5983—1992 规定的多楔带长度系列 （表 6.1-92），可供选择带长时参考。

表 6.1-90　多楔带截面尺寸（摘自 GB/T 16588—2009）　　　　（mm）

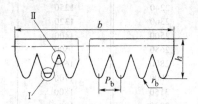

公称宽度 $b=nP_b$，式中 n 为楔数。

带楔顶　　　　　　　　　　　　　　　　　　　　带槽底

① 带亦可选用平的楔顶轮廓线。　　　　　　　　② 带的楔底轮廓线可位于该区的任何部位。

型　号	PH	PJ	PK	PL	PM
楔距 P_b	1.6	2.34	3.56	4.7	9.4
楔顶圆弧半径 r_b(min)	0.3	0.4	0.5	0.4	0.75
槽底圆弧半径 r_t(max)	0.15	0.2	0.25	0.4	0.75
带高 h(近似值)	3	4	6	10	17

注：楔距与带高的值仅为参考尺寸，楔距累积误差是一个重要参数，但受带的工作张力和抗拉体弹性模量的影响。

表 6.1-91　有效长度的极限偏差　　　　　　　（mm）

有效长度 L_e	极　限　偏　差				
	PH	PJ	PK	PL	PM
$200<L_e\leqslant500$	+4 -8	+4 -8	+4 -8		
$500<L_e\leqslant750$	+5 -10	+5 -10	+5 -10		
$750<L_e\leqslant1000$	+6 -12	+6 -12	+6 -12	+6 -12	
$1000<L_e\leqslant1500$	+8 -16	+8 -16	+8 -16	+8 -16	
$1500<L_e\leqslant2000$	+10 -20	+10 -20	+10 -20	+10 -20	
$2000<L_e\leqslant3000$	+12 -24	+12 -24	+12 -24	+12 -24	+12 -24
$3000<L_e\leqslant4000$				+15 -30	+15 -30
$4000<L_e\leqslant6000$				+20 -40	+20 -40
$6000<L_e\leqslant8000$				+30 -60	+30 -60
$8000<L_e\leqslant12500$					+45 -90
$12500<L_e\leqslant17000$					+60 -120

注：有效长度的极限偏差可按以下方法粗略计算，上偏差为 $+0.004L_e$，下偏差为 $-0.008L_e$，L_e 为有效长度。

6.2　设计计算

　　多楔带传动的设计计算与 V 带传动基本相同。典型的多楔带设计问题是，已知：传动功率 P，主动轮转速 n_1，从动轮转速 n_2（或传动比 i），传动形式，工作情况及原动机种类等。

　　设计要求确定：带的类型、有效长度、楔数、带轮直径、传动中心距、作用在轴上的力并画出带轮工作图。设计方法和步骤见表 6.1-93。

表 6.1-92　多楔带长度系列（摘自 JB/T 5983—1992）　　　　　　　　　　（mm）

长度系列 L_e			长度系列 L_e		
PJ	PL	PM	PJ	PL	PM
450	1250	2240	1250	2800	5600
475	1320	2360	1320	3000	6300
500	1400	2500	1400	3150	6700
560	1500	2650	1500	3350	7100
630	1600	2800	1600	3550	8000
710	1700	3000	1700	3750	9000
750	1800	3150	1800	4000	10000
800	1900	3350	1900	4250	11200
850	2000	3550	2000	4500	12500
900	2120	3750	2120	4750	13200
950	2240	4000	2240	5000	14000
1000	2360	4250	2360	5300	15000
1060	2500	4500	2500	5600	16000
1120	2650	5000	—	6000	—

表 6.1-93　多楔带传动设计方法和步骤

计算项目	符号	单位	计算公式和参数选择	说　明
设计功率	P_d	kW	$P_d = K_A P$	P—传动功率（kW） K_A—工作情况系数，见表 6.1-94
带型			根据 P_d 和 n_1 由图 6.1-26 选取	n_1—小带轮转速（r/min）
传动比	i		$i = \dfrac{n_1}{n_2} \approx \dfrac{d_{p2}}{(1-\varepsilon) d_{p1}}$ $d_p = d_e + 2\delta_e$ $\varepsilon = 0.01 \sim 0.02$ δ_e 值（mm）：PH 型带 $\delta_e = 0.8$，PJ 型带 $\delta_e = 1.2$，PK 型带 $\delta_e = 2$，PL 型带 $\delta_e = 3$，PM 型带 $\delta_e = 4$	n_2—大带轮转速（r/min） d_{p1}、d_{p2}—小、大带轮节圆直径（mm） d_e—带轮有效直径（mm） δ_e—有效线差
小带轮有效直径	d_{e1}	mm	由表 6.1-95 选取	为提高带的寿命，条件允许时，d_{e1} 尽量取较大值
大带轮有效直径	d_{e2}	mm	$d_{e2} = i(d_{e1} + 2\delta_e)(1-\varepsilon) - 2\delta_e$，查表 6.1-95 选标准值	
带速	v	m/s	$v = \dfrac{\pi d_{p1} n_1}{60 \times 1000} \leqslant v_{max}$ $v_{max} \leqslant 30\text{m/s}$	若 v 过高，则应取较小的 d_{e1} 或选用较小的多楔带型号
初定中心距	a_0	mm	$0.7(d_{e1} + d_{e2}) < a_0 < 2(d_{e1} + d_{e2})$	或根据结构定
带的有效长度	L_e	mm	$L_{e0} = 2a_0 + \dfrac{\pi}{2}(d_{e1} + d_{e2}) + \dfrac{(d_{e2} - d_{e1})^2}{4a_0}$	由 L_{e0} 按表 6.1-92 选取相近的标准 L_e 或按生产厂可购到的规格选用
计算中心距	a	mm	$a = a_0 + \dfrac{L_e - L_{e0}}{2}$	为了安装方便和张紧胶带，尚需给中心距留有一定的调整余量，见表 6.1-96
小带轮包角	α_1	(°)	$\alpha_1 \approx 180° - \dfrac{d_{e2} - d_{e1}}{a} \times 57.3°$	一般 $\alpha_1 \geqslant 120°$，如 α_1 较小，应增大 α 或采用张紧轮
带每楔所传递的额定功率及其增量	P_0 ΔP_0	kW kW	根据带型 d_{e1} 和 n_1 由表 6.1-100 选取 根据带型 i，由表 6.1-100 选取	
带的楔数	z		$z = \dfrac{P_d}{(P_0 + \Delta P_0) K_\alpha K_L}$	K_α—包角修正系数，见表 6.1-97 K_L—带长修正系数，见表 6.1-98
有效圆周力	F_t	N	$F_t = \dfrac{P_d}{v} \times 10^3$	
作用于轴上之力	F_Q	N	$F_Q = K_r F_t \sin\dfrac{\alpha_1}{2}$	K_r—带与带轮楔合系数，见表 6.1-99

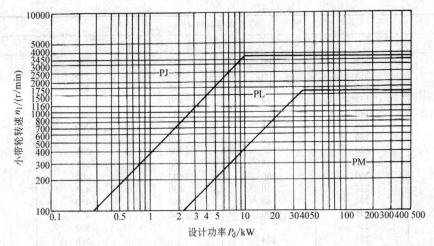

图 6.1-26　选择多楔带型图

表 6.1-94　多楔带工作情况系数 K_A（摘自 JB/T 5983—1992）

工　　况	原动机类型					
	交流电动机（普通转矩、笼型、同步、分相式），直流电动机（并励），内燃机			交流电动机（大转矩、大滑差率、单相、滑环式、串励），直流电动机（复励）		
	每天连续运转 $\leqslant 6h$	每天连续运转 $>6\sim 16h$	每天连续运转 $>16\sim 24h$	每天连续运转 $\leqslant 6h$	每天连续运转 $>6\sim 16h$	每天连续运转 $>16\sim 24h$
	K_A					
液体搅拌器,鼓风机和排气装置,离心泵和压缩机,功率在 7.5kW 以下(含 7.5kW)的风扇,轻型输送机	1.0	1.1	1.2	1.1	1.2	1.3
带式输送机(砂子、尘物等),和面机,功率超过 7.5kW 的风扇,发电机,洗衣机,机床,冲床,压力机、剪床,印刷机,往复式振动筛,正排量旋转泵	1.1	1.2	1.3	1.2	1.3	1.4
制砖机,斗式提升机,励磁机,活塞式压缩机,输送机(链板式、盘式、螺旋式),锻压机床,造纸用打浆机,柱塞泵,正排量鼓风机,粉碎机,锯床和木工机械	1.2	1.3	1.4	1.4	1.5	1.6
破碎机(旋转式、颚式、滚动式),研磨机(球式、棒式、圆筒形式),起重机,橡胶机械(压光机、模压机、轧制机)	1.3	1.4	1.5	1.6	1.6	1.8
节流机械	2.0	2.0	2.0	2.0	2.0	2.0

注：如使用张紧轮，将下列数值加到 K_A 中：
　　张紧轮位于松边内侧：0；
　　张紧轮位于松边外侧：0.1；
　　张紧轮位于紧边内侧：0.1；
　　张紧轮位于紧边外侧：0.2。

表 6.1-95　多楔带轮直径系列（摘自 JB/T 5983—1992）　　　　　　（mm）

带轮直径系列 d_e					
PJ		PL		PM	
20	95	75	280	180	750
22.4	100	80	300	200	800
25	106	90	315	212	850

（续）

带轮直径系列 d_e

PJ		PL		PM	
28	112	95	335	224	900
31.5	118	100	355	236	950
33.5	125	106	375	250	1 000
35.5	132	112	400	265	1 120
37.5	140	118	425	280	
40	150	125	450	300	
42.5	160	132	470	315	
45	170	140	500	355	
47.5	180	150	560	375	
50	200	160	600	400	
53	212	170	630	425	
56	224	180	710	450	
60	236	200	750	475	
63	250	212		500	
71	265	224		560	
75	280	236		600	
80	300	250		630	
90		265		710	

注：选择小带轮有效直径时，不应小于表中该类型的最小直径值。

表 6.1-96　中心距调整量（摘自 JB/T 5983—1992）　　　　　　（mm）

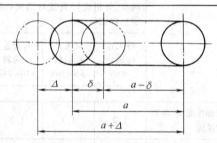

有效长度 L_e	Δ_{min}	δ_{min}	有效长度 L_e	Δ_{min}	δ_{min}	有效长度 L_e	Δ_{min}	δ_{min}
PJ			PL			PM		
450~500	5	8	1250~1500	16	22	2240~2500	29	38
>500~750	8	10	>1500~1800	19	22	>2500~3000	34	40
>750~1000	10	11	>1800~2000	22	24	>3000~4000	40	42
>1000~1250	11	13	>2000~2240	25	24	>4000~5000	51	46
>1250~1500	13	14	>2240~2500	29	25	>5000~6000	60	48
>1500~1800	16	16	>2500~3000	34	27	>6000~6700	76	54
>1800~2000	18	18	>3000~4000	40	29	>6700~8500	92	60
>2000~2500	19	19	>4000~5000	51	34	>8500~10000	106	67
			>5000~6000	60	35	>10000~11800	134	73
						>11800~16000	168	86

表 6.1-97　包角修正系数 K_α（摘自 JB/T 5983—1992）

小轮包角 α_1 / (°)	包角修正系数 K_α	小轮包角 α_1 / (°)	包角修正系数 K_α	小轮包角 α_1 / (°)	包角修正系数 K_α
180	1.00	148	0.90	113	0.77
177	0.99	145	0.89	110	0.76
174	0.98	142	0.88	106	0.75
171	0.97	139	0.87	103	0.73
169	0.97	136	0.86	99	0.72
166	0.96	133	0.85	95	0.70
163	0.95	130	0.84	91	0.68
160	0.94	127	0.83	87	0.66
157	0.93	125	0.81	83	0.84
154	0.92	120	0.80		
151	0.91	117	0.79		

表 6.1-98 有效长度 L_e 和带长修正系数 K_L（摘自 JB/T 5983—1992）

有效长度 L_e /mm	带长修正系数 K_L			有效长度 L_e /mm	带长修正系数 K_L		
	PJ	PL	PM		PJ	PL	PM
450	0.78			3150		1.00	0.90
500	0.79			3350		1.01	0.91
630	0.83			3750		1.03	0.93
710	0.85	—		4000		1.04	0.94
800	0.87			4500		1.06	0.95
900	0.89			5000		1.07	0.97
1000	0.91			5600		1.08	0.99
1120	0.93			6300		1.11	1.01
1250	0.96	0.85		6700			1.01
1400	0.98	0.87		7500	—		1.03
1600	1.01	0.89		8500			1.04
1800	1.02	0.91		9000			1.05
2000	1.04	0.93	0.85	10000			1.07
2360	1.08	0.96	0.86	10600			1.08
2500	1.09	0.96	0.87	12500			1.10
2650		0.98	0.88	13200			1.12
2800		0.98	0.88	15000			1.14
3000		0.99	0.89	16000			1.15

表 6.1-99 多楔带与带轮的楔合系数 K_r

小带轮包角 α_1	180°	170°	160°	150°	140°	130°	120°	110°	100°	90°	80°	70°	60°
楔合系数 K_r	1.50	1.56	1.63	1.71	1.80	1.91	2.04	2.20	2.38	2.61	2.92	3.30	3.82

6.3 设计实例

设计用于离心式鼓风机的多楔带传动，原动机为电动机，额定功率 $P=7.5\text{kW}$，转速 $n_1=720\text{r/min}$，离心式鼓风式转速 $n_2=450\text{r/min}$。鼓风机每天工作 $10\sim16\text{h}$，要求中心距 955mm 左右。

解 1) 确定设计功率 P_d。由表 6.1-94 查得工作情况系数 $K_A=1.1$，设计功率 $P_d=K_AP=1.1\times7.5\text{kW}=8.25\text{kW}$。

2) 选择带型。由图 6.1-26 选择 PL 型多楔带。

3) 计算传动比：$i=n_1/n_2=720/450=1.6$。

4) 确定小带轮有效直径 d_{e1}。应使 $d_{e1}\geqslant d_{emin}$，由表 6.1-95 得 $d_e=75\text{mm}$，取 $d_{e1}=125\text{mm}$。

5) 确定大带轮有效直径。由表 6.1-93
$$d_{e2}=i(d_{e1}+2\delta_e)(1-\varepsilon)-2\delta_e$$
由表 6.1-101 $\delta_e=3$，
$$d_{e2}=[1.6(125+2\times3)(1-0.02)-2\times3]\text{mm}$$
$$=199.4\text{mm}$$
取 $d_{e2}=200\text{mm}$（参见表 6.1-95）。

6) 计算初定带的有效长度 L_{e0} 和中心距 a_0。
初定中心距 $a_0=955\text{mm}$，
初定带的有效长度
$$L_{e0}=2a_0+\frac{\pi}{2}(d_{e1}+d_{e2})+\frac{(d_{e2}-d_{e1})^2}{4a_0}$$
$$=\left[2\times955+\frac{\pi}{2}(200+125)+\frac{(200-125)^2}{4\times955}\right]\text{mm}$$
$$=2422\text{mm}$$

由表 6.1-92 选标准带长 $L_e=2360\text{mm}$。

7) 计算实际中心距 a。
$$a=a_0+\frac{L_e-L_{e0}}{2}$$
$$=\left(955+\frac{2360-2422}{2}\right)\text{mm}$$
$$=924\text{mm}$$

8) 确定中心距调整量。由表 6.1-96 得，$\Delta_{min}=29\text{mm}$，$\delta_{min}=25\text{mm}$。中心距尺寸范围为
$$(a-\delta)\sim(a+\Delta)$$
$$=[(924-25)\sim(924+29)]\text{mm}$$
$$=899\sim953\text{mm}$$

9) 计算小带轮包角 α_1，确定包角系数 K_α。
$$\alpha_1=180°-\frac{d_{e2}-d_{e1}}{a}\times57.3°$$
$$=180°-\frac{200-125}{924}\times57.3°=175.3°$$
查表 6.1-97 得 $K_\alpha=0.985$。

10) 确定带长修正系数 K_L。由表 6.1-98 查得
$$K_L=0.96$$

11) 确定每楔传递的基本额定功率 P_0 和传动比引起的功率增量 ΔP_0。由表 6.1-100b 查得 $P_0=0.908\text{kW}$，$\Delta P_0=0.042\text{kW}$。

每楔能传递功率 $P_0+\Delta P_0=(0.908+0.042)\text{kW}=0.95\text{kW}$。

12) 确定带的楔数。

表6.1-100a　PJ型多楔带每楔传递的

小 带 轮 有 效

PJ型多楔带包角180°时每楔传递的

小轮转速 n_1 /r·min^{-1}	20	22.4	25	28	31.5	35.5	37.5	40	42.5	45	47.5	50	53	56	60	63	71
200	0.01	0.01	0.01	0.01	0.01	0.01	0.01	0.02	0.02	0.02	0.02	0.03	0.03	0.03	0.04	0.04	0.04
300	0.01	0.01	0.01	0.01	0.01	0.02	0.02	0.03	0.03	0.03	0.04	0.04	0.04	0.04	0.04	0.05	0.06
400	0.01	0.01	0.01	0.02	0.02	0.03	0.03	0.04	0.04	0.04	0.04	0.05	0.05	0.06	0.06	0.07	0.07
500	0.01	0.01	0.01	0.02	0.03	0.04	0.04	0.04	0.04	0.05	0.06	0.06	0.07	0.07	0.07	0.08	0.10
600	0.01	0.01	0.02	0.02	0.03	0.04	0.04	0.05	0.05	0.06	0.07	0.07	0.07	0.08	0.09	0.10	0.11
700	0.01	0.01	0.02	0.03	0.04	0.04	0.05	0.06	0.06	0.07	0.07	0.08	0.09	0.10	0.10	0.11	0.13
800	0.01	0.01	0.02	0.03	0.04	0.05	0.06	0.07	0.07	0.07	0.08	0.09	0.10	0.10	0.11	0.12	0.14
900	0.01	0.01	0.02	0.04	0.04	0.06	0.06	0.07	0.07	0.08	0.09	0.10	0.11	0.12	0.13	0.13	0.16
950	0.01	0.02	0.03	0.04	0.04	0.06	0.07	0.07	0.08	0.09	0.10	0.10	0.11	0.12	0.13	0.14	0.16
1000	0.01	0.02	0.03	0.04	0.05	0.06	0.07	0.07	0.08	0.09	0.10	0.11	0.12	0.13	0.13	0.15	0.17
1100	0.01	0.02	0.03	0.04	0.05	0.07	0.07	0.08	0.09	0.10	0.11	0.12	0.13	0.14	0.15	0.16	0.19
1160	0.01	0.02	0.03	0.04	0.05	0.07	0.07	0.08	0.10	0.10	0.11	0.13	0.13	0.14	0.16	0.17	0.19
1200	0.01	0.02	0.03	0.04	0.06	0.07	0.08	0.09	0.10	0.11	0.12	0.13	0.14	0.15	0.16	0.17	0.20
1300	0.01	0.02	0.03	0.04	0.06	0.07	0.08	0.10	0.10	0.12	0.13	0.13	0.15	0.16	0.17	0.19	0.22
1400	0.01	0.02	0.04	0.05	0.06	0.08	0.09	0.10	0.11	0.13	0.13	0.14	0.16	0.17	0.19	0.20	0.23
1425	0.01	0.02	0.04	0.05	0.07	0.08	0.09	0.10	0.11	0.13	0.13	0.15	0.16	0.17	0.19	0.20	0.23
1500	0.01	0.02	0.04	0.05	0.07	0.08	0.10	0.10	0.12	0.13	0.14	0.16	0.16	0.18	0.19	0.21	0.23
1600	0.01	0.02	0.04	0.05	0.07	0.09	0.10	0.11	0.13	0.14	0.15	0.16	0.18	0.19	0.21	0.22	0.25
1700	0.01	0.03	0.04	0.06	0.07	0.10	0.10	0.12	0.13	0.15	0.16	0.17	0.19	0.20	0.22	0.23	0.27
1800	0.01	0.03	0.04	0.06	0.07	0.10	0.11	0.13	0.14	0.15	0.16	0.18	0.19	0.21	0.22	0.25	0.28
1900	0.01	0.03	0.04	0.06	0.08	0.10	0.12	0.13	0.15	0.16	0.17	0.19	0.20	0.22	0.24	0.25	0.30
2000	0.01	0.03	0.04	0.06	0.08	0.10	0.12	0.14	0.15	0.16	0.18	0.19	0.22	0.23	0.25	0.27	0.31
2200	0.01	0.03	0.04	0.07	0.09	0.11	0.13	0.15	0.16	0.18	0.19	0.21	0.23	0.25	0.27	0.29	0.34
2400	0.01	0.03	0.05	0.07	0.10	0.12	0.14	0.16	0.18	0.19	0.21	0.23	0.25	0.27	0.29	0.31	0.37
2600	0.01	0.03	0.05	0.07	0.10	0.13	0.15	0.17	0.19	0.21	0.22	0.25	0.27	0.29	0.31	0.34	0.39
2800	0.01	0.03	0.05	0.08	0.10	0.14	0.16	0.18	0.20	0.22	0.24	0.26	0.29	0.31	0.33	0.36	0.41
2850	0.01	0.03	0.05	0.08	0.11	0.14	0.16	0.18	0.20	0.22	0.25	0.26	0.29	0.31	0.34	0.37	0.42
3000	0.01	0.04	0.06	0.08	0.11	0.15	0.17	0.19	0.21	0.23	0.25	0.28	0.30	0.33	0.35	0.38	0.44
3200	0.01	0.04	0.06	0.09	0.12	0.16	0.18	0.20	0.22	0.25	0.27	0.29	0.31	0.34	0.37	0.40	0.46
3400	0.01	0.04	0.06	0.09	0.13	0.16	0.19	0.21	0.23	0.25	0.28	0.31	0.34	0.36	0.39	0.42	0.48
3600	0.01	0.04	0.06	0.10	0.13	0.17	0.19	0.22	0.25	0.27	0.29	0.32	0.35	0.37	0.40	0.44	0.51
4000	0.01	0.04	0.07	0.10	0.14	0.18	0.21	0.24	0.27	0.29	0.32	0.34	0.38	0.41	0.44	0.48	0.55
5000	—	0.04	0.07	0.12	0.16	0.22	0.25	0.28	0.31	0.35	0.38	0.41	0.45	0.48	0.52	0.57	0.65
6000	—	0.04	0.08	0.13	0.19	0.25	0.28	0.32	0.36	0.40	0.43	0.47	0.51	0.55	0.60	0.64	0.74
7000	—	0.04	0.08	0.14	0.20	0.27	0.31	0.36	0.40	0.44	0.48	0.52	0.57	0.61	0.66	0.71	0.84*
8000	—	0.04	0.09	0.15	0.22	0.29	0.34	0.39	0.43	0.48	0.52	0.57	0.61	0.66	0.71	0.76	0.89*
9000	—	0.03	0.09	0.16	0.23	0.31	0.37	0.42	0.46	0.51	0.56	0.60	0.65	0.70	0.75*	0.79*	0.92*
10000	—	0.02	0.09	0.16	0.24	0.33	0.38	0.43	0.48	0.54	0.58	0.63	0.68*	0.72*	0.77*	0.81*	0.92*

注：带轮材料：圆周速度小于27m/s时，为正常运转情况，标准带轮用灰铸铁制造；大于27m/s时，向制造厂咨询。带

基本额定功率 P_0（kW）（摘自 JB/T 5983—1992）

直径 d_{e1}/mm								传 动 比 i									
75	80	95	100	112	125	140	150	1.00~1.01	1.02~1.05	1.06~1.11	1.12~1.18	1.19~1.26	1.27~1.38	1.39~1.57	1.58~1.94	1.95~3.38	≥3.39
基本额定功率 P_0/kW								由传动比 i 引起的功率增量 ΔP_0/kW									
0.04	0.04	0.06	0.06	0.07	0.08	0.09	0.10	0.00	0.00	0.00	0.00	0.00	0.00	0.00	0.00	0.00	0.00
0.07	0.07	0.08	0.09	0.10	0.11	0.13	0.14	0.00	0.00	0.00	0.00	0.00	0.00	0.00	0.00	0.00	0.00
0.08	0.09	0.10	0.12	0.13	0.15	0.16	0.18	0.00	0.00	0.00	0.00	0.00	0.00	0.00	0.00	0.00	0.00
0.10	0.10	0.13	0.14	0.16	0.18	0.20	0.22	0.00	0.00	0.00	0.00	0.00	0.00	0.00	0.00	0.00	0.00
0.12	0.13	0.16	0.16	0.19	0.21	0.24	0.25	0.00	0.00	0.00	0.00	0.00	0.00	0.00	0.01	0.01	0.01
0.13	0.14	0.18	0.19	0.19	0.25	0.28	0.30	0.00	0.00	0.00	0.00	0.00	0.00	0.00	0.01	0.01	0.01
0.16	0.16	0.20	0.22	0.25	0.28	0.31	0.33	0.00	0.00	0.00	0.00	0.00	0.01	0.01	0.01	0.01	0.01
0.17	0.18	0.22	0.24	0.27	0.31	0.34	0.37	0.00	0.00	0.00	0.00	0.00	0.01	0.01	0.01	0.01	0.01
0.18	0.19	0.23	0.25	0.28	0.32	0.36	0.39	0.00	0.00	0.00	0.00	0.01	0.01	0.01	0.01	0.01	0.01
0.19	0.19	0.25	0.26	0.30	0.34	0.37	0.40	0.00	0.00	0.00	0.00	0.01	0.01	0.01	0.01	0.01	0.01
0.20	0.22	0.26	0.28	0.32	0.37	0.41	0.44	0.00	0.00	0.00	0.00	0.01	0.01	0.01	0.01	0.01	0.01
0.21	0.22	0.28	0.30	0.34	0.38	0.43	0.46	0.00	0.00	0.00	0.00	0.01	0.01	0.01	0.01	0.01	0.01
0.22	0.23	0.28	0.31	0.35	0.39	0.44	0.47	0.00	0.00	0.00	0.01	0.01	0.01	0.01	0.01	0.01	0.01
0.23	0.25	0.31	0.33	0.37	0.42	0.47	0.51	0.00	0.00	0.00	0.01	0.01	0.01	0.01	0.01	0.01	0.01
0.25	0.26	0.33	0.35	0.40	0.45	0.51	0.54	0.00	0.00	0.00	0.01	0.01	0.01	0.01	0.01	0.01	0.01
0.25	0.27	0.33	0.36	0.40	0.46	0.51	0.55	0.00	0.00	0.00	0.01	0.01	0.01	0.01	0.01	0.01	0.01
0.27	0.28	0.34	0.37	0.43	0.48	0.54	0.57	0.00	0.00	0.00	0.01	0.01	0.01	0.01	0.01	0.01	0.01
0.28	0.30	0.37	0.40	0.45	0.50	0.56	0.60	0.00	0.00	0.00	0.01	0.01	0.01	0.01	0.01	0.01	0.01
0.30	0.31	0.39	0.42	0.47	0.53	0.60	0.63	0.00	0.00	0.00	0.01	0.01	0.01	0.01	0.01	0.01	0.01
0.31	0.33	0.40	0.43	0.49	0.55	0.63	0.67	0.00	0.00	0.00	0.01	0.01	0.01	0.01	0.01	0.01	0.01
0.33	0.34	0.43	0.46	0.51	0.58	0.65	0.70	0.00	0.00	0.00	0.01	0.01	0.01	0.01	0.01	0.01	0.01
0.34	0.36	0.44	0.48	0.54	0.61	0.68	0.73	0.00	0.00	0.00	0.01	0.01	0.01	0.01	0.01	0.01	0.01
0.37	0.39	0.48	0.51	0.59	0.66	0.73	0.78	0.00	0.00	0.00	0.01	0.01	0.01	0.01	0.01	0.01	0.01
0.40	0.42	0.51	0.55	0.63	0.70	0.78	0.84	0.00	0.00	0.00	0.01	0.01	0.01	0.01	0.01	0.01	0.01
0.43	0.45	0.55	0.59	0.67	0.75	0.84	0.90	0.00	0.00	0.01	0.01	0.01	0.01	0.01	0.01	0.01	0.02
0.45	0.48	0.58	0.63	0.71	0.79	0.89	0.94	0.00	0.00	0.01	0.01	0.01	0.01	0.01	0.01	0.02	0.02
0.46	0.48	0.60	0.63	0.72	0.81	0.90	0.95	0.00	0.00	0.01	0.01	0.01	0.01	0.01	0.01	0.02	0.02
0.48	0.51	0.62	0.66	0.75	0.84	0.93	0.99	0.00	0.00	0.01	0.01	0.01	0.01	0.01	0.01	0.02	0.02
0.50	0.53	0.65	0.70	0.79	0.87	0.97	1.03	0.00	0.00	0.01	0.01	0.01	0.01	0.01	0.01	0.02	0.02
0.53	0.56	0.68	0.73	0.83	0.92	1.01	1.07	0.00	0.00	0.01	0.01	0.01	0.01	0.02	0.02	0.02	0.02
0.55	0.58	0.72	0.76	0.86	0.95	1.05	1.11*	0.00	0.00	0.01	0.01	0.01	0.01	0.02	0.02	0.02	0.03
0.60	0.63	0.81	0.82	0.93	1.01	1.11*	1.17*	0.00	0.00	0.01	0.01	0.01	0.02	0.02	0.02	0.02	0.03
0.71	0.75	0.90	0.95	1.09*	1.14*	1.22*	1.25*	0.00	0.00	0.01	0.01	0.02	0.03	0.03	0.03	0.04	0.04
0.80	0.84	0.98*	1.04*	1.13*	1.19*	1.22*	1.25*	0.00	0.00	0.01	0.01	0.02	0.03	0.04	0.04	0.04	0.04
0.87*	0.90*	1.04*	1.09*	1.14*	1.16*			0.00	0.01	0.01	0.02	0.03	0.04	0.04	0.04	0.04	0.05
0.91*	0.95*	1.06*	1.08*	0.09*				0.00	0.01	0.01	0.02	0.03	0.04	0.04	0.05	0.05	0.06
0.93*	0.96*	1.03*	1.02*					0.00	0.01	0.01	0.03	0.04	0.04	0.05	0.06	0.06	0.07
0.93*	0.95*	0.95*						0.00	0.01	0.01	0.03	0.04	0.04	0.06	0.07	0.07	0.07

"＊"者圆周速度大于 27m/s。

表 6.1-100b　PL 型多楔带每楔传递的

小轮转速 n_1 /r·min^{-1}	小带轮有效																
	75	80	90	95	100	106	112	118	125	132	140	150	160	170	180	200	212
	PL 型多楔带包角180°时每楔传递的																
100	0.07	0.08	0.10	0.11	0.12	0.13	0.13	0.14	0.16	0.17	0.19	0.20	0.22	0.24	0.25	0.28	0.30
200	0.11	0.15	0.19	0.20	0.22	0.23	0.25	0.26	0.30	0.31	0.34	0.37	0.40	0.43	0.46	0.52	0.55
300	0.19	0.22	0.26	0.28	0.31	0.33	0.35	0.37	0.42	0.44	0.48	0.53	0.57	0.62	0.66	0.75	0.79
400	0.24	0.27	0.33	0.36	0.39	0.42	0.45	0.48	0.54	0.57	0.63	0.67	0.74	0.80	0.86	0.97	1.02
500	0.28	0.32	0.40	0.43	0.47	0.51	0.54	0.58	0.66	0.69	0.76	0.83	0.90	0.97	1.01	1.18	1.25
540	0.31	0.34	0.43	0.46	0.50	0.54	0.58	0.62	0.70	0.74	0.81	0.89	0.96	1.04	1.11	1.26	1.34
575	0.32	0.37	0.45	0.49	0.53	0.57	0.61	0.66	0.74	0.78	0.86	0.94	1.01	1.10	1.17	1.33	1.41
600	0.33	0.37	0.46	0.51	0.55	0.60	0.63	0.68	0.76	0.81	0.89	0.97	1.05	1.13	1.22	1.38	1.46
700	0.37	0.43	0.53	0.57	0.63	0.68	0.72	0.78	0.89	0.92	1.01	1.11	1.21	1.30	1.40	1.58	1.67
800	0.42	0.47	0.59	0.64	0.70	0.75	0.81	0.87	0.98	1.03	1.14	1.25	1.35	1.46	1.57	1.77	1.87
900	0.46	0.52	0.65	0.71	0.77	0.84	0.90	0.95	1.08	1.14	1.26	1.38	1.50	1.61	1.73	1.96	2.07
1000	0.49	0.57	0.70	0.78	0.84	0.91	0.98	1.04	1.18	1.25	1.38	1.51	1.63	1.77	1.89	2.14	2.27
1100	0.54	0.61	0.76	0.84	0.91	0.98	1.06	1.13	1.28	1.35	1.49	1.63	1.78	1.91	2.05	2.32	2.45
1200	0.57	0.66	0.82	0.90	0.98	1.06	1.14	1.22	1.37	1.45	1.60	1.76	1.91	2.06	2.21	2.49	2.63
1300	0.60	0.69	0.87	0.95	1.04	1.13	1.22	1.30	1.47	1.55	1.72	1.88	2.04	2.20	2.36	2.66	2.81
1400	0.64	0.74	0.93	1.01	1.11	1.20	1.29	1.38	1.56	1.65	1.83	2.00	2.17	2.33	2.50	2.83	2.98
1500	0.68	0.78	0.98	1.07	1.17	1.27	1.37	1.46	1.65	1.75	1.93	2.19	2.29	2.47	2.65	2.98	3.16
1600	0.71	0.81	1.03	1.13	1.23	1.34	1.44	1.54	1.74	1.84	2.04	2.22	2.42	2.60	2.78	3.14	3.31
1700	0.75	0.86	1.07	1.19	1.30	1.37	1.51	1.62	1.83	1.93	2.13	2.33	2.54	2.73	2.92	3.29	3.47
1800	0.78	0.90	1.13	1.24	1.36	1.47	1.58	1.69	1.91	2.02	2.23	2.42	2.65	2.85	3.05	3.43	3.62
1900	0.81	0.93	1.17	1.30	1.42	1.53	1.65	1.77	1.99	2.11	2.33	2.55	2.76	2.98	3.18	3.57	3.76
2000	0.84	0.97	1.22	1.35	1.47	1.60	1.72	1.84	2.07	2.19	2.42	2.65	2.87	3.09	3.30	3.71	3.90
2100	0.87	1.00	1.27	1.40	1.53	1.66	1.78	1.91	2.16	2.28	2.51	2.75	2.98	3.20	3.42	3.80	4.03
2200	0.90	1.04	1.31	1.45	1.58	1.72	1.85	1.98	2.23	2.36	2.60	2.85	3.08	3.31	3.54	3.95	4.16
2300	0.93	1.07	1.36	1.50	1.63	1.78	1.91	2.04	2.31	2.44	2.69	2.94	3.19	3.42	3.64	4.07	4.27
2400	0.95	1.10	1.40	1.54	1.69	1.84	1.97	2.11	2.39	2.51	2.78	3.03	3.27	3.51	3.74	4.18	4.38
2600	1.01	1.17	1.48	1.64	1.79	1.94	2.09	2.24	2.53	2.66	2.94	3.21	3.46	3.71	3.94	4.38	4.58*
2800	1.06	1.23	1.57	1.73	1.89	2.05	2.21	2.36	2.66	2.80	3.09	3.36	3.63	3.88	4.11	4.54*	4.74*
2900	1.08	1.26	1.60	1.77	1.93	2.10	2.26	2.42	2.72	2.87	3.16	3.44	3.70	3.95	4.19*	4.62*	4.81*
3000	1.10	1.29	1.64	1.81	1.98	2.15	2.31	2.47	2.78	2.94	3.23	3.51	3.71	4.03	4.27*	4.68*	4.87*
3500	1.22	1.42	1.81	2.01	2.19	2.37	2.55	2.72	3.06	3.22	3.53	3.81*	4.08*	4.31*	4.54*		
4000	1.31	1.53	1.96	2.16	2.36	2.56	2.75	2.93	3.27	3.44*	3.74*	4.02*	4.26*				
4500	1.39	1.63	2.08	2.30	2.51	2.71	2.90	3.08	3.42*	3.58*	3.87*						
5000	1.45	1.69	2.17	2.39	2.60	2.80*	3.00*	3.18*	3.51*	3.65*							

注："*" 同表 6.1-100a 注。

基本额定功率 P_0（kW）（摘自 JB/T 5983—1992）

直径 d_{e1}/mm							传 动 比 i									
224	236	250	280	300	315	355	1.00~1.01	1.02~1.05	1.06~1.11	1.12~1.18	1.19~1.26	1.27~1.38	1.39~1.57	1.58~1.94	1.95~3.38	≥3.39
基本额定功率 P_0/kW							由传动比 i 引起的功率增量 ΔP_0/kW									
0.31	0.33	0.37	0.40	0.44	0.48	0.51	0.00	0.00	0.00	0.00	0.01	0.01	0.01	0.01	0.01	0.01
0.58	0.61	0.67	0.75	0.82	0.89	0.96	0.00	0.00	0.00	0.01	0.01	0.01	0.01	0.01	0.01	0.01
0.84	0.88	0.96	1.07	1.17	1.28	1.38	0.00	0.00	0.01	0.01	0.01	0.01	0.01	0.02	0.02	0.02
1.08	1.13	1.25	1.38	1.51	1.65	1.78	0.00	0.00	0.01	0.01	0.02	0.02	0.03	0.03	0.03	0.03
1.31	1.38	1.51	1.68	1.84	2.01	2.16	0.00	0.00	0.01	0.01	0.02	0.02	0.03	0.03	0.04	0.04
1.40	1.48	1.62	1.80	1.97	2.14	2.31	0.00	0.00	0.01	0.01	0.02	0.03	0.03	0.04	0.04	0.04
1.48	1.56	1.71	1.89	2.08	2.26	2.44	0.00	0.00	0.01	0.01	0.02	0.03	0.04	0.04	0.04	0.04
1.54	1.62	1.78	1.97	2.16	2.35	2.54	0.00	0.00	0.01	0.01	0.03	0.03	0.04	0.04	0.04	0.04
1.76	1.85	2.03	2.25	2.47	2.68	2.89	0.00	0.01	0.01	0.02	0.03	0.04	0.04	0.04	0.05	0.05
1.98	2.07	2.28	2.52	2.76	3.00	3.23	0.00	0.01	0.01	0.02	0.03	0.04	0.04	0.05	0.06	0.06
2.19	2.30	2.51	2.78	3.05	3.30	3.56	0.00	0.01	0.01	0.03	0.04	0.04	0.05	0.06	0.07	0.07
2.39	2.51	2.75	3.04	3.32	3.60	3.86	0.00	0.01	0.01	0.03	0.04	0.05	0.06	0.07	0.07	0.07
2.59	2.72	2.97	3.28	3.59	3.88	4.16	0.00	0.01	0.02	0.03	0.04	0.05	0.07	0.07	0.08	0.08
2.78	2.92	3.19	3.83	3.83	4.14	4.44	0.00	0.01	0.02	0.04	0.05	0.06	0.07	0.08	0.09	0.09
2.96	3.11	3.39	3.74	4.07	4.39	4.69	0.00	0.01	0.02	0.05	0.06	0.07	0.08	0.09	0.09	0.10
3.14	3.30	3.60	3.96	4.30	4.63	4.93	0.00	0.01	0.02	0.04	0.06	0.07	0.08	0.09	0.10	0.10
3.32	3.48	3.79	4.16	4.51	4.85	5.15	0.00	0.01	0.03	0.04	0.06	0.07	0.09	0.10	0.10	0.11
3.48	3.65	3.98	4.36	4.71	5.05 *	5.35 *	0.00	0.01	0.03	0.04	0.07	0.08	0.10	0.10	0.11	0.12
3.65	3.82	4.15	4.54	4.90	5.23 *	5.53 *	0.00	0.01	0.03	0.05	0.07	0.08	0.10	0.11	0.12	0.13
3.80	3.98	4.31	4.71	5.07 *	5.39 *	5.68 *	0.00	0.01	0.03	0.05	0.07	0.09	0.10	0.12	0.13	0.13
3.95	4.16	4.47	4.86 *	5.22 *	5.54 *	5.80 *	0.00	0.01	0.03	0.06	0.07	0.10	0.11	0.13	0.13	0.14
4.05	4.27	4.62	5.01 *	5.36 *	5.66 *		0.00	0.01	0.03	0.06	0.08	0.10	0.12	0.13	0.14	0.15
4.22	4.41	4.75 *	5.14 *	5.50 *			0.00	0.01	0.04	0.07	0.09	0.10	0.12	0.13	0.14	0.16
4.35	4.53	4.88 *	5.26 *	5.58 *			0.00	0.01	0.04	0.07	0.09	0.11	0.13	0.14	0.16	0.16
4.46	4.65	4.99 *	5.33 *				0.00	0.01	0.04	0.07	0.10	0.11	0.13	0.15	0.16	0.17
4.57 *	4.75 *	5.09 *	5.45 *				0.00	0.01	0.04	0.07	0.10	0.12	0.14	0.16	0.17	0.18
4.77 *	4.95 *	5.28 *					0.00	0.01	0.04	0.08	0.10	0.13	0.15	0.17	0.19	0.19
4.92 *	5.09 *						0.00	0.01	0.05	0.08	0.11	0.14	0.16	0.19	0.20	0.22
4.99 *	5.15 *						0.00	0.01	0.05	0.09	0.12	0.14	0.17	0.19	0.21	0.22
5.04 *							0.00	0.02	0.05	0.09	0.13	0.15	0.18	0.19	0.22	0.23
							0.00	0.02	0.06	0.10	0.14	0.17	0.20	0.23	0.25	0.27
							0.00	0.02	0.07	0.12	0.16	0.20	0.23	0.26	0.28	0.31
							0.00	0.03	0.07	0.13	0.19	0.22	0.26	0.30	0.32	0.34
							0.00	0.03	0.09	0.15	0.21	0.25	0.29	0.33	0.36	0.38

表 6.1-100c　PM 型多楔带每楔传递的

小 带 轮 有 效

PM 型多楔带包角 180°时每楔传递的

小轮转速 n_1 /r·min⁻¹	180	200	212	236	250	265	280	300	315	355	375	400	450
100	0.58	0.72	0.79	0.85	0.99	1.06	1.13	1.26	1.33	1.53	1.60	1.79	2.05
200	1.03	1.20	1.42	1.55	1.81	1.93	2.06	2.31	2.44	2.80	2.93	3.30	3.78
300	1.43	1.81	2.00	2.19	2.55	2.74	2.92	3.28	3.46	3.99	4.17	4.69	5.39
400	1.81	2.30	2.54	2.78	3.26	3.50	3.73	4.20	4.43	5.12	5.34	6.01	6.39
500	2.16	2.76	3.06	3.55	3.93	4.21	4.50	5.07	5.35	6.18	6.45	7.26	8.32
540	2.30	2.94	3.25	3.57	4.19	4.50	4.80	5.41	5.71	6.59	6.88	7.43	8.86
575	2.42	3.09	3.42	3.76	4.41	4.74	5.06	5.69	6.01	6.95	7.25	8.15	9.33
600	2.50	3.20	3.54	3.89	4.57	4.91	5.24	5.90	6.22	7.19	7.50	8.44	9.65
675	2.74	3.51	3.90	4.28	5.03	5.40	5.77	6.50	6.86	7.92	8.26	9.28	10.59
700	2.81	3.62	4.01	4.41	5.18	5.57	5.95	6.69	7.06	8.15	8.50	9.55	10.89
800	3.12	4.02	4.16	4.90	5.77	6.19	6.62	7.45	7.86	9.05	9.44	10.59	12.04
870	3.33	4.29	4.77	5.24	6.16	6.62	7.06	7.94	8.38	9.65	10.02	11.26	12.78
900	3.41	4.40	4.89	5.37	6.33	6.79	7.25	8.15	8.60	9.90	10.32	11.54	13.08
1000	3.69	4.77	5.30	5.83	6.86	7.36	7.86	8.83	9.30	10.68	11.13	12.41	14.01
1100	3.95	5.12	5.69	6.25	7.36	7.89	8.43	9.46	9.96	11.41	11.88	13.20	14.82
1200	4.20	5.45	6.06	6.66	7.83	8.40	8.96	10.04	10.57	12.07	12.54	13.89	15.49*
1300	4.43	5.76	6.41	7.04	8.27	8.87	9.46	10.59	11.12	12.66	13.14	14.49*	16.03*
1400	4.66	6.06	6.74	7.40	8.69	9.31	9.91	10.70	11.63	13.17	13.66	14.97*	16.42*
1500	4.86	6.33	7.04	7.74	9.07	9.71	10.33	11.51	12.07	13.01*	14.08*	15.34*	
1600	5.66	6.59	7.33	8.05	9.42	10.08	10.71	11.90	11.99	13.91*	14.43*	15.60*	
1700	5.24	6.83	7.59	8.33	9.74	10.40	11.04	12.22	12.78*	14.24*	14.66*		
1800	5.41	7.05	7.83	8.59	10.02	10.63	11.32	12.50*	13.03*	14.43*	14.81*		
1900	5.56	7.25	8.05	8.82	10.26	10.93	11.56*	12.70*	13.22*	14.51*			
2000	5.70	7.43	8.24	9.02	10.46	11.12*	11.74*	12.85*	13.34*				
2200	5.92	7.71	8.54	9.33	10.74*	11.38*	11.95*	12.94*					
2400	6.09	7.91	8.74	9.50*	10.85*	11.43*	11.94*						
2600	6.18	8.00*	8.81*	9.54*	10.78*								
2800	6.20	7.99*	8.76*	9.44*									
2900	6.18	7.94*	8.68*	9.33*									
3000	6.13*	7.86*	8.57*										
3400	5.45*												
3800	5.04*												

注："＊"同表 6.1-100a 注。

基本额定功率 P_0 (kW) (摘自 JB/T 5983—1992)

直径 d_{e1}/mm				传 动 比 i									
500	560	600	710	1.00 ~ 1.01	1.02 ~ 1.05	1.06 ~ 1.11	1.12 ~ 1.18	1.19 ~ 1.26	1.27 ~ 1.38	1.39 ~ 1.57	1.58 ~ 1.94	1.95 ~ 3.38	≥3.39
基本额定功率 P_0/kW				由传动比 i 引起的功率增量 ΔP_0/kW									
2.31	2.56	2.81	3.05	0.00	0.01	0.01	0.02	0.03	0.04	0.04	0.05	0.05	0.06
4.26	4.73	5.19	5.60	0.00	0.01	0.02	0.04	0.06	0.07	0.09	0.10	0.10	0.11
6.06	6.74	7.39	8.04	0.00	0.01	0.04	0.07	0.09	0.11	0.13	0.15	0.16	0.17
7.76	8.61	9.44	10.25	0.00	0.02	0.05	0.09	0.12	0.15	0.17	0.19	0.22	0.22
9.35	10.35	11.32	12.26	0.00	0.02	0.07	0.11	0.16	0.19	0.22	0.25	0.27	0.28
9.95	11.01	12.03	13.02	0.00	0.02	0.07	0.12	0.16	0.20	0.24	0.26	0.29	0.31
10.47	11.56	12.62	13.64	0.00	0.03	0.07	0.13	0.18	0.22	0.25	0.28	0.31	0.33
10.82	11.95	13.04	14.08	0.00	0.03	0.07	0.13	0.19	0.22	0.26	0.29	0.32	0.34
11.85	13.06	14.20	15.29	0.00	0.03	0.09	0.15	0.21	0.25	0.29	0.33	0.34	0.38
12.18	13.41	14.56	15.65	0.00	0.03	0.09	0.16	0.22	0.26	0.31	0.34	0.37	0.40
13.41	14.70	15.89	16.98*	0.00	0.04	0.10	0.18	0.25	0.30	0.35	0.40	0.43	0.46
14.20	15.49	16.89*	17.74*	0.00	0.04	0.11	0.19	0.27	0.32	0.38	0.43	0.46	0.49
14.50	15.81	16.99*	18.02*	0.00	0.04	0.12	0.20	0.28	0.34	0.40	0.44	0.48	0.51
15.45	16.73*	17.84*	18.76*	0.00	0.04	0.13	0.22	0.31	0.37	0.43	0.49	0.54	0.57
16.23*	17.44*	18.42*		0.00	0.05	0.14	0.25	0.34	0.41	0.48	0.54	0.59	0.62
16.84*	17.95*			0.00	0.06	0.16	0.27	0.37	0.45	0.52	0.59	0.64	0.68
17.26*				0.00	0.06	0.17	0.29	0.40	0.48	0.57	0.63	0.69	0.73
				0.00	0.07	0.18	0.31	0.43	0.52	0.61	0.69	0.75	0.79
				0.00	0.07	0.19	0.34	0.46	0.56	0.66	0.73	0.80	0.85
				0.00	0.07	0.21	0.38	0.49	0.60	0.69	0.78	0.85	0.90
				0.00	0.08	0.22	0.38	0.52	0.63	0.74	0.84	0.91	0.96
				0.00	0.08	0.23	0.40	0.55	0.67	0.78	0.89	0.96	1.01
				0.00	0.09	0.25	0.43	0.58	0.71	0.83	0.93	1.01	1.07
				0.00	0.10	0.26	0.45	0.61	0.75	0.87	0.98	1.07	1.13
				0.00	0.10	0.28	0.49	0.67	0.82	0.95	1.07	1.17	1.25
				0.00	0.11	0.31	0.54	0.74	0.90	1.04	1.18	1.28	1.36
				0.00	0.13	0.34	0.59	0.80	0.97	1.13	1.28	1.39	1.47
				0.00	0.13	0.37	0.63	0.86	1.04	1.22	1.37	1.49	1.58
				0.00	0.13	0.37	0.66	0.89	1.07	1.26	1.42	1.54	1.64
				0.00	0.14	0.39	0.68	0.92	1.11	1.31	1.47	1.60	1.69
				0.00	0.16	0.44	0.77	1.04	1.26	1.48	1.66	1.81	1.92
				0.00	0.18	0.49	0.86	1.41	1.41	1.66	1.87	2.03	2.15

$$z = \frac{P_d}{(P_0 + \Delta P_0) K_\alpha K_L}$$

$$= \frac{8.25}{0.95 \times 0.985 \times 0.96}$$

$$= 9.2$$

取 $z = 10$。

13）确定压轴力 F_Q。

带速 $v = \dfrac{\pi d_{e1} n_1}{60 \times 1000}$

$$= \frac{\pi \times 125 \times 720}{60 \times 1000} \text{m/s}$$

$$= 4.71 \text{m/s}$$

由此得带传动有效拉力

$$F_t = \frac{P_d \times 1000}{v}$$

$$= \frac{8.25 \times 1000}{4.71} \text{N}$$

$$= 1752 \text{N}$$

$$F_Q = K_r F_1 \sin \frac{\alpha_1}{2}$$

$$= \left(1.53 \times 1752 \times \sin \frac{175.3°}{2} \right) \text{N}$$

$$= 2555 \text{N}$$

6.4　多楔带带轮

多楔带带轮轮槽尺寸、公差见表 6.1-101、表 6.1-102，带轮每毫米有效直径的轮槽轴向圆跳动公差值为 0.002mm。轮槽表面粗糙度 Ra 的最大允许值为 $3.2\mu m$。

表 6.1-101　多楔带带轮轮槽尺寸（摘自 GB/T 16588—2009）　　　　　　（mm）

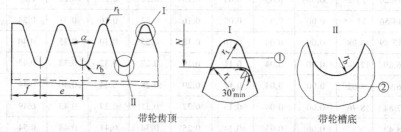

带轮齿顶　　　　　　　　　　　　带轮槽底

① 轮槽楔顶轮廓线可位于该区域任何部位，该轮廓线的两端应有一个与轮槽侧面相切的圆角（最小 30°）。

② 轮槽槽底轮廓线可位于 r_b 弧线以下。

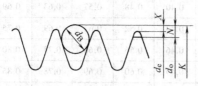

带轮直径

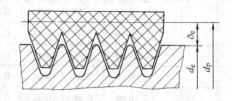

d_e—有效直径；d_o—外径；K—检验用圆球或圆柱的外切线之间的距离；d_B—检验用圆球或圆柱直径

δ_e—有效线差；d_p—节径节面位置

型　号	PH	PJ	PK	PL	PM
槽距 e	1.6±0.03	2.34±0.03	3.56±0.05	4.7±0.05	9.4±0.08
槽角 α	40°±0.5°	40°±0.5°	40°±0.5°	40°±0.5°	40°±0.5°
楔顶圆角半径 r_t(min)	0.15	0.2	0.25	0.4	0.75
槽底圆弧半径 r_b(max)	0.3	0.4	0.5	0.4	0.75
检验用圆球或圆柱直径 d_B	1±0.01	1.5±0.01	2.5±0.01	3.5±0.01	7±0.01
$2X$（公称值）	0.11	0.23	0.99	2.36	4.53
$2N$（max）	0.69	0.81	1.68	3.5	5.92
f(min)	1.3	1.8	2.5	3.3	6.4
带轮最小有效直径 d_e	13	20	45	75	180
有效线差公称值 δ_e	0.8	1.2	2	3	4

注：1. 表中所列 e 值极限偏差仅用于两相邻槽中心线的间距。

　　2. 槽距的累积误差不得超过 ±0.3mm。

　　3. 槽的中心线应对带轮轴线呈 90°±0.5°。

　　4. 尺寸 N 与带轮有效直径无关，它是检验用圆球或圆柱与轮槽的接触点到圆球（或圆柱）外缘间的径向距离。

表 6.1-102 多楔带带轮公差 （摘自 GB/T 16588—2009） （mm）

有效直径 d_e	径向圆跳动	槽间直径差值	
	公差值	槽 数	直径最大差值
$d_e \leqslant 74$	0.13	$n \leqslant 6$	0.1
		$n > 6$	$0.1 + (n-6) \times 0.003$
$74 < d_e \leqslant 500$	0.25	$n \leqslant 10$	0.15
		$n > 10$	$0.15 + (n-10) \times 0.005$
$d_e > 500$	$0.25 + (d_e - 250) \, 0.0004$	$n \leqslant 10$	0.25
		$n > 10$	$0.25 + (n-10) \times 0.01$

多楔带带和轮的标记要求见以下示例。

1) 带的标记示例：

10 PM 3350
- 有效长度(mm)
- 型号
- 槽数

2) 轮的标记示例：

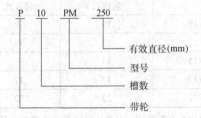

P 10 PM 250
- 有效直径(mm)
- 型号
- 槽数
- 带轮

7 双面传动带 （摘自 HG/T 3715—2011）

双面传动带有曲线齿双面同步带（简称双面同步带）和同步—多楔双面传动带（简称同步多楔带）两种，适用于粮食、纺织、轻工、化工、机床、橡塑机械双面传递动力的场合。

7.1 带的型号

双面同步带的结构如图 6.1-27 所示，其型号有 DH8M、DH14M、DR8M、DM14M、DS8M、DS14M，规格尺寸见表 6.1-68～表 6.1-71。

同步多楔带一面是曲线齿同步带，型号分别为 H8M、H14M、R8M、R14M、S8M、S14M，另一面为多楔带，型号分别为 PK 和 PL，如图 6.1-28 所示。

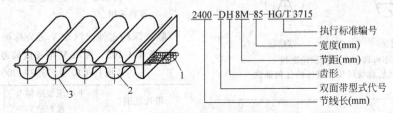

2400-DH 8M-85-HG/T 3715
- 执行标准编号
- 宽度(mm)
- 节距(mm)
- 齿形
- 双面带型式代号
- 节线长(mm)

图 6.1-27 双面同步带的结构
1—芯绳 2—带齿 3—齿面包布

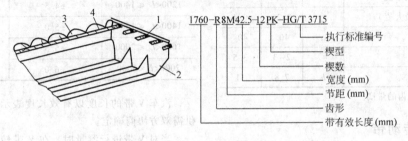

1760-R 8M42.5-12PK-HG/T 3715
- 执行标准编号
- 楔型
- 楔数
- 宽度(mm)
- 节距(mm)
- 齿形
- 带有效长度(mm)

图 6.1-28 同步多楔带的结构
1—芯绳 2—带楔 3—带齿 4—齿面包布

7.2　双面传动带的材料

带齿和带楔分别采用相应的橡胶配方，带齿和带楔排列分布要均匀。芯绳采用玻璃纤维线绳或芳纶纤维线绳，其捻度应均匀一致。齿面包布采用耐磨尼龙布，织物的经向和纬向的密度应均匀。

7.3　同步多楔带的尺寸

（1）同步多楔带带齿尺寸

同步多楔带中曲线齿带齿公称尺寸见表 6.1-68 ~ 表 6.1-71。

（2）带楔尺寸

同步多楔带的带楔横截面尺寸见表 6.1-103。

表 6.1-103　同步多楔带带楔横截面尺寸

（摘自 HG/T 3715—2011）　（mm）

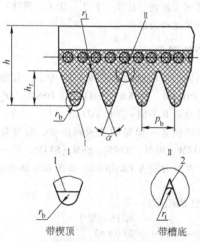

带楔顶　　　带槽底
1—带亦可选用平的楔顶轮廓线
2—带的楔底轮廓线可位于该区的任何部位

名　称	代号	型号 PK	型号 PL
楔距	p_b	3.56	4.7
楔顶圆弧半径（最小值）	r_b	0.5	0.4
楔底圆弧半径（最大值）	r_t	0.25	0.4
楔角	α	40°	40°
楔高（参考值）	h_r	2~3	3.5
带高（参考值）[①]	h	7.8	11

① 对应 H8M 齿的带高。

8　汽车用传动带

汽车用传动带多用于汽车的内燃机，用来驱动发电机、风扇、压缩机等辅助设备。内燃机曲轴和凸轮轴之间有的用同步带代替齿轮或链传动。汽车用传动带工作转速和工作环境温度较高，工作空间有一定限制，要求有一定寿命，在质量上有特定的要求。

8.1　汽车 V 带

汽车 V 带根据其结构分为包边式 V 带（简称包边带）和切边式 V 带（简称切边带）两种，切边带又分普通式、有齿式和底胶夹布式 3 种（见图 6.1-29）。汽车 V 带截面尺寸、长度偏差和配组差、带轮轮槽尺寸见表 6.1-104 ~ 表 6.1-106。

表 6.1-104　汽车 V 带截面尺寸

（摘自 GB/T 13352—2008）　（mm）

虚线以下部分可
为有齿状的凹槽

型　号	顶宽 W 包边式	顶宽 W 切边式
AV10	10	10
AV13	13	13
AV15	15	—
AV17	17	17
AV22	22	22

注：AV15 为老型号，主要是包边带，承载能力低，不推荐采用。

除特殊约定外，汽车 V 带公称楔角为 40°。

表 6.1-105　汽车 V 带长度偏差和配组差

（摘自 GB/T 13352—2008）　（mm）

带长范围	中心距极限偏差（推荐值）	配组中心距差值（推荐值）
$L_e \leqslant 1000$	±3.0	≤0.8
$1000 < L_e \leqslant 1200$	±4.0	≤0.8
$1200 < L_e \leqslant 1400$	±4.5	≤0.8
$1400 < L_e \leqslant 1600$	±5.0	≤1.6
$1600 < L_e \leqslant 2000$	±5.5	≤1.6
$2000 < L_e < 5000$	±6.0	≤1.6

汽车 V 带的长度以有效长度表示，其公称值由供需双方协定确定。

当对 V 带进行测量时，在 V 带转动一周中的带轮中心距变化量应符合要求。规定中心距变化量是为了保证 V 带的均匀性。

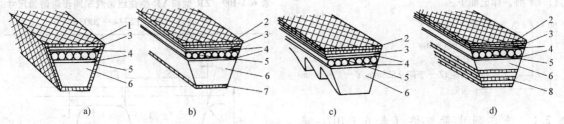

图 6.1-29　汽车 V 带结构（摘自 GB/T 12732—2008）

a）包布带　b）切边带（普通式）　c）切边带（有齿式）　d）切边带（底胶夹布式）

1—包布　2—顶布　3—顶胶　4—缓冲胶　5—抗拉体　6—底胶　7—底布　8—底胶夹布

表 6.1-106　汽车 V 带的带轮轮槽尺寸（摘自 GB/T 13352—2008）

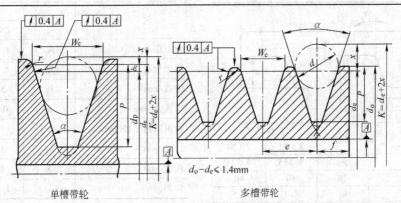

单槽带轮　　　　　　　　　　多槽带轮

项　目	型　号				
	AV10	AV13	AV15	AV17	AV22
轮槽的有效宽度 W_e/mm	9.7	12.7	14.7	16.8	21.5
槽角 α	36°±0°30′	36°±0°30′	36°±0°30′	36°±0°30′	36°±0°30′
最小槽深 P/mm	11.0	13.8(多槽 13.75)	15.0	16.0	19.0
轮槽侧上部最小圆角半径 r/mm	0.8	0.8	0.8	0.8	0.8
槽间距 e/mm	12.6±0.3	15.9±0.3	18.0±0.3	21.4±0.4	—
轮槽中心到端面的距离 f/mm	8±0.5	10±0.6	12±0.6	15±0.8	—

注：1. 轮槽的两侧应是光滑的；

轮槽的轴向和径向跳动分别通过测量在轮旋转一周中安装于轮槽中的百分表触头在轴向和径向读数最大值和最小值的差而测出，并且在测量过程中触头的球体在弹簧作用下始终与两侧壁相接触；

若轮槽底取圆弧形，半径可任选，但圆弧应在槽深 P 以下；

轮槽的每一截面的对称轴应与穿过带轮轴心线的半平面成 90°±2°的角；

对直径<57mm 的 AV10 型带轮、直径<70mm 的 AV13 型带轮、直径<102mm 的 AV15、AV17 型带轮和直径<132mm的 AV22 型带轮，槽角最好减至 34°。

2. 多于 2 个轮槽的中心距公差应在±0.6mm 的范围内。

汽车 V 带的标记内容包括型号、有效长度公称值、执行标准编号。

标记示例如下：

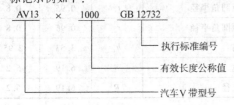

8.2　汽车同步带（GB/T 12734—2003）

汽车同步带有两大类、四种齿形：

梯形齿——ZA 型、ZB 型；

曲线齿——H 系列：ZH 型、YH 型；

　　　　　R 系列：ZR 型、YR 型；

　　　　　S 系列：ZS 型、YS 型。

汽车同步带的标记方法：例如，80 个齿，19mm

宽，ZA 型，标记如下：

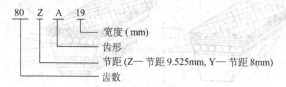

8.2.1　汽车同步带规格（表 6.1-107 ～ 表 6.1-110）

表 6.1-107　ZA 型和 ZB 型梯形齿汽车同步带带齿尺寸

（摘自 GB/T 12734—2003）

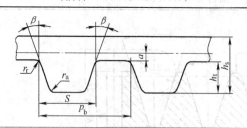

名　称	符号	公称尺寸	
		ZA 型	ZB 型
齿节距/mm	p_b	9.525	9.525
齿形角/(°)	2β	40	40
带高/mm	h_s	4.1	4.5
节线差/mm	a	0.686	0.686
齿根圆角半径/mm	r_r	0.51	1.02
齿顶圆角半径/mm	r_a	0.51	1.02
齿高/mm	h_t	1.91	2.29
齿宽/mm	S	4.65	6.12

表 6.1-108　ZH 和 YH 型曲线齿汽车同步带带齿尺寸

（摘自 GB/T 12734—2003）

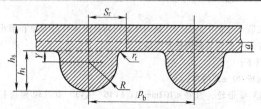

名　称	符号	公称尺寸/mm	
		ZH 型	YH 型
齿节距	p_b	9.525	8
带高	h_s	5.5	5.2
节线差	a	0.686	0.686
齿根圆角半径	r_r	0.76	0.64
齿高	h_t	3.5	3.04
齿半径	R	2.45	2.11
齿心下移量	Y	1.05	0.93
齿根半宽	S_r	3.27	2.84

表 6.1-109　ZR 型和 YR 型曲线齿汽车同步带带齿尺寸

（摘自 GB/T 12734—2003）

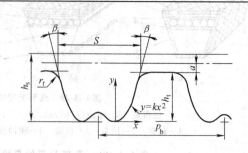

名　称	代号	公称尺寸	
		ZR 型	YR 型
齿节距/mm	p_b	9.525	8
齿形角/(°)	2β	32	30
带高/mm	h_s	5.4	5.1
节线差/mm	a	0.75	0.75
齿根圆角半径/mm	r_r	1	0.8
齿高/mm	h_t	3.2	2.8
齿宽/mm	S	5.5	5.3
齿形因子	k	1.228	1.692

表 6.1-110　ZS 型和 YS 型曲线齿汽车同步带带齿尺寸

（摘自 GB/T 12734—2003）

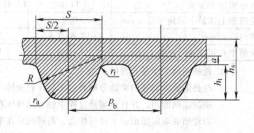

名　称	代号	公称尺寸/mm	
		ZS 型	YS 型
齿节距	p_b	9.525	8
带高	h_s	5.7	5.2
节线差	a	0.686	0.686
齿根圆角半径	r_r	0.95	0.8
齿顶圆角半径	r_a	0.95	0.8
齿高	h_t	3.53	2.95
齿宽	S	6.19	5.2
齿半径	R	6.19	5.2

8.2.2　汽车同步带带长和宽度的极限偏差（见表 6.1-111）

表 6.1-111a　汽车同步带节线长极限偏差

（摘自 GB/T 12734—2003）　（mm）

节线长范围	节线长极限偏差
$L_p \leqslant 381$	±0.45
$382 \leqslant L_p \leqslant 505$	±0.5
$506 \leqslant L_p \leqslant 762$	±0.6
$763 \leqslant L_p \leqslant 991$	±0.65
$992 \leqslant L_p \leqslant 1220$	±0.75
$1221 \leqslant L_p \leqslant 1524$	±0.8
$1525 \leqslant L_p \leqslant 1782$	±0.85
$1783 \leqslant L_p \leqslant 2030$	±0.9
$2031 \leqslant L_p \leqslant 2286$	±0.95
$2287 \leqslant L_p \leqslant 2544$	±1

带宽应由有关方面协商确定。带宽极限偏差见表 6.1-111b。

表 6.1-111b　汽车同步带带宽极限偏差

（摘自 GB/T 12734—2003）　（mm）

带宽范围	节线长范围中的带宽极限偏差	
	$L_p < 840$	$L_p \geqslant 840$
$b_s < 40$	±0.8	+0.8
$b_s \geqslant 40$	±0.8	+0.8 −1.3

注：对于特殊应用，可用较小的极限偏差。

8.2.3　带与带轮和轮槽的尺寸和间隙（见表 6.1-112）

表 6.1-112a　ZA 和 ZB 型带与带轮的尺寸和间隙（摘自 GB/T 12734—2003）

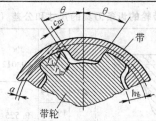

型号	最小间隙 c_m/mm	h_g/mm	r_b/mm	r_t/mm	θ/(°)	a/mm
ZA	0.33	2.68±0.1	0.85±0.1	0.85±0.1	20±1.5	0.686
ZB	0.38	3±0.1	1.23±0.1	1.23±0.1	20±1.5	0.686

表 6.1-112b　ZH 和 YH 型带与带轮的尺寸和间隙（摘自 GB/T 12734—2003）

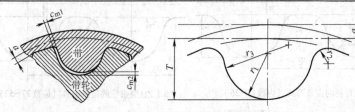

型号	a	最小间隙		r_1 ±0.05	r_2 ±0.05	r_3 ±0.05	T ±0.05
		c_{m1}	c_{m2}				
ZH	0.686	0.34	0.11	2.78	0.89	—①	3.61
YH	0.686	0.3	0.11	2.22	0.69	3.45	3.16

① 齿侧弧半径不适用于 ZH 型。

表 6.1-112c　ZR 和 YR 型带与带轮的间隙（摘自 GB/T 12734—2003）

型　号	齿数 z	最小间隙/mm		a/mm
		c_{m1}	c_{m2}	
ZR	20	0.34	0.11	0.75
YR	22	0.3	0.11	0.75

注：轮槽尺寸由 ISO9011：1997 规定的齿条刀具确定。

表 6.1-112d　ZS 和 YS 型带与带轮的轮槽尺寸和间隙（摘自 GB/T 12734—2003）

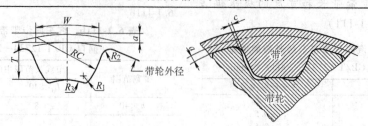

型号	a	最小间隙 c	W +0.1 0	RC +0.1 0	T ±0.03	R_1 ±0.05	R_2 +0.05 0	R_3 ±0.05
ZS	0.686	0.2	6.19	6.31	3.37	0.48	0.89	4.81
YS	0.686	0.24	5.2	5.3	2.83	0.4	0.75	4.04

8.2.4　汽车同步带轮（见表 6.1-113~表 6.1-117）

表 6.1-113　加工 ZA 和 ZB 带轮的齿条刀具的尺寸和公差（摘自 GB/T 10414.2—2002）（mm）

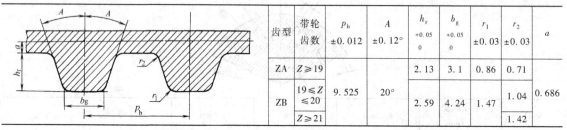

齿型	带轮齿数	p_b ±0.012	A ±0.12°	h_r +0.05 0	b_g +0.05 0	r_1 ±0.03	r_2 ±0.03	a
ZA	Z≥19			2.13	3.1	0.86	0.71	
ZB	19≤Z ≤20	9.525	20°	2.59	4.24	1.47	1.04	0.686
	Z≥21						1.42	

表 6.1-114　加工 ZH 和 YH 型带轮的齿条刀具的尺寸和公差（摘自 GB/T 10414.2—2002）
（mm）

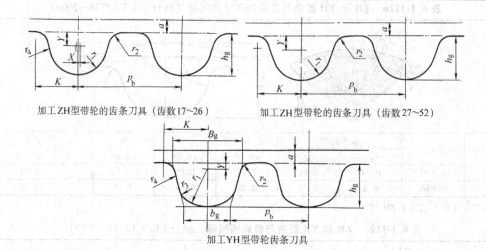

加工 ZH 型带轮的齿条刀具（齿数 17~26）　　　　加工 ZH 型带轮的齿条刀具（齿数 27~52）

加工 YH 型带轮齿条刀具

齿型	齿数 z	p_b ±0.012	B_g	b_g	h_g ±0.015	r_1 ±0.012	r_2 ±0.012	r_3 ±0.012	r_4 ±0.012	X	Y	K	a
ZH	17≤z≤26	9.525	—		3.43	2.41	0.95	—	6.67	0.058	1.02	3.7	0.686
	27≤z≤52				3.44	2.5					0.94	3.61	
YH	20≤z≤31	8	5.28	3	3.02	2.22	0.8	2	1.5	—	0.80	3.22	
	z≥32		5.08	3.11	3.06	2.17	0.67		1.1		0.89	3.06	

表 6.1-115 加工 ZR 和 YR 型带轮的齿条型刀具的尺寸和公差 （摘自 GB/T 10414.2—2002）

(mm)

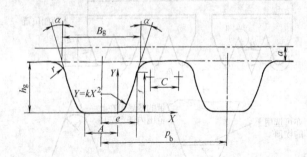

齿型	带轮齿数 z	p_b ±0.01	B_g +0.05 0	A	C	a	h_g ±0.02	r	α /(°)	齿型系数 k	e	f
ZR	$z \geqslant 20$	9.407	5.9	1.865	2.053	0.75	3.45	1	18	0.858	2.726	2.759
YR	$20 \leqslant z \leqslant 29$	7.786	5.6	2.788	0.959	0.75	2.92	0.8	15	1.496	2.641	2.327
	$z > 29$	7.893			1.066							

表 6.1-116 ZS 和 YS 型带轮的尺寸和公差 （摘自 GB/T 10414.2—2002）   (mm)

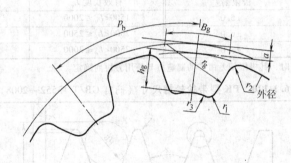

齿型	齿数 z	节距 p_b	B_g +0.1 0	r_g +0.1 0	h_g ±0.03	r_1 +0.1 +0	r_2 +0.1 +0	r_3 ±0.1	a
ZS	$z \geqslant 17$	9.525	6.19	6.31	3.37	0.48	0.89	4.81	0.686
YS	$z \geqslant 20$	8	5.2	5.3	2.83	0.4	0.75	4.04	

表 6.1-117 带轮公差 （摘自 GB/T 10414.2—2002）

(mm)

外径 d_0	节距允许变动量		带轮外径公差
	任意两相邻齿间	90°弧内累积	
$49 \leqslant d_0 \leqslant 99$	0.03	0.1	+0.1 0
$100 \leqslant d_0 \leqslant 178$	0.03	0.13	+0.13 0
$179 \leqslant d_0 \leqslant 305$	0.03	0.15	+0.15 0

8.3 汽车多楔带 （摘自 GB/T 13552—2008）

汽车多楔带一般采用 PK 型号。带楔数为 6、有效长度为 1500mm 的汽车多楔带标记为 6PK1500。

带的截面尺寸见表 6.1-118，有效长度极限偏差见表 6.1-119，轮槽尺寸见表 6.1-120。

表 6.1-118　带的截面尺寸（摘自 GB/T 13552—2008）　　　（mm）

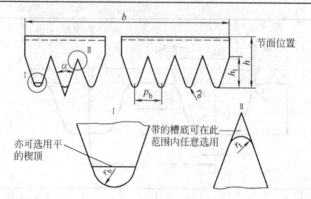

名　称	尺　寸	名　称	尺　寸
楔距 p_b	3.56	楔顶弧半径 r_b	0.5（最小值）
楔角 α	40°	带厚 h	4~6（参考）
楔底弧半径 r_t	0.25（最大值）	楔高 h_t	2~3（参考）

注：表中楔距和带高仅为参考值。楔距累积公差是一个重要指标，但它常常受带工作时的张紧力和抗拉体的模量的影响。

表 6.1-119　有效长度的极限偏差（摘自 GB/T 13552—2008）　　　（mm）

有效长度 L_e	极限偏差	有效长度 L_e	极限偏差
≤1000	±5.0	1500<L_e≤2000	±9.0
1000<L_e≤1200	±6.0	2000<L_e≤2500	±10.0
1200<L_e≤1500	±8.0	2500<L_e≤3000	±11.0

注：有效长度大于3000mm时，其极限偏差由带的制造方与使用方协商确定。

表 6.1-120　PK 型带轮轮槽尺寸（摘自 GB/T 13552—2008）　　　（mm）

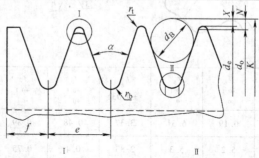

实际槽顶轮廓可位于该区域的任何部位。但其两角必须有不小于 30 的与槽侧相吻合接的过渡圆弧

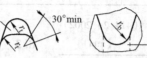

亦可选择低于圆弧 r_b 的槽底

项　目	极限偏差	规定值
槽距 e	±0.05①②	3.56
测量带轮槽角 α③	±0°15′	40°
运转试验带轮和实用带轮槽角 α③	±1°	40°
r_t	最小值	0.25
r_b	最大值	0.5
测量用球（或柱）直径 d_B	±0.01	2.5
$2X$	公称值	0.99

（续）

项　　目	极限偏差	规定值
$2N^{④}$	最大值	1.68
f	最小值	2.5

① e 值公差用于检测两相邻轮槽轴线间距。
② 任一带轮各槽 e 值偏差之和不得超出 $±0.3$mm。
③ 槽中心线与带轮轴线的夹角应为 $90°±0.5°$。
④ N 值与带轮公称直径无关，它是指从置于轮槽内的测量用球（或柱）与轮槽的接触点到测量用球（或柱）外缘之间的径向距离。

9　工业用变速宽 V 带

工业用变速宽 V 带的特征是相对高度（高度与节宽之比）约为 0.32，其尺寸、基准长度及偏差见表 6.1-121 和表 6.1-122。

表 6.1-121　工业用变速宽 V 带尺寸（摘自 GB/T 15327—2007）　（mm）

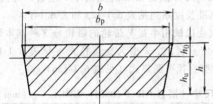

规定标记:工业用变速宽 V 带（GB/T 15327—2007）节宽型号 W25,高度 8mm,基准长度 710mm,角度 28°
标记示例:
W25×8×710-28GB/T 15327

型号		W16	W20	W25	W31.5	W40	W50	W63	W80	W100
顶宽 b		17	21	26	33	42	52	65	83	104
节宽 b_p		16	20	25	31.5	40	50	63	80	100
节线以上高度 h_0		1.5	1.75	2	2.5	3.2	4	5	6.5	8
节线以下高度 h_u		4.5	5.25	6	7.5	9.8	12	15	19.5	24
高度 h		6	7	8	10	13	16	20	26	32
露出高度 f	min	0	0	0	0	0	0	0	0	0
	max	1.2	1.8	1.8	1.8	2.4	2.4	3.0	3.0	3.6
拉伸强度≥/kN		4	7	10	13	20	28	33	40	50
全截面拉伸参考力/kN		3.2	5.6	8	10.4	16	22.4	26.4	32	40

注: 1. 表中 h、h_0、h_u 的数值按以下近似公式计算:
$h = 0.32b_p$
$h_0 = 0.08b_p = 0.25h$
$h_u = 0.24b_p = 0.75h$
2. 本标准中露出高度 f 系指带的顶面高于测量带轮上刻线 H_1 的高度,见表 6.1-123 图。

表 6.1-122　宽 V 带的基准长度及偏差（摘自 GB/T 15327—2007）　（mm）

基准长度		型　号								
L_d	极限偏差	W16	W20	W25	W31.5	W40	W50	W63	W80	W100
450	±10	×								
500		×								
560	±12	×	×							
630		×	×							
710	±14	×	×	×						
800	±16	×	×	×						
900	±18	×	×	×	×					
1000	±20	×	×	×	×					
1120	±22	×	×	×	×	×				
1250	±24		×	×	×	×				
1400	±28			×	×	×	×			
1600	±32			×	×	×	×			
1800	±36				×	×	×	×		
2000	±40				×	×	×	×		

（续）

基准长度		型 号								
L_d	极限偏差	W16	W20	W25	W31.5	W40	W50	W63	W80	W100
2240	±44					×	×	×	×	
2500	±50					×	×	×	×	
2800	±56						×	×	×	×
3150	±62						×	×	×	×
3550	±70							×	×	×
4000	±80							×	×	×
4500	±90								×	×
5000	±100								×	×
5600	±110									×
6300	±120									×

注：如需要表中范围以外的带长度时，可以从 R20 系列的优先数系中补充；在表中两个相邻长度之间，可以从 R40 系列提供的优先数中补充。这种补充主要是为适应箱式变速器的需要。

10　农业机械用 V 带

10.1　农业机械用变速（半宽）V 带和带轮

农业机械用变速（半宽）V 带主要用于收割脱粒机械，其特征是相对高度约 0.5 左右，其截面尺寸、基准长度系列见表 6.1-123 和表 6.1-124。

农业机械用半宽 V 带轮的带轮分 3 种基本形式：1 型为定直径式，2 型为变直径式（见表 6.1-125），3 型为变直径可脱离式（见表 6.1-126）。

表 6.1-123　农业机械用变速（半宽）V 带截面尺寸（摘自 GB/T 10821—2008）　　（mm）

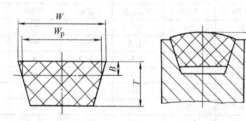

截面尺寸　　　　　　　　　　露出高度

尺寸	符号	HG	HH	HI	HJ	HK	HL	HM	HN	HO
节宽	W_p	15.4	19	23.6	29.6	35.5	41.4	47.3	53.2	59.1
顶宽	W	16.5	20.4	25.4	31.8	38.1	44.5	50.8	57.2	63.5
高度	T	8	10	12.7	15.1	17.5	19.8	22.2	23.9	25.4
节线以上高度	B	2.5	3	3.8	4.7	5.7	6.6	7.6	8.5	9.5
露出高度 f					−0.8～+4.1					−0.8 ～+5.6

注：1. 带高度 T 约等于 $0.5W_p$。

2. 节线以上高度 B 约等于 $0.16W_p$。

表 6.1-124　农业机械用变速（半宽）V 带基准长度系列（摘自 GB/T 10821—2008）　　（mm）

| 公称尺寸 | 基准长度[①] | | HG | HH | HI | HJ | HK | HL | HM | HN | HO |
| | 极限偏差 | | | | | | | | | | |
	上偏差（+）	下偏差（−）									
630	5	10	×								
670	5	10	×								
710	6	12	×								
750	6	12	×								
800	6	12	×	×							
850	6	12	×	×							
900	7	14	×	×							

（续）

基准长度①			HG	HH	HI	HJ	HK	HL	HM	HN	HO
公称尺寸	极限偏差										
	上偏差(+)	下偏差(-)									
950	7	14	×	×							
1000	7	14	×								
1060	8	16	×	×	×						
1120	8	16	×	×	×						
1180	8	16		×	×						
1250	8	16		×	×						
1320	9	18		×	×						
1400	9	18		×	×	×					
1500	9	18		×	×	×					
1600	9	18		×	×		×				
1700	11	22			×	×					
1800	11	22			×						
1900	11	22									
2000	11	22					×		×		
2120	13	26					×	×	×	×	
2240	13	26					×	×	×	×	×
2360	13	26					×	×	×	×	×
2500	13	26					×	×	×	×	×
2650	15	30					×	×	×	×	×
2800	15	30					×	×	×	×	×
3000	15	30					×	×	×	×	×
3150	15	30						×	×	×	×
3350	18	36						×	×	×	×
3550	18	36						×	×	×	×
3750	18	36						×	×	×	×
4000	18	36						×	×	×	×
4250	22	44							×	×	×
4500	22	44							×	×	×
4750	22	44							×	×	×
5000	22	44							×	×	×

① 在 630~5000mm 范围内，带的基准长度系列选自 R40 优先数系；如需中间值，可从 R80 优先数系中选取。有×号处，表示该型号有相应标准规定的基准长度。

表 6.1-125　1 型、2 型农业机械用半宽 V 带轮尺寸（摘自 GB/T 10416—2007）　　　（mm）

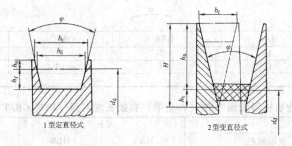

槽型	b_d	b_{cmin}	h_{amin}	h_{fmin}	d_{dmin}	H_{max}	φ 公称尺寸	φ 极限偏差
HI	23.6	25.4	3.8	13	84	91.2	26°	±30′
HJ	29.6	31.8	4.7	16	105	116.2	26°	±30′
HK	35.5	38.1	5.7	19	126	141.2	26°	±30′
HL	41.4	44.4	6.6	22	147	166.4	26°	±30′
HM	47.3	50.8	7.6	25	162	191.4	26°	±30′

表 6.1-126　3 型农业机械用半宽 V 带轮尺寸（摘自 GB/T 10416—2007）　　　　（mm）

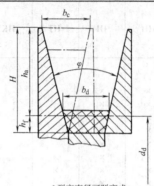

3型变直径可脱离式

槽型	b_d	b_{cmin}	h_{amin}	h_{fmin}	d_{dmin}	H_{max}	φ 公称尺寸	φ 极限偏差
HI	23.6	25.4	3.8	8.9	74	91.2	26°	±30′
HJ	29.6	31.8	4.7	10.4	93	116.2	26°	±30′
HK	35.5	38.1	5.7	11.8	112	141.2	26°	±30′
HL	41.4	44.4	6.6	13.2	130	166.4	26°	±30′
HM	47.3	50.8	7.6	14.6	149	191.4	26°	±30′

10.2　农业机械用双面 V 带（六角带）

农业机械用双面 V 带（六角带）常用于收割脱粒机械，带的尺寸见表 6.1-127 和表 6.1-128。

表 6.1-127　农业机械用双面 V 带（六角带）截面尺寸（摘自 GB/T 10821—2008）　　（mm）

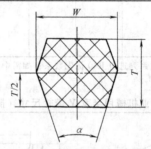

型号	HAA	HBB	HCC	HDD
带宽 W	13	17	22	32
高度 T	10	13	17	25
楔角 α	40°			

表 6.1-128　农业机械用双面 V 带（六角带）有效长度系列（摘自 GB/T 10821—2008）（mm）

基本尺寸	有效长度[①] 极限偏差 上偏差(+)	有效长度[①] 极限偏差 下偏差(−)	HAA	HBB	HCC	HDD
1250	8	16	×			
1320	9	18	×			
1400	9	18	×			
1500	9	18	×			
1600	9	18	×			
1700	11	22	×			
1800	11	22	×			
1900	11	22	×			
2000	11	22	×	×		
2120	13	26	×	×		
2240	13	26	×	×	×	

（续）

基本尺寸	有效长度[①]		HAA	HBB	HCC	HDD
	极限偏差					
	上偏差(+)	下偏差(-)				
2360	13	26	×	×	×	
2500	13	26	×	×	×	
2650	15	30	×	×	×	
2800	15	30	×	×	×	
3000	15	30	×	×	×	
3150	15	30	×	×	×	
3350	18	36	×	×	×	
3550	18	36	×	×	×	
3750	18	36		×	×	
4000	18	36		×	×	×
4250	22	44		×	×	×
4500	22	44		×	×	×
4750	22	44		×	×	×
5000	22	44		×	×	×
5300	26	52			×	×
5600	26	52			×	×
6000	26	52			×	×
6300	26	52			×	×
6700	32	64			×	×
7100	32	64			×	×
7500	32	64			×	×
8000	32	64			×	×
8500	39	78				×
9000	39	78				×
9500	39	78				×
10000	39	78				×

① 在 1250~10000mm 范围内，带的有效长度系列选取 R40 优先数系。有×号处，表示该型号有标准有效长度。

11　多从动轮带传动

多从动轮带传动仅适用于速度低的中小功率多根从动轴同时传动的场合。通常采用平带或单根 V 带，若有的从动轴和主动轴转向不同，应采用正反面都能工作的双面 V 带、平带或圆形带。

图 6.1-30 所示为一多从动轮带传动，R 为主动轮，A、B、C 为从动轮，Z 为张紧。传动中各带轮的位置除满足结构上的需要外，应使主动轮和传递功率较大的从动轮有较大的包角（应大于 120°），其余从动轮的包角应大于 70°。

多从动轮传动的设计见表 6.1-129，设计时应已知各轮的位置、转向、各从动轮的转速及其传递的功率。

多从动轮带传动常采用双面 V 带，其带型、截面尺寸和有效长度见表 6.1-127 和表 6.1-128。用于

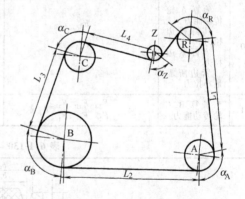

图 6.1-30　多从动轮带传动

开口传动时，双面 V 带可与相应的普通 V 带带轮配用；用于非开口传动时，则应采用深槽带轮，其轮缘尺寸见表 6.1-130。其选型图可按图 6.1-3 根据相应的普通 V 带选取。

表 6.1-129　多从动轮传动设计（以图 6.1-30 为例，采用单根 V 带）

序号	计算项目	符　　号					单位	计算公式和参数选定	说　明
		轮　号							
1	带轮和张紧轮直径	R	A	B	C	Z	mm	根据结构要求、d_{min}、传动比 i 等条件确定，带轮直径应按表 6.1-15 选取标准值	张紧轮直径 d_Z 约等于 (0.8~1) 小带轮直径
		d_R	d_A	d_B	d_C	d_Z			

（续）

序号	计算项目	符　　号					单位	计算公式和参数选定	说　　明
2	包角	α_R	α_A	α_B	α_C	α_Z	(°)		按比例绘制传动简图,由图中量出
3	包角修正系数	$K_{\alpha R}$	$K_{\alpha A}$	$K_{\alpha B}$	$K_{\alpha C}$	$K_{\alpha Z}$		查表 6.1-12	考虑作图误差,分别按 $\alpha-15°$ 查表
4	工况系数	K_{AA}	K_{AB}	K_{AC}				查表 6.1-11	
5	设计功率	P_{dR}	P_{dA}	P_{dB}	P_{dC}		kW	$P_{dA}=\dfrac{K_{AA}P_A}{K_{\alpha A}}$ $P_{dB}=\dfrac{K_{AB}P_B}{K_{\alpha B}}$ $P_{dC}=\dfrac{K_{AC}P_C}{K_{\alpha C}}$ $P_{dR}=P_{dA}+P_{dB}+P_{dC}$	P_A、P_B、P_C—从动轮 A、B、C 传递的功率(kW)
6	选带型							按 P_{dR} 和 n_R 由图 6.1-3 选取	n_R—主动轮 R 的转速(r/min)
7	带速	v					m/s	$v=\dfrac{\pi d_R n_R}{60\times 1000}$	
8	初算带长	L_{d0}					mm	$L_{d0}=L_1+L_2+L_3+L_4+L_5+\dfrac{\alpha_A d_A}{2}$ $+\dfrac{\alpha_B d_B}{2}+\dfrac{\alpha_C d_C}{2}+\dfrac{\alpha_R d_R}{2}+\dfrac{\alpha_Z d_Z}{2}$	按表 6.1-128 选取标准值 L_d,L_d 与 L_{d0} 间的差可调整张紧轮与带轮位置补偿
9	主动轮紧边与松边的最小拉力	紧边 F_{1Rmin} 松边 F_{2Rmin}					N	$F_{1Rmin}=1.25\times\dfrac{1000P_{dR}}{v}$ $F_{2Rmin}=(1-0.8K_{\alpha R})F_{1Rmin}$	当 $\alpha=180°$ 时紧边与松边的拉力比: V带或双面 V 带取 $\dfrac{F_1}{F_2}\approx 5$ 平带取 $\dfrac{F_1}{F_2}\approx 3$
10	验算 A 轮传动能力 实际松边拉力 实际紧边拉力 紧边所需最小拉力	F_{2A} F_{1A} F_{1Amin}					N	$F_{2A}=F_{2Rmin}$ $F_{1A}=F_{2A}+\dfrac{1000P_{dA}K_{\alpha A}}{v}$ $F_{1Amin}=1.25\times\dfrac{1000P_{dA}}{v}$	应使 $F_{1A}>F_{1Amin}$,否则将打滑,这时应增大 d_A 或预紧力
11	验算 B、C 轮传动能力	F_{2B}、F_{1B}、F_{1Bmin} F_{2C}、F_{1C}、F_{1Cmin}					N	方法与序号 10 相同	应使 $F_{1B}>F_{1Bmin}$,$F_{1C}>F_{1Cmin}$

表 6.1-130　深槽带轮轮缘尺寸　　　　　　　　　　　　（mm）

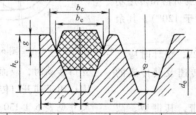

槽型	d_e	φ	b_e	b_c	h_c	g_{min}	e	f
HAA	≤118 >118	34° 38°	12.6	15.2 15.6	15.8	4.3	19.0±0.4	11.0^{+2}_{-1}
HBB	≤190 >190	34° 38°	16.2	19.4 19.8	19.6	5.3	22.0±0.4	14.0^{+2}_{-1}
HCC	≤315 >315	34° 38°	22.3	27.2 27.8	27.1	7.8	32.0±0.5	21.0^{+2}_{-1}
HDD	≤475 >475	36° 38°	32.0	39.3 39.7	39.2	11.2	44.0±0.6	27.0^{+3}_{-1}

12　塔轮传动

塔轮传动是一种有级变速的带传动 (图 6.1-31)，变速级数一般为 3~5 级。由于它传动平稳、结构简单、制造容易、对轴的安装精度要求不高，所以在中小功率的变速传动 (如磨床的头架、台式车床、台式钻床等) 中仍有应用，但其体积较大，调速不便。

图 6.1-31　塔轮传动

塔轮传动从动轴的转速通常按几何级数变化，设其转速分别为 n_{b1}、n_{b2}、…、n_{bn}，公比为 φ，则有

$$\frac{n_{b2}}{n_{b1}} = \frac{n_{b3}}{n_{b2}} = \cdots = \frac{n_{bn}}{n_{b(n-1)}} = \varphi$$

$$\varphi = \sqrt[n-1]{\frac{n_{bn}}{n_{b1}}}$$

塔轮传动按从动轴最低转速时传递的功率进行设计，计算方法除塔轮直径外，其余和一般带传动相同。各级带轮直径的计算见表 6.1-131。

确定带轮直径时应满足以下条件：

1) 保证传动比要求：i_1、i_2、…。

2) 保证同一中心距下各级带长相等。

为了便于制造，通常是使主、从动塔轮尺寸完全相同。

表 6.1-131　塔轮各级带轮直径的计算

序号	计算项目	符号	单位	计算公式	说明
1	第一级主、从动轮直径	d_{a1} d_{b1}	mm	根据结构要求参考表 6.1-15 或表 6.1-49 选定 d_{a1} $$d_{b1} = i_1 d_{a1}$$	此级传动比最大，主动轮直径最小
2	选定中心距计算带长	a L	mm	根据结构选定 a $$L = 2a + \frac{\pi}{2}(d_{a1}+d_{b1}) + \frac{(d_{b1}-d_{a1})^2}{4a}$$	采用 V 带传动时，要初选 a_0，计算带长 L_0，选取标准带长后，再计算实际中心距
3	初定第 x 级带轮直径	d'_{ax} d'_{bx}	mm	$$d'_{ax} = d_{a1}\frac{i_1+1}{i_x+1}$$ $$d'_{bx} = i_x d'_{ax}$$	
4	带长差	ΔL_x	mm	$$\Delta L_x = \frac{(d_{b1}-d_{a1})^2 - (d'_{bx}-d'_{ax})^2}{4a}$$	计算值精确到 0.1
5	主动轮直径补偿值	ε_x	mm	$$\varepsilon_x = \frac{2\Delta L_x}{\pi(i_x+1)}$$	
6	第 x 级实际带轮直径	d_{ax} d_{bx}	mm	$$d_{ax} = d'_{ax} + \varepsilon_x$$ $$d_{bx} = d'_{bx} + i_x \varepsilon_x$$	

注：1. 下角标 a—主动轮，b—从动轮。
　　2. 下角标 x—变速级序号，相应为 2、3、4、…。

13　半交叉传动、交叉传动和角度传动

半交叉传动、交叉传动和角度传动多使用平带、圆形带，特殊需要时，也可使用 V 带、同步带，这时带的磨损加剧，由于工作时带要产生附加扭转，降低了它们的寿命和传动效率。

13.1　半交叉传动

当两轴在空间交错 (交角通常为 90°) 时，如图 6.1-32 所示，可采用半交叉传动。它只能用于小传动比 ($i<2.5$)、大中心距，且

$$a_{min} = 5(d_2 - B)$$

式中　d_2——大带轮直径；

　　　B——带轮宽。

半交叉传动的设计和开口传动基本相同，但应注意以下几点：

1) 带进入主动轮和从动轮时，其运动方向必须对准该轮宽的对称平面。正确的相互位置如图 6.1-32 所示。主动边应位于下边，距离 y 应小于表 6.1-132 列出的值。

表 6.1-132　距离 y 值　　　　(mm)

中心距	1500	2000	2500	3000	3500	4000	5000	6000
y	60	70	76	100	130	165	225	300

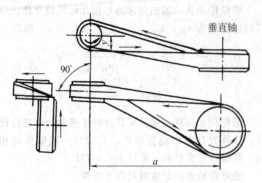

图 6.1-32　半交叉传动

2）传动的额定功率为开口传动的 80%。包角修正系数 $K_\alpha = 1$。

3）采用平带时，带轮不做中凸度，轮宽 B 应增大，通常 $B = 1.4b + 10$mm（b 为带宽），但小于 $2b$。采用 V 带时，带轮应采用深槽。

4）传动不许逆转。

5）当 $i > 2.5$ 时，应采用两级传动，并使半交叉部分 $i = 1$。

13.2　交叉传动

当两轴为平行轴，而转动方向相反时，可采用交叉传动。交叉传动带带面交叉处有摩擦磨损，效率较低，（$\eta = 70\% \sim 80\%$），可双向传动，传动比 $i < 6$，平带、圆形带使用较多，这时中心距 $a > 20b$（带宽）。当用单根 V 带进行交叉传动（见图 6.1-33）时，要求 V 带与两轮切点间的直线部分的最小长度 L_{min} 不小于表 6.1-133 的值。并采用深槽 V 带轮。

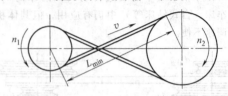

图 6.1-33　V 带交叉传动

表 6.1-133　V 带交叉传动的 L_{min} 值　（mm）

带型	A	B	C	D	E
L_{min}	460	560	710	940	1150

由于交叉处磨损严重，有时为避免交叉处磨损，两轮可不在同一平面内或在交叉处用一平带轮隔开。

13.3　V 带的角度传动

1）V 带角度的传动（见图 6.1-34）必须用导轮引导 V 带的方向。单导轮的角度传动，导轮置于松边，只能单向传动；双导轮的角度传动可双向传动。

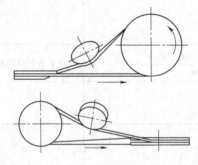

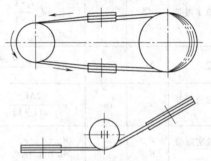

图 6.1-34　V 带的角度传动

2）导轮应使 V 带对准带轮轮槽的中心平面，单导轮时，应使紧边进入端的速度矢量在进入轮槽的中心平面上。

3）主、从动轮的中心距 $a \geqslant 5.5$（$d + B$）（B 为轮宽）。

4）传递的额定功率为开口传动的 80%。

5）采用深槽 V 带轮。

13.4　同步带的角度传动

1）同步带的角度传动与 V 带的角度传动类似，但一般均采用双导向轮（见图 6.1-35）。由于同步带的扭转对带的寿命有较大影响，所以中心距不宜太小。额定功率为开口传动额定功率的 70% ~ 80%。

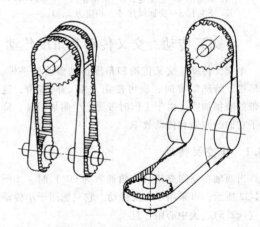

图 6.1-35　同步带的角度传动

2）同步带的角度传动一般用于 $v \leqslant 10\mathrm{m/s}$、$i \leqslant 4$ 的场合。

3）导向轮可为有齿的同步带轮或无齿的辊轮。辊轮结构简单，导向容易，但带受反向弯曲，寿命受影响，所以辊轮直径不宜太小。

14 带传动的张紧

14.1 张紧方法

带传动的张紧方法见表 6.1-134。

表 6.1-134 带传动的张紧方法

张紧方法		简 图	特点和应用
调节中心距	定期张紧	a) b)	图 a 多用于水平或接近水平的传动 图 b 多用于垂直或接近垂直的传动 图 a 和图 b 是最简单的通用方法
	自动张紧	c) d)	图 c 靠电动机的自重或定子的反力矩张紧，多用于小功率传动。应使电动机和带轮的转向有利于减轻配重或减小偏心距 图 d 常用于带传动的试验装置
张紧轮		e) f)	可任意调节预紧力的大小、增大包角，容易装卸；但影响带的寿命，不能逆转 张紧轮的直径 $d_z \geqslant (0.8 \sim 1) d_1$ 应安装在带的松边 图 e 为定期张紧 图 f 为自动张紧，应使 $a_1 \geqslant d_1 + d_z$，$\alpha_z \leqslant 120°$
改变带长		对有接头的平带，常采用定期截去带长，使带张紧，截去长度 $\Delta L = 0.01L$（L—带长）	

14.2 预紧力的控制

带的预紧力对其传动能力、寿命和轴压力都有很大影响。预紧力不足，传递载荷的能力降低，效率低，且使小带轮急剧发热，胶带磨损；预紧力过大，则会使带的寿命降低，轴和轴承上的载荷增大，轴承发热与磨损。因此，适当的预紧力是保证带传动正常工作的重要因素。

在带传动中，预紧力通过在带与带轮的切边中点处加一垂直于带边的载荷 G，使其产生规定的挠度 f 来控制（图 6.1-36）。

切边长 t 可以实测，或用下式计算：

$$t = \sqrt{a^2 - \frac{(d_{a2} - d_{a1})^2}{4}}$$

式中　a——两轮中心距（mm）；

d_{a1}——小带轮外径（mm）；

d_{a2}——大带轮外径（mm）。

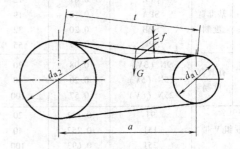

图 6.1-36　带传动预紧力的控制

14.2.1 V 带的预紧力

单根 V 带的预紧力 F_0 由下式计算：

$$F_0 = 500\left(\frac{2.5}{K_\alpha} - 1\right)\frac{P_d}{zv} + mv^2$$

式中　P_d——设计功率（kW）；

z——V 带的根数；

v——带速（m/s）；

K_α——包角修正系数，见表 6.1-12；

m——V 带每米长的质量，见表 6.1-135（kg/m）。

对于有效宽度制的窄 V 带，上式中的系数 500 改为 450。

为了测定所需的预紧力 F_0，通常是在带的切边中点加一规定的载荷 G，使切边长每 100mm 产生 1.6mm 挠度，即通过 $f = \dfrac{1.6t}{100}$ 来保证。

载荷 G（N）的值可由下式算出：

新安装的 V 带：$G = \dfrac{1.5F_0 + \Delta F_0}{16}$

运转后的 V 带：$G = \dfrac{1.3F_0 + \Delta F_0}{16}$

最小极限值：$G_{\min} = \dfrac{F_0 + \Delta F_0}{16}$

式中　F_0——预紧力（N）；

ΔF_0——预紧力的修正值，见表 6.1-135（N）。

表 6.1-135　V 带每米长的质量 m 和预紧力修正值 ΔF_0

带　　型		m /kg·m^{-1}	ΔF_0 /N
普通V带	Y	0.04	6
	Z	0.06	10
	A	0.10	15
	B	0.17	20
	C	0.30	29
	D	0.60	59
	E	0.87	108
窄V带	基准宽度制	SPZ	0.07	12
		SPA	0.12	19
		SPB	0.20	32
		SPC	0.37	55
	有效宽度制	9N（3V）	0.08	20
		15N（5V）	0.20	40
		25N（8V）	0.57	100
	联组V带	9J	0.122	20
		15J	0.252	40
		25J	0.693	100

测定预紧力所需的垂直力 G 亦可参考表 6.1-136 给定。其高值用于新安装的 V 带或必须保持高张紧的严酷传动（如高速、小包角、超载起动、频繁的高转矩起动等）。

表 6.1-136　测定预紧力所需垂直力 G

（N/根）

带　型		小带轮直径 d_{d1}/mm	带速 v/m·s^{-1}		
			0~10	10~20	20~30
普通V带	Z	50~100	5~7	4.2~6	3.5~5.5
		>100	7~10	6~8.5	5.5~7
	A	75~140	9.5~14	8~12	6.5~10
		>140	14~21	12~18	10~15
	B	125~200	18.5~28	15~22	12.5~18
		>200	28~42	22~33	18~27
	C	200~400	36~54	30~45	25~38
		>400	54~85	45~70	38~56
	D	355~600	74~108	62~94	50~75
		>600	108~162	94~140	75~108
	E	500~800	145~217	124~186	100~150
		>800	217~325	186~280	150~225
窄V带	SPZ	67~95	9.5~14	8~13	6.5~11
		>95	14~21	13~19	11~18
	SPA	100~140	18~26	15~21	12~18
		>140	26~38	21~32	18~27
	SPB	160~265	30~45	26~40	22~34
		>265	45~38	40~52	34~47
	SPC	224~355	58~82	48~72	40~64
		>355	82~106	72~96	64~90

14.2.2　平带的预紧力

平带的预紧力通常是给定合适的预紧应力 σ_0，也可以根据下式计算平带单位宽度的预紧力 F_0'（N/mm）：

$$F_0' = 500\left(\frac{3.2}{K_\alpha} - 1\right)\frac{P_d}{bv} + mv^2$$

式中　P_d——设计功率（kW）；

b——带宽（mm）；

v——带速（m/s）；

K_α——包角修正系数，见表 6.1-36；

m——单位长度、单位宽度平带的质量 [kg/（m·mm）]。

为了测定所需的预紧力 F_0（$F_0 = F_0' b$），可在带的切边中点加一规定的载荷 G，使切边长每 100mm 产生 1.0mm 的挠度，即通过 $f = \dfrac{t}{100}$ 来保证。

表 6.1-137 是测定帆布平带预紧应力 σ_0 =

1.8MPa 单位宽度所需施加的载荷 G 值。

表 6.1-137　测定帆布平带预紧力的 G 值

$$\left(\text{产生挠度} f=\frac{t}{100}\text{mm 的载荷 } G=G'b\right)$$

帆布平带层数	单位带宽的载荷 $G'/\text{N}\cdot\text{mm}^{-1}$
3	0.26
4	0.35
5	0.43
6	0.52
7	0.61
8	0.69
9	0.78
10	0.86
11	0.95
12	1.04

注：1. 按本表控制，带的 $\sigma_0 = 1.8\text{MPa}$。

2. 中心距小、倾斜角大于 60° 时，G 值可减小 10%。

3. 自动张紧传动 G 值应增大 10%。

4. 新传动带 G 值应增大 30% ~ 50%。

表 6.1-138 是测定聚酰胺片基平带预紧应力 $\sigma_0=$

3MPa 单位宽度所需施加的载荷 G 值。

表 6.1-138　测定聚酰胺片基平带预紧力的 G 值

$$\left(\text{产生挠度} f=\frac{t}{100}\text{mm 的载荷 } G=G'b\right)$$

带 型	单位带宽的载荷 $G'/\text{N}\cdot\text{mm}^{-1}$
L	0.055
M	0.085
H	0.12
EM	0.17

注：1. 按本表控制，带的 $\sigma_0 = 3\text{MPa}$。

2. 新传动带 G 值应增大 30% ~ 50%。

14.2.3　同步带的预紧力

同步带合适的预紧力见表 6.1-139。

为了测定所需的预紧力 F_0，通常是在带的切边中点加一规定的载荷 G，使切边长每 100mm 产生 1.6mm 的挠度，即通过 $f=\dfrac{1.6t}{100}$ 来保证。

表 6.1-139　同步带的预紧力 F_0 和修正系数 Y 值　　　　　（N）

带型	带宽/mm		6.4	7.9	9.5	12.7	19.1	25.4	38.1	50.8	76.2	101.6	127.0
							F_0、Y						
XL	F_0	最大值	29.40	37.30	44.70								
		推荐值	13.70	19.60	25.50								
	Y		0.40	0.55	0.77								
L	F_0	最大值				76.5	125	175					
		推荐值				52	87	123					
	Y					4.5	7.7	11					
H	F_0	最大值					293	421	646	890	1392		
		推荐值					222	312	486	668	1047		
	Y						14.5	21	32	43	69		
XH	F_0	最大值								1009	1583	2242	
		推荐值								909	1427	2021	
	Y									86	139	200	
XXH	F_0	最大值								2471.5	3884	5507	7110
		推荐值								1114	1750	2479	3203
	Y									141	227	322	418

载荷

$$G = \frac{F_0 + \dfrac{t}{L_p}Y}{16}$$

式中　F_0——预紧力（N），见表 6.1-139；

t——切边长（mm）；

L_p——同步带的节线长（mm）；

Y——修正系数，见表 6.1-139。

14.2.4　多楔带的预紧力

多楔带的预紧力 F_0 可先按单根 V 带的预紧力计

算出每楔所需的预紧力，再乘以楔数 z，其中 m 为多楔带每楔每米长的质量 kg/(m·z)，见表 6.1-140。

测定多楔带的预紧力也和 V 带相同。在切边中点所加的载荷 G，

对于新安装的多楔带：

$$G = \frac{1.5F_0 + \Delta F_0}{16}$$

运转后的多楔带：

$$G = \frac{1.3F_0 + \Delta F_0}{16}$$

最小极限值：

$$G_{\min} = \frac{F_0 + \Delta F_0}{16}$$

式中　F_0——所需的预紧力（N）；

　　　ΔF_0——预紧力修正值，见表 6.1-140（N）。

表 6.1-140　多楔带每楔每米长的质量 m

和预紧力修正值 ΔF_0

带型	每楔每米长的质量 m /kg·$(m \cdot z)^{-1}$	ΔF_0/N
PJ	0.01	42
PL	0.05	122
PM	0.16	302

15　磁力金属带传动简介

磁力金属带传动（Metal Belt Drive with Magnet，MBDM）是以金属带为挠性元件的新型摩擦传动，它于 1968 年提出，1987 年日本富士重工开始使用，是近年发展起来的高效、精密的传动方式之一，它的主要特点是利用磁场吸引力和带的预紧力的耦合作用来传递运动和动力。它较普通带传动的传动功率提高 5~6 倍，传动比增加 3~4 倍；最高带速可达 50~60m/s，甚至 120m/s；弹性滑动率 ε 降至 0.2‰~0.5‰，传动比准确；传动效率高，传动效率 $\eta =$ 0.98~0.99。由于其有大功率、大传动比、高速、精密、长寿命的特点，可用于机床、纺织、汽车、化工、国防等高速、重载、重大装备领域。

15.1　磁力金属带传动的工作原理

根据磁力带轮励磁方式的不同，可将 MBDM 分为电磁带轮式金属带传动（Metal Belt Drive with Electric Magnet，MBDEM）和永磁带轮式金属带传动（Metal Belt Drive with Permanent Magnet，MBDPM）两类。

15.1.1　电磁带轮式金属带传动的工作原理与带轮结构

MBDEM 的工作原理如图 6.1-37 所示，它主要由主动磁力带轮、从动磁力带轮、励磁线圈及金属带组成。主动、从动磁力带轮的轮辐上各缠绕一定匝数的励磁线圈，通以直流电流时便可在磁力带轮的轮缘上产生磁场，并吸引金属带，从而大幅度提高金属带与磁力带轮间的正压力和摩擦力，进而传递运动和动力。当主动磁力带轮由驱动力作用而发生运动时，依靠金属带与磁力带轮之间的摩擦力作用，带动从动磁力带轮一起转动。

主动、从动磁力带轮均采用轮辐式结构，如

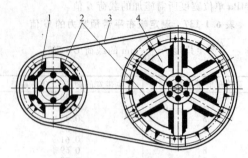

图 6.1-37　MBDEM 的工作原理

1—主动磁力带轮　2—励磁线圈　3—金属带　4—从动磁力带轮

图 6.1-38 和图 6.1-39 所示，轮毂的内圈为隔磁体，轮毂的外圈和轮辐均为导磁体，轮缘则由导磁体和隔磁体相间组成，然后与轮辐固接。磁力线由磁力带轮的轮辐、轮缘导磁部分、金属带及轮毂的外圈形成闭合回路，从而产生轮缘对金属带的磁场吸引力。

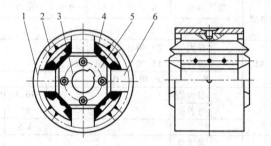

图 6.1-38　主动磁力带轮的结构

1—轮缘　2—绝磁体　3—芯套　4—励磁线圈　5—轮毂　6—轮辐

磁力带轮主要由励磁线圈、轮辐、轮毂、轮缘、芯套等组成，其中轮缘由导磁体和绝磁体两部分相间组成，然后与轮辐固接；轮辐和轮毂均为导磁体；芯套为绝磁体，并与传动轴相连接，励磁线圈装在轮辐上，由于受结构的限制，主动磁力带轮上只装有 4 个励磁线圈，从动磁力带轮上则装有 6 个励磁线圈。要求每两个励磁线圈间应首尾相接，且旋向一致，以使其在轮缘上产生的南、北磁极间隔排列，磁力线便可由轮毂、轮辐、导磁部分及金属带形成闭合回路，从而产生轮缘对金属带的电磁吸引力。

15.1.2　永磁带轮式金属带传动工作原理及带轮结构

MBDPM 的工作原理如图 6.1-40 所示，它主要由主动、从动磁力带轮、稀土永磁体及金属带组成。安装在主动、从动磁力带轮上的稀土永磁体可产生磁场

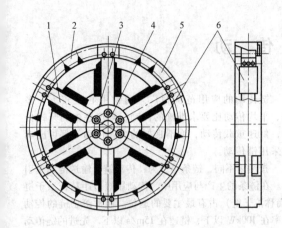

图 6.1-39 从动磁力带轮的结构

1—轮辐 2—绝磁体 3—轮毂 4—芯套
5—轮缘 6—励磁线圈

并吸引金属带,进而传递运动和动力。

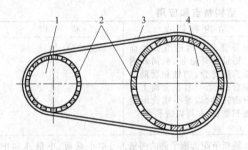

图 6.1-40 MBDPM 的工作原理

1—主动磁力带轮 2—稀土永磁体
3—金属带 4—从动磁力带轮

图 6.1-41 为永磁带轮的结构示意图,它主要由轮缘 1、导磁体 2、隔磁体 3、稀土永磁体 5 及轮毂 6 等组成。其中轮毂由绝磁材料铸造而成,环状轮缘由多片导磁体和隔磁体相间焊接而成,并被切割成两个半圆环,以便组装在轮毂上。稀土永磁体两侧导磁体紧贴。当挠性金属带覆盖在轮缘外圆周上时,由稀土永磁体、环形槽两侧的导磁体及金属带形成多个磁力

线闭合回路,以产生轮缘对金属带的磁场吸引力,从而大幅度地提高金属带与磁力带轮间的正压力和摩擦力,进而传递运动和动力。

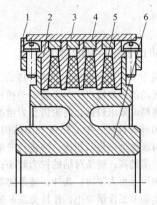

图 6.1-41 永磁带轮的结构示意图

1—轮缘 2—导磁体 3—隔磁体 4—金属带
5—稀土永磁体 6—轮毂

15.2 磁力金属带的结构

为降低磁力金属带工作时金属带的弯曲应力,提高使用寿命和导磁能力,磁力金属带可采用磁性复合结构,如图 6.1-42 所示。其中钢丝绳采用直径由 0.1~0.3mm 的钢丝编制而成,表面镀铬或锌。磁性橡胶用于固定钢丝绳,同时也起隔磁作用。磁场材料为钕铁硼(SH35~38),质量分数为 30%~50%。只需填满钢丝绳的缝隙,并与钢丝绳外圆面平齐。

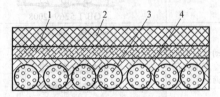

图 6.1-42 磁力金属带的磁性复合结构

1—帆布层 2—普通橡胶
3—钢丝绳 4—磁性橡胶

第2章 链 传 动

1 链传动的特点与应用

链传动属于具有中间挠性件的啮合传动，它兼有齿轮传动和带传动的一些特点。与齿轮传动相比，链传动的制造与安装精度要求较低；链轮齿受力情况较好；有一定的缓冲和减振性能；中心距可大而结构简单轻便，成本较低。与摩擦型带传动相比，链传动的平均传动比准确；传动效率稍高；链条对轴的拉力较小；同样使用条件下，结构尺寸更为紧凑；此外，链条的磨损伸长比较缓慢，张紧调节工作量较小，并且能在恶劣环境条件下工作。链传动的主要缺点是：不能保持瞬时传动比恒定；工作时有噪声；磨损后易发生跳齿；不适用于受空间限制要求中心距小以及急速反向传动的场合。

链传动的应用范围很广。通常中心距较大、多轴、平均传动比要求准确的传动，环境恶劣的开式传动，低速重载传动，润滑良好的高速传动等都可成功地采用链传动。

按用途不同，链条可分为：传动链、输送链和曳引链。在链条的生产与应用中，传动用短节距精密滚子链（简称滚子链）占有最主要的地位。通常滚子链的传动功率在100kW以下，链速在15m/s以下。先进的链传动技术已能使优质滚子链的传动功率达5000kW，速度可达35m/s；高速齿形链的速度则可达40m/s。链传动的效率，对于一般传动，其值约为0.94～0.96；对于用循环压力供油润滑的高精度传动，其值约为0.98。

常用传动链的类型、结构特点和应用见表6.2-1。

表 6.2-1 常用传动链的类型、结构特点和应用

种 类	简 图	结构和特点	应 用
传动用短节距精密滚子链（简称滚子链）	 GB/T 1243—2006	由外链节和内链节铰接而成。销轴和外链板、套筒和内链板为静配合；销轴和套筒为动配合；滚子空套在套筒上可以自由转动，以减少啮合时的摩擦和磨损，并可以缓冲冲击	动力传动
双节距滚子链	 GB/T 5269—2008	除链板节距为滚子链的两倍外，其他尺寸与滚子链相同，链条重量减轻	中小载荷、中低速和中心距较大的传动装置，亦可用于输送装置
传动用短节距精密套筒链（简称套筒链）	 GB/T 1243—2006	除无滚子外，结构和尺寸同滚子链。重量轻，成本低，并可提高节距精度 为提高承载能力，可利用原滚子的空间加大销轴和套筒尺寸，增大承压面积	不经常传动、中低速传动或起重装置（如配重、铲车起升装置）等
重载传动用弯板滚子链（简称弯板链）	 GB/T 5858—1997	无内外链节之分，磨损后节节距仍均匀。弯板使链条的弹性增加，抗冲击性能好。销轴、套筒和链板间的间隙较大，对链轮共面性要求较低。销轴拆装容易，便于维修和调整松边下垂量	低速或极低速、载荷大、有尘土的开式传动和两轮不易共面处，如挖掘机等工程机械的行走机构、石油机械等
齿形传动链（又名无声链）	 GB/T 10855—2016	由多个齿形链片并列铰接而成。链片的齿形部分和链轮啮合，有共轭啮合和非共轭啮合两种。传动平稳准确，振动噪声小，强度高，工作可靠；但重量较重，装拆较困难	高速或运动精度要求较高的传动，如机床主传动、发动机正时传动、石油机械以及重要的操纵机构等

（续）

种　类	简　图	结构和特点	应　用
成型链	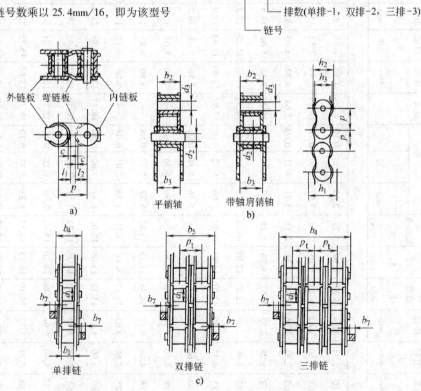	链节由可锻铸铁或钢制造，装拆方便	用于农业机械和链速在 3m/s 以下的传动

2　滚子链传动

2.1　滚子链的基本参数和尺寸

滚子链通常指短节距传动用精密滚子链。双节距滚子链、传动用短节距精密套筒链、弯板滚子传动链等的设计方法和步骤与短节距精密滚子链原则上一致。

短节距传动用精密滚子链应符合 GB/T 1243—2006 的规定，其基本参数和尺寸参见图 6.2-1、表 6.2-2～表 6.2-6。表中链号为用英制单位表示的节距，以 1in/16 为 1 个单位，因此，链号数乘以 25.4mm/16，即为该型号链条的米制节距值。链号中的后缀有 A、B 两种，表示两个系列，A 系列起源于美国，流行于全世界；B 系列起源于英国，主要流行于欧洲。两种系列互相补充。两种系列在我国都已生产和使用。链号中后缀为 C 的为短节距精密套筒链。后缀为 H 的为加重系列的短节距精密滚子链。按 GB/T 1243—2006 规定，滚子链标记方法如下：

08A - 1 - 88　GB/T 1243—2006
　　　　　　　　└── 标准编号
　　　　　　└── 整链链节数
　　　└── 排数（单排 -1，双排 -2，三排 -3）
　└── 链号

图 6.2-1　滚子链的基本参数和尺寸（GB/T 1243—2006）
a）过渡链节　b）链条截面　c）链条形式

表 6.2-2 中尺寸 c 表示弯链板与直链板之间的回转间隙。链条通道高度 h_1 是装配好的链条要通过的通道最小高度。用止锁零件接头的链条全宽：当一端有带止锁件的接头时，对端部铆头销轴长度为 b_4、b_5 或 b_6 再加上 b_7（或带头锁轴的加 $1.6b_7$），当两端都有止锁件时加 $2b_7$。对三排以上的链条，其链条全宽为 $b_4 + p_t$（链条排数 -1）。

表 6.2-2　链条主要尺寸、测量力、抗拉强度及动载强度（摘自 GB/T 1243—2006）

链号①	节距 p（公称尺寸）	滚子直径 d₁ max	内节内宽 b₁ min	销轴直径 d₂ max	套筒孔径 d₃ min	链条通道高度 h₁ min	内链板高度 h₂ max	外或中链板高度 h₃ max	过渡链节尺寸② l₁ min	l₂ min	c	排距 p_t	内节外宽 b₂ max	外节内宽 b₃ min	销轴长度 单排 b₄ max	双排 b₅ max	三排 b₆ max	止锁件附加宽度③ b₇ max	测量力 单排 N	双排 N	三排 N	抗拉强度 F_u 单排 min kN	双排 min kN	三排 min kN	动载强度④⑤⑥ F_d 单排 min N
04C	6.35	3.30⑦	3.10	2.31	2.34	6.27	6.02	5.21	2.65	3.08	0.10	6.40	4.80	4.85	9.1	15.5	21.8	2.5	50	100	150	3.5	7.0	10.5	630
06C	9.525	5.08⑦	4.68	3.60	3.62	9.30	9.05	7.81	3.97	4.60	0.10	10.13	7.46	7.52	13.2	23.4	33.5	3.3	70	140	210	7.9	15.8	23.7	1410
05B	8.00	5.00	3.00	2.31	2.36	7.37	7.11	7.11	3.71	3.71	0.08	5.64	4.77	4.90	8.6	14.3	19.9	3.1	50	100	150	4.4	7.8	11.1	820
06B	9.525	6.35	5.72	3.28	3.33	8.52	8.26	8.26	4.32	4.32	0.08	10.24	8.53	8.66	13.5	23.8	34.0	3.3	70	140	210	8.9	16.9	24.9	1290
08A	12.70	7.92	7.85	3.98	4.00	12.33	12.07	10.42	5.29	6.10	0.10	14.38	11.17	11.23	17.8	32.3	46.7	3.9	120	250	370	13.9	27.8	41.7	2480
08B	12.70	8.51	7.75	4.45	4.50	12.07	11.81	10.92	5.66	6.12	0.08	13.92	11.30	11.43	17.0	31.0	44.9	3.9	120	250	370	17.8	31.1	44.5	2480
081	12.70	7.75	3.30	3.66	3.71	10.17	9.91	9.91	5.36	5.36	0.08	—	5.80	5.93	10.2	—	—	1.5	125	—	—	8.0	—	—	—
083	12.70	7.75	4.88	4.09	4.14	10.56	10.30	10.30	5.36	5.36	0.08	—	7.90	8.03	12.9	—	—	1.5	125	—	—	11.6	—	—	—
084	12.70	7.75	4.88	4.09	4.14	11.41	11.15	11.15	5.77	5.77	0.08	—	8.80	8.93	14.8	—	—	1.5	125	—	—	15.6	—	—	—
085	12.70	7.77	6.25	3.60	3.62	10.17	9.91	8.51	4.35	5.03	0.08	—	9.06	9.12	14.0	—	—	2.0	80	—	—	6.7	—	—	1340
10A	15.875	10.16	9.40	5.09	5.12	15.35	15.09	13.02	6.61	7.62	0.10	18.11	13.84	13.89	21.8	39.9	57.9	4.1	200	390	590	21.8	43.6	65.4	3850
10B	15.875	10.16	9.65	5.08	5.13	14.99	14.73	13.72	7.11	7.62	0.10	16.59	13.28	13.41	19.6	36.2	52.8	4.1	200	390	590	22.2	44.5	66.7	3330
12A	19.05	11.91	12.57	5.96	5.98	18.34	18.10	15.62	7.90	9.15	0.10	22.78	17.75	17.81	26.9	49.8	72.6	4.6	280	560	840	31.3	62.6	93.9	5490
12B	19.05	12.07	11.68	5.72	5.77	16.39	16.13	16.13	8.33	8.33	0.10	19.46	15.62	15.75	22.7	42.2	61.7	4.6	280	560	840	28.9	57.8	86.7	3720
16A	25.40	15.88	15.75	7.94	7.96	24.39	24.13	20.83	10.55	12.20	0.13	29.29	22.60	22.66	33.5	62.7	91.9	5.4	500	1000	1490	55.6	111.2	166.8	9550
16B	25.40	15.88	17.02	8.28	8.33	21.34	21.08	21.08	11.15	11.15	0.13	31.88	25.45	25.58	36.1	68.0	99.9	5.4	500	1000	1490	60.0	106.0	160.0	9530
20A	31.75	19.05	18.90	9.54	9.56	30.48	30.17	26.04	13.16	15.24	0.15	35.76	27.45	27.51	41.1	77.0	113.0	6.1	780	1560	2340	87.0	174.0	261.0	14600
20B	31.75	19.05	19.56	10.19	10.24	26.68	26.42	26.42	13.89	13.89	0.15	36.45	29.01	29.14	43.2	79.7	116.1	6.1	780	1560	2340	95.0	170.0	250.0	13500

（续）

链号①	节距 p（公称尺寸）	滚子直径 d₁ max	内节内宽 b₁ min	销轴直径 d₂ max	套筒孔径 d₃ min	链条通道高度 h₁ min	内链板高度 h₂ max	外或中链板高度 h₃ max	过渡链节尺寸② l₁ min	l₂ min	c	排距 p_t	内节外宽 b₂ max	外节内宽 b₃ min	销轴长度 单排 b₄ max	双排 b₅ max	三排 b₆ max	止锁件附加宽度③ b₇ max	测量力 单排	双排	三排	抗拉强度 F_u 单排 min	双排 min	三排 min	动载强度④⑤⑥ 单排 F_d min
									mm										N			kN			N
24A	38.10	22.23	25.22	11.11	11.14	36.55	36.2	31.24	15.80	18.27	0.18	45.44	35.45	35.51	50.8	96.3	141.7	6.6	1110	2220	3340	125.0	250.0	375.0	20500
24B	38.10	25.40	25.40	14.63	14.68	33.73	33.4	33.40	17.55	17.55	0.18	48.36	37.92	38.05	53.4	101.8	150.2	6.6	1110	2220	3340	160.0	280.0	425.0	19700
28A	44.45	25.40	25.22	12.71	12.74	42.67	42.23	36.45	18.42	21.32	0.20	48.87	37.18	37.24	54.9	103.6	152.4	7.4	1510	3020	4540	170.0	340.0	510.0	27300
28B	44.45	27.94	30.99	15.90	15.95	37.46	37.08	37.08	19.51	19.51	0.20	59.56	46.58	46.71	65.1	124.7	184.3	7.4	1510	3020	4540	200.0	360.0	530.0	27100
32A	50.80	28.58	31.55	14.29	14.31	48.74	48.26	41.68	21.04	24.33	0.20	58.55	45.21	45.26	65.5	124.2	182.9	7.9	2000	4000	6010	223.0	446.0	669.0	34800
32B	50.80	29.21	30.99	17.81	17.86	42.72	42.29	42.29	22.20	22.20	0.20	58.55	45.57	45.70	67.4	126.0	184.5	7.9	2000	4000	6010	250.0	450.0	670.0	29900
36A	57.15	35.71	35.48	17.46	17.49	54.86	54.30	46.86	23.65	27.36	0.20	65.84	50.85	50.90	73.9	140.0	206.0	9.1	2670	5340	8010	281.0	562.0	843.0	44500
40A	63.50	39.68	37.85	19.85	19.87	60.93	60.33	52.07	26.24	30.36	0.20	71.55	54.88	54.94	80.3	151.9	223.5	10.2	3110	6230	9340	347.0	694.0	1041.0	53600
40B	63.50	39.37	38.10	22.89	22.94	53.49	52.96	52.96	27.76	27.76	0.20	72.29	55.75	55.88	82.6	154.9	227.2	10.2	3110	6230	9340	355.0	630.0	950.0	41800
48A	76.20	47.63	47.35	23.81	23.84	73.13	72.89	62.49	31.45	36.40	0.20	87.83	67.81	67.87	95.5	183.4	271.3	10.5	4450	8900	13340	500.0	1000.0	1500.0	73100
48B	76.20	48.26	45.72	29.24	29.29	64.52	63.88	63.88	33.45	33.45	0.20	91.21	70.56	70.69	99.1	190.4	281.6	10.5	4450	8900	13340	560.0	1000.0	1500.0	63600
56B	88.90	53.98	53.34	34.32	34.37	78.64	77.85	77.85	40.61	40.61	0.20	106.60	81.33	81.46	114.6	221.2	327.8	11.7	6090	12190	20000	850.0	1600.0	2240.0	88900
64B	101.60	63.50	60.96	39.40	39.45	91.08	90.17	90.17	47.07	47.07	0.20	119.89	92.02	92.15	130.9	250.8	370.7	13.0	7960	15920	27000	1120.0	2000.0	3000.0	106900
72B	114.30	72.39	68.58	44.48	44.53	104.67	103.63	103.63	53.37	53.37	0.20	136.27	103.81	103.94	147.4	283.7	420.0	14.3	10100	20190	33500	1400.0	2500.0	3750.0	132700

① 重载系列链条详见表 6.2-3。
② 对于高应力使用场合，不推荐使用过渡链节。
③ 止锁件的实际尺寸取决于其类型，但都不应超过规定尺寸，使用者应从制造商处获取详细资料。
④ 动载强度值不适用于过渡链节，连接链节或附件的单排链的值按比例套用。
⑤ 双排链和三排链的动载试验不能用单排链的值套用。
⑥ 动载强度值是基于 5 个链节的试样，不含 36A、40A、40B、48A、48B、56B、64B 和 72B，这些链条是基于 3 个链节的试样。
⑦ 套筒直径。

表6.2-3　ANSI重载系列链条主要尺寸、测量力、抗拉强度及动载强度（摘自GB/T 1243—2006）

链号①	节距 p nom	滚子直径 d_1 max	内节内宽 b_1 min	销轴直径 d_2 max	套筒孔径 d_3 min	链条通道高度 h_1 min	内链板高度 h_2 max	外或中链板高度 h_3 max	过渡链节尺寸② l_1 min	过渡链节尺寸② l_2 min	过渡链节尺寸② c	排距 p_t	内节外宽 b_2 max	外节内宽 b_3 min	销轴长度 单排 b_4 max	销轴长度 双排 b_5 max	销轴长度 三排 b_6 max	止锁件附加宽度③ b_7 max	测量力 单排 N	测量力 双排 N	测量力 三排 N	抗拉强度 F_u 单排 min kN	抗拉强度 F_u 双排 min kN	抗拉强度 F_u 三排 min kN	动载强度④⑤⑥ 单排 F_d min N
60H	19.05	11.91	12.57	5.96	5.98	18.34	18.10	15.62	7.90	9.15	0.10	26.11	19.43	19.48	30.2	56.3	82.4	4.6	280	560	840	31.3	62.6	93.9	6330
80H	25.40	15.88	15.75	7.94	7.96	24.39	24.13	20.83	10.55	12.20	0.13	32.59	24.28	24.33	37.4	70.0	102.6	5.4	500	1000	1490	55.6	112.2	166.8	10700
100H	31.75	19.05	18.90	9.54	9.56	30.48	30.17	26.04	13.16	15.24	0.15	39.09	29.10	29.16	44.5	83.6	122.7	6.1	780	1560	2340	87.0	174.0	261.0	16000
120H	38.10	22.23	25.22	11.11	11.14	36.55	36.2	31.24	15.80	18.27	0.18	48.87	37.18	37.24	55.0	103.9	152.8	6.6	1110	2220	3340	125	250.0	375.0	22200
140H	44.45	25.40	25.22	12.71	12.74	42.67	42.23	36.45	18.42	21.32	0.20	52.20	38.86	38.91	59.0	111.2	163.4	7.4	1510	3020	4540	170	340.0	510.0	29200
160H	50.80	28.58	31.55	14.29	14.31	48.74	48.26	41.66	21.04	24.33	0.20	61.90	46.88	46.94	69.4	131.3	193.2	7.9	2000	4000	6010	223	446.0	669.0	36900
180H	57.15	35.71	35.48	17.46	17.49	54.86	54.30	46.86	23.65	27.36	0.20	69.16	52.50	52.55	77.3	146.5	215.7	9.1	2670	5340	8010	281	562.0	843.0	46900
200H	63.50	39.68	37.85	19.85	19.87	60.93	60.33	52.07	26.24	30.36	0.20	78.31	58.29	58.34	87.1	165.4	243.7	10.2	3110	6230	9340	347.0	694.0	1041.0	58700
240H	76.20	47.63	47.35	23.81	23.84	73.13	72.39	62.49	31.45	36.40	0.20	101.22	74.54	74.60	111.4	212.6	313.8	10.5	4450	8900	13340	500.0	1000.0	1500.0	84400

（尺寸单位 mm）

① 标准系列链条详见表6.2-2。
② 对于高应力使用场合，不推荐使用过渡链节，但都不应超过规定尺寸，使用者应从制造商处索取详细资料。
③ 止锁件的实际尺寸取决于其类型，但都不应超过规定尺寸，使用者应从制造商处索取详细资料。
④ 动载强度值不适用于过渡链节，连接链节或附件的链条。
⑤ 双排链和三排链的动载试验不能用单排链的值较对套用。
⑥ 动载强度值是基于5个链节的试样，不含180H，200H，240H，这些链条是基于3个链节的试样。

表 6.2-4 滚子链 K 型附板尺寸（摘自 GB/T 1243—2006） （mm）

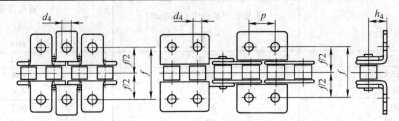

链 号	附板平台高 h_4	板孔直径 d_4 min	孔中心间横向距离 f
06C	6.4	2.6	19.0
08A	7.9	3.3	25.4
08B	8.9	4.3	25.4
10A	10.3	5.1	31.8
10B	10.3	5.3	31.8
12A	11.9	5.1	38.1
12B	18.5	6.4	38.1
16A	15.9	6.6	50.8
16B	15.9	6.4	50.8
20A	19.8	8.2	63.5
20B	19.8	8.4	63.5
24A	23.0	9.8	76.2
24B	26.7	10.5	76.2
28A	28.6	11.4	88.9
28B	28.6	13.1	88.9
32A	31.8	13.1	101.6
32B	31.8	13.1	101.6
40A	42.9	16.3	127.0

注：1. 尺寸 p 见表 6.2-2。

2. K 型附板既可装在外链节，也可装在内链节。

3. K1 和 K2 型附板可以相同，区别是 K1 型附板中心有一个孔。

4. K2 型附板不能逐节安装。

表 6.2-5 滚子链 M 型附板尺寸（摘自 GB/T 1243—2006） （mm）

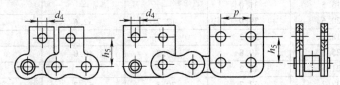

链 号	附板孔与链板中心的距离 h_5	板孔直径 d_4 min
06C	9.5	2.6
08A	12.7	3.3
08B	13.0	4.3
10A	15.9	5.1
10B	16.5	5.3
12A	18.3	5.1

（续）

链　号	附板孔与链板中心的距离 h_5	板孔直径 d_4 min
12B	21.0	6.4
16A	24.6	6.6
16B	23.0	6.4
20A	31.8	8.2
20B	30.5	8.4
24A	36.5	9.8
24B	36.0	10.5
28A	44.4	11.4
32A	50.8	13.1
40A	63.5	16.3

注：1. 尺寸 p 见表 6.2-2。

　　2. M 型附板既可装在外链节，也可装在内链节。

　　3. M1 和 M2 型附板可以相同，区别是 M1 型附板中心有一个孔。

　　4. M2 型附板不推荐逐节安装。

表 6.2-6　加长销轴尺寸（摘自 GB/T 1243—2006）　　　　　　　　（mm）

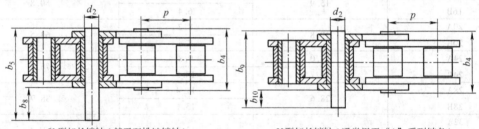

X 型加长销轴（基于双排链销轴）　　　　　　　　Y 型加长销轴（通常用于"A"系列链条）

链　号	X 型加长销轴		Y 型加长销轴[①]		X 型和 Y 型销轴直径
	b_8 max	b_5 max	b_{10} max	b_9 max	d_2 max
05B	7.1	14.3	—		2.31
06C	12.3	23.4	10.2	21.9	3.60
06B	12.2	23.8	—		3.28
08A	16.5	32.3	10.2	26.3	3.98
08B	15.5	31.0	—		4.45
10A	20.6	39.9	12.7	32.6	5.09
10B	18.5	36.2	—		5.08
12A	25.7	49.8	15.2	40.0	5.96
12B	21.5	42.2	—		5.72
16A	32.2	62.7	20.3	51.7	7.94
16B	34.5	68.0	—		8.28
20A	39.1	77.0	25.4	63.8	9.54
20B	39.4	79.7	—		10.19
24A	48.9	96.3	30.5	78.6	11.11
24B	51.4	101.8	—		14.63
28A	—	—	35.6	87.5	12.71
32A	—	—	40.60	102.6	14.29

注：尺寸 b_4 和 p 见表 6.2-2。

① Y 型加长销轴可选择使用，通常用在"A"系列链条。

2.2 滚子链传动的设计

2.2.1 滚子链传动选择指导

国家标准 GB/T 18150—2006《滚子链传动选择指导》是链传动设计选择标准,也是确保链条质量的标准,而且是对链条质量最低要求的标准。此标准等同采用 ISO10823:2004。

2.2.2 滚子链传动的设计计算

设计链传动的已知条件:

1) 所传递的功率 P (kW)。

2) 主动和从动机械的类型。

3) 主、从动轴的转速 n_1、n_2 (r/min) 和直径。

4) 中心距要求和布置。

5) 环境条件。

滚子链传动的一般设计计算方法见表 6.2-7。

图 6.2-2 和图 6.2-3 是在下列条件下建立的典型链条承载能力图。其传动工作条件为:

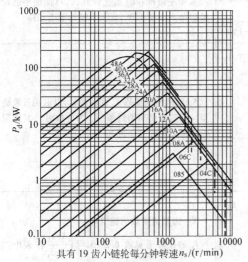

图 6.2-2 符合 GB/T 1243A 系列单排
链条的承载能力图
n_s—小链轮转速 P_d—设计功率

注:1. 双排链的额定功率可由单排链的 P_d 值乘以 1.7 得到。

2. 三排链的额定功率可由单排链的 P_d 值乘以 2.5 得到。

1) 安装在水平平行轴上的两链轮链传动。

2) 小链轮齿数 $z_1 = 19$。

3) 无过渡链节的单排链。

4) 链长为 120 链节 (链长小于此长度时,使用寿命将按比例减少)。

5) 传动比为从 1:3 到 3:1。

6) 链条预期使用寿命为 15000h。

7) 工作环境温度在 -5~70℃ 之间。

8) 链轮正确对中,链条调节保持正确。

9) 平稳运转,绝无过载、振动或频繁起动现象。

10) 清洁和适当的润滑。

图 6.2-2~图 6.2-4 给出的是在一些链条制造厂发布的此类图表中具有代表性的承载能力图。各厂的链条有不同的等级,建议使用者向厂方咨询他们自己的承载能力图。

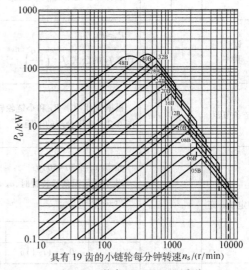

图 6.2-3 符合 GB/T 1243B 系列
链条的承载能力图
n_s—小链轮转速 P_d—设计功率

注:1. 双排链的额定功率可由单排链的 P_d 值乘以 1.7 得到。

2. 三排链的额定功率可由单排链的 P_d 值乘以 2.5 得到。

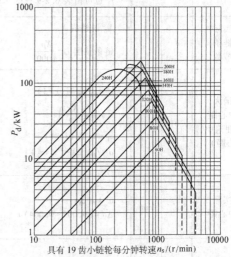

图 6.2-4 符合 GB/T 1243A 系列重载
单排链条的承载能力图
n_s—小链轮转速 P_d—设计功率

注:1. 双排链的额定功率可由单排链的 P_d 值乘以 1.7 得到。

2. 三排链的额定功率可由单排链的 P_d 值乘以 2.5 得到。

表 6.2-7　滚子链传动的设计计算（根据 GB/T 18150—2006 编）

项目	符号	单位	公式和参数选定	说　明
小链轮齿数 大链轮齿数	z_1 z_2		传动比 $i=\dfrac{n_1}{n_2}=\dfrac{z_2}{z_1}$ $z_{min}=17,z_{max}=114$ 一般特殊情况下 $z_{min}=9,z_{max}=150$	为传动平稳,链速增高时,应选较大 z_1,高速或受冲击载荷的链传动,z_1 至少选 25 齿,且小链轮齿面应淬硬。优选齿数为 17、19、21、23、25、38、57、71、95 和 114
设计功率	P_d	kW	$P_d=Pf_1f_2$ 计算 f_2 的公式:$f_2=\left(\dfrac{19}{z_1}\right)^{1.08}$	P—输入功率(kW) f_1—工况系数,见表 6.2-8 f_2—小链轮齿数系数,如图 6.2-5 所示
链条节距	p	mm	根据设计功率 P_d 和小链轮转速由图 6.2-2~图 6.2-4 选用合理的节距 p	为使传动平稳,在高速下,宜选用节距较小的双排或多排链。但应注意多排链传动对脏污和误差比较敏感
初定中心距	a_0	mm	推荐 $a_0=(30\sim50)p$ 脉动载荷无张紧装置时,$a_0<25p$ $a_{0max}=80p$ ┌──────┬──────────┬──────────┐ │ i │ <4 │ ≥4 │ ├──────┼──────────┼──────────┤ │a_{0min}│$0.2z_1(i+1)p$│$0.33z_1(i-1)p$│ └──────┴──────────┴──────────┘	首先考虑结构要求定中心距 a_0,有张紧装置或托板时,a_0 可大于 $80p$;对中心距不能调整的传动,$a_{0min}=30p$ 采用左边推荐的 a_{0min} 计算式,可保证小链轮的包角不小于 120°,且大小链轮不会相碰
链长节数	X_0		$X_0=\dfrac{2a_0}{p}+\dfrac{z_1+z_2}{2}+\dfrac{f_3p}{a_0}$ 式中 $f_3=\left(\dfrac{z_2-z_1}{2\pi}\right)^2$ f_3 也可由表 6.2-9 查得	X_0 应圆整成整数 X,宜取偶数,以避免过渡链节。有过渡链节的链条(X_0 为奇数时),其极限拉伸载荷为正常值的 80%
实际链条节数	X		X_0 圆整成 X 链条长度 $L=\dfrac{Xp}{1000}$	
最大中心距（理论中心距）	a	mm	$z_1=z_2=z$ 时($i=1$) $a=p\left(\dfrac{X-z}{2}\right)$ $z_1\neq z_2$ 时($i\neq1$) $a=f_4p[2X-(z_1+z_2)]$	X—圆整成整数的链节数 f_4 的计算值见表 6.2-10。当 $\dfrac{X-z_1}{z_2-z_1}$ 在表中二相邻值之间时可采用线性插值计算
实际中心距	a'	mm	$a'=a-\Delta a$ $\Delta a=(0.002\sim0.004)a$	Δa 应保证链条松边有合适的垂度 $f=(0.01\sim0.03)a$ 对中心距可调的传动,Δa 可取较大的值
链速	v	m/s	$v=\dfrac{z_1n_1p}{60\times1000}=\dfrac{z_2n_2p}{60\times1000}$	$v\leqslant0.6$m/s 为低速传动 $v>0.6\sim8$m/s 为中速传动 $v>8$m/s 为高速传动
有效圆周力	F	N	$F=\dfrac{1000P}{v}$	

（续）

项目	符号	单位	公式和参数选定	说　明
作用于轴上的拉力	F_Q	N	对水平传动和倾斜传动 $F_Q = (1.15 \sim 1.20) f_1 F$ 对接近垂直布置的传动 $F_Q = 1.05 f_1 F$	
润滑				参见图 6.2-6、表 6.2-11
小链轮包角	α_1	(°)	$\alpha_1 = 180° - \dfrac{(z_2 - z_1)p}{\pi a} \times 57.3°$	要求 $\alpha_1 \geqslant 120°$

表 6.2-8　工况系数 f_1（摘自 GB/T 18150—2006）

载荷种类	工作机	原动机		
		电动机、汽轮机、燃气轮机、带液力偶合器的内燃机	内燃机（≥6缸）、频繁起动电动机	带机械联轴器的内燃机（<6缸）
平稳运转	液体搅拌机、离心式泵和压缩机、风机、均匀给料的带式输送机、印刷机械、自动扶梯	1.0	1.1	1.3
中等振动	固体和混凝土搅拌机、混合机、不均匀负载的输送机、多缸泵和压缩机、滚筒筛	1.4	1.5	1.7
严重振动	电铲、轧机、橡胶机械、压力机、剪床、刨床、石油钻机、单缸或双缸泵和压缩机、破碎机、矿山机械、振动机械、锻压机械、冲床	1.8	1.9	2.1

表 6.2-9　系数 f_3 的计算值（摘自 GB/T 18150—2006）

$\lvert z_2-z_1 \rvert$	f_3	$\lvert z_2-z_1 \rvert$	f_3	$\lvert z_2-z_1 \rvert$	f_3	$\lvert z_2-z_1 \rvert$	f_3	$\lvert z_2-z_1 \rvert$	f_3
1	0.0252	21	11.171	41	42.580	61	94.254	81	166.191
2	0.1013	22	12.260	42	44.683	62	97.370	82	170.320
3	0.2280	23	13.400	43	46.836	63	100.536	83	174.500
4	0.4053	24	14.590	44	49.040	64	103.753	84	178.730
5	0.6333	25	15.831	45	51.294	65	107.021	85	183.011
6	0.912	26	17.123	46	53.599	66	110.339	86	187.342
7	1.241	27	18.466	47	55.955	67	113.708	87	191.724
8	1.621	28	19.859	48	58.361	68	117.128	88	196.157
9	2.052	29	21.303	49	60.818	69	120.598	89	200.640
10	2.533	30	22.797	50	63.326	70	124.119	90	205.174
11	3.065	31	24.342	51	65.884	71	127.690	91	209.759
12	3.648	32	25.938	52	68.493	72	131.313	92	214.395
13	4.281	33	27.585	53	71.153	73	134.986	93	219.081
14	4.965	34	29.282	54	73.863	74	135.709	94	223.187
15	5.699	35	31.030	55	76.624	75	142.483	95	228.605
16	6.485	36	32.828	56	79.436	76	146.308	96	223.443
17	7.320	37	34.677	57	82.298	77	150.184	97	238.333
18	8.207	38	36.577	58	85.211	78	154.110	98	243.271
19	9.144	39	38.527	49	88.175	79	158.087	99	248.261
20	10.132	40	40.529	60	91.189	80	162.115	100	253.302

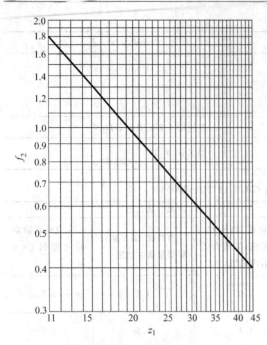

图 6.2-5　小链轮齿数系数 f_2

表 6.2-10　f_4 的计算值（摘自 GB/T 18150—2006）

$\dfrac{X-z_1}{z_2-z_1}$	f_4	$\dfrac{X-z_1}{z_2-z_1}$	f_4	$\dfrac{X-z_1}{z_2-z_1}$	f_4
13	0.24991	2.00	0.24421	1.33	0.22968
12	0.24990	1.95	0.24380	1.32	0.22912
11	0.24988	1.90	0.24333	1.31	0.22854
10	0.24986	1.85	0.24281	1.30	0.22793
9	0.24983	1.80	0.24222	1.29	0.22729
8	0.24978	1.75	0.24156	1.28	0.22662
7	0.24970	1.70	0.24081	1.27	0.22593
6	0.24958	1.68	0.24048	1.26	0.22520
5	0.24937	1.66	0.24013	1.25	0.22443
4.8	0.24931	1.64	0.23977	1.24	0.22361
4.6	0.24925	1.62	0.23938	1.23	0.22275
4.4	0.24917	1.60	0.23897	1.22	0.22185
4.2	0.24907	1.58	0.23854	1.21	0.22090
4.0	0.24896	1.56	0.23807	1.20	0.21990
3.8	0.24883	1.54	0.23758	1.19	0.21884
3.6	0.24868	1.52	0.23705	1.18	0.21771
3.4	0.24849	1.50	0.23648	1.17	0.21652
3.2	0.24825	1.48	0.23588	1.16	0.21526
3.0	0.24795	1.46	0.23524	1.15	0.21390
2.9	0.24778	1.44	0.23455	1.14	0.21245
2.8	0.24758	1.42	0.23381	1.13	0.21090
2.7	0.24735	1.40	0.23301	1.12	0.20923
2.6	0.24708	1.39	0.23259	1.11	0.20744
2.5	0.24678	1.38	0.23215	1.10	0.20549
2.4	0.24643	1.37	0.23170	1.09	0.20336
2.3	0.24602	1.36	0.23123	1.08	0.20104
2.2	0.24552	1.35	0.23073	1.07	0.19848
2.1	0.24493	1.34	0.23022	1.06	0.19564

2.2.3　润滑范围选择（见图 6.2-6）

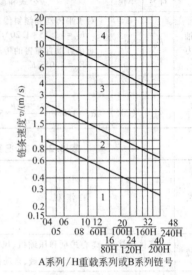

图 6.2-6　润滑范围选择图（摘自 GB/T 18150—2006）

正确的润滑方式可有效控制磨损，图 6.2-6 提供了各种润滑方式的范围，其范围定义如下：

范围 1：用油壶或油刷由人工定期润滑。

范围 2：滴油润滑。

范围 3：油池润滑或油盘飞溅润滑。

范围 4：油泵压力供油润滑，带过滤器，必要时带油冷却器。

当链传动为密闭传动，并做高速、大功率传动时，则有必要使用油冷却器。

不同工作环境温度下的滚子链传动用润滑油黏度等级见表 6.2-11。

表 6.2-11　滚子链传动用润滑油的黏度等级
（摘自 GB/T 18150—2006）

环境温度	$\geqslant -5℃$ $\leqslant 5℃$	$>5℃$ $\leqslant 25℃$	$>25℃$ $\leqslant 45℃$	$>45℃$ $\leqslant 70℃$
润滑油的黏度级别	VG68 (SAE20)	VG100 (SAE30)	VG150 (SAE40)	VG220 (SAE50)

注：应保证润滑油不被污染，特别不能有磨料性微粒存在。

2.2.4　滚子链的静强度计算

在低速重载链传动中，链条的静强度占有主要地位。通常 $v<0.6\text{m/s}$ 视为低速传动。如果低速链也按疲劳考虑，用额定功率曲线选择和计算，结果常不经济。因为额定功率曲线上各点相应的条件性安全系数 n 大于 $8\sim 20$，比静强度安全系数大。

链条的静强度计算式为

$$n=\frac{F_u}{f_1 F+F_c+F_f}\geqslant [n]$$

式中　n——静强度安全系数；

　　　F_u——链条极限拉伸载荷（N），见表 6.2-2、表 6.2-3；

　　　f_1——工况系数，见表 6.2-8；

　　　F——有效拉力（即有效圆周力）（N），见表 6.2-7；

　　　F_c——离心力引起的拉力（N），其计算式为 $F_c = qv^2$；q 为链条每米质量（kg/m），见表 6.2-12；v 为链速（m/s）；当 $v < 4$m/s 时，F_c 可忽略不计；

　　　F_f——悬垂拉力（N），见图 6.2-7，在 F_f' 和 F_f'' 中选用较大者；

　　　$[n]$——许用安全系数，一般为 4~8；如果按最大尖峰载荷 F_{max} 来代替 f_1F 进行计算，则可为 3~6；对于速度较低、从动系统惯性较小、不太重要的传动或作用力的确定比较准确时，$[n]$ 可取较小值。

表 6.2-12　滚子链每米质量 q

节距 p/mm	8.00	9.525	12.7	15.875	19.05	25.40
单排每米质量 q/kg·m^{-1}	0.18	0.40	0.65	1.00	1.50	2.60
节距 p/mm	31.75	38.10	44.45	50.80	63.50	76.20
单排每米质量 q/kg·m^{-1}	3.80	5.60	7.50	10.10	16.10	22.60

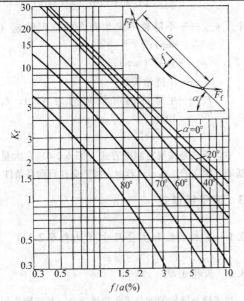

图 6.2-7　悬垂拉力的确定

$F_f' = K_f qa \times 10^{-2}$，$F_f'' = (K_f + \sin\alpha)\, qa \times 10^{-2}$

式中，a（mm），q（kgf/m），

F_f'，F_f''（N）

2.2.5　滚子链的耐疲劳工作能力计算

当链条传递功率超过额定功率、链条的使用寿命要求小于 15000h 时，其疲劳寿命的近似计算法如下。本计算法仅适用于 A 系列标准滚子链，对 B 系列和加重系列可作为参考。

设 P_0' 为链板疲劳强度限定的额定功率（kW），P_0'' 为滚子套筒冲击疲劳强度限定的额定功率（kW），P 为要求的传递功率（kW），则在铰链不发生胶合的前提下对已知链传动进行疲劳寿命计算如下。

当 $\dfrac{f_1 P}{K_p} \geqslant P_0'$ 时

则
$$T = \frac{10^7}{z_1 n_1}\left(\frac{K_p P_0'}{f_1 P}\right)^{3.71} \frac{L_p}{100}$$

当 $P_0'' \leqslant \dfrac{f_1 P}{K_p} < P_0'$ 时

则
$$T = 15000\left(\frac{K_p P_0'}{f_1 P}\right)\frac{L_p}{100}$$

式中　T——使用寿命（h）；

　　　z_1——小链轮齿数；

　　　n_1——小链轮转速（r/min）；

　　　K_p——多排链排数系数，单排 $K_p = 1$，双排 $K_p = 1.7$，三排 $K_p = 2.5$，四排 $K_p = 3.3$；

　　　f_1——工况系数，见表 6.2-8；

　　　L_p——链长，以节数表示。

$$P_0' = 0.003 z_1^{1.08} n_1^{0.9}\left(\frac{p}{25.4}\right)^{3-0.0028p}$$

$$P_0'' = \frac{950 z_1^{1.5} p^{0.8}}{n_1^{1.5}}$$

2.2.6　滚子链的耐磨损工作能力计算

当工作条件要求链条的磨损伸长率（即相对伸长量）$\dfrac{\Delta p}{p}$ 明显小于 3% 或润滑条件不符合图 6.2-6 的规定要求方式而有所恶化时，可按下列公式进行滚子链的磨损寿命计算：

$$T = 91500\left(\frac{c_1 c_2 c_3}{p_r}\right)^3 \frac{L_p}{v} \times \frac{z_1 i}{i+1}\left(\frac{\Delta p}{p}\right)_p \frac{p}{3.2 d_2}$$

式中　T——磨损使用寿命（h）；

　　　L_p——链长，以节数表示；

　　　v——链速（m/s）；

　　　z_1——小链轮齿数；

　　　i——传动比；

　　　$\left(\dfrac{\Delta p}{p}\right)_p$——许用磨损伸长率，按具体条件确定，一

般取 3%；

d_2——滚子链销轴直径（mm）；

c_1——磨损系数，如图 6.2-8 所示；

c_2——节距系数，见表 6.2-13；

c_3——齿数-速度系数，如图 6.2-9 所示；

p_r——铰链的压强（MPa）。

表 6.2-13　节距系数 c_2

节距 p/mm	9.525	12.7	15.875	19.05	25.4	31.75	38.1	44.45	50.8	63.5
系数 c_2	1.48	1.44	1.39	1.34	1.27	1.23	1.19	1.15	1.11	1.03

铰链的压强 p_r 按下式计算：

$$p_r = \frac{f_1 F_t + F_c + F_f}{A}$$

式中　f_1——工况系数，见表 6.2-8；

F_t——有效拉力（即有效圆周力）（N），$F_t = \dfrac{1000p}{v}$；

F_c——离心力引起的拉力（N），$F_c = qv^2$，其中 q 为链条质量（kg/m），见表 6.2-12；v 为链条速度（m/s）；

F_f——悬垂拉力（N），如图 6.2-7 所示；

A——铰链承压面积（mm²），$A = d_2 b_2$，其中 d_2 为滚子链销轴直径（mm）；b_2 为套筒长度（即内链节外宽）（mm）。

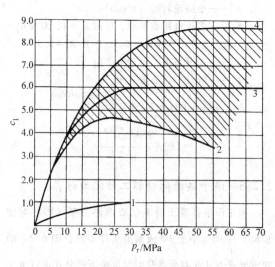

图 6.2-8　磨损系数 c_1

1—干运转，工作温度<140℃，链速 v<7m/s（干运转使磨损寿命大大下降，应尽可能使润滑条件位于图中的阴影区）　2—润滑不充分，工作温度<70℃，v<7m/s　3—采用规定的润滑方式（图 6.2-6）　4—良好的润滑条件

2.2.7　滚子链的抗胶合工作能力计算

由销轴与套筒间的胶合限定的滚子链工作能力（通常为计算小链轮的极限转速）可由下式确定。本公式仅适用于 A 系列标准滚子链。

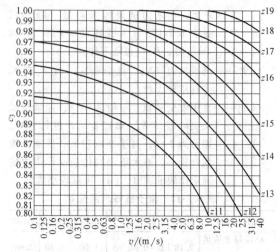

图 6.2-9　齿数-速度系数 c_3

$$\left(\frac{n_{max}}{1000}\right)^{1.591\lg\frac{p}{25.4}+1.873} = \frac{82.5}{(7.95)^{\frac{p}{25.4}}(1.0278)z_1(1.323)^{\frac{F_t}{4450}}}$$

式中　n_{max}——小链轮不发生胶合的极限转速（r/min）；

p——节距（mm）；

z_1——小链轮齿数；

F_t——单排链的有效圆周力（N），$F_t = \dfrac{1000pf_1}{v}$。

本计算式是按规定润滑方式（图 6.2-6）在大量试验基础上建立的。高速运转时，特别要注意润滑条件。

2.3　滚子链链轮

2.3.1　基本参数和主要尺寸（见表 6.2-14）

2.3.2　齿槽形状

滚子链与链轮的啮合属非共轭啮合，其链轮齿形的设计可以有较大的灵活性。GB/T 1243—2006 中没有规定具体的链轮齿形，仅仅规定了最大齿槽形状和最小齿槽形状及其极限参数，见表 6.2-15。凡在两个极限齿槽形状之间的各种标准齿形均可采用。试验和使用表明，齿槽形状在一定范围内变动，在一般工况下对链传动的性能不会有很大影响。这样安排不仅为不同使用要求情况时选择齿形参数留有较大的余地，也为研究发展更为理想的新齿形创造了条件，各种标准齿形的链轮之间也可以进行互换。

推荐一种三圆弧—直线齿形（或称凹齿形），其几何计算见表 6.2-16。这种齿形与滚子啮合时接触应力较小，作用角随齿数增加而增大，性能较好。它的缺点之一是切齿滚刀的制造比较麻烦。链轮也可用渐开线齿形。

表 6.2-14　滚子链链轮的基本参数和主要尺寸（摘自 GB/T 1243—2006）　　　　（mm）

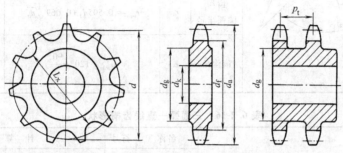

	名　称		符号	计　算　公　式	说　明
基本参数	链轮齿数		z		查表 6.2-7
	配用链条的	节距	p		见表 6.2-2、表 6.2-3
		滚子外径	d_1		
		排距	p_t		
主要尺寸	分度圆直径		d	$d = \dfrac{p}{\sin\dfrac{180°}{z}}$	
	齿顶圆直径		d_a	$d_{amax} = d + 1.25p - d_1$ $d_{amin} = d + \left(1 - \dfrac{1.6}{z}\right)p - d_1$ 若为三圆弧—直线齿形，则 $d_a = p\left(0.54 + \cot\dfrac{180°}{z}\right)$	可在 d_{amax} 与 d_{amin} 范围内选取，但当选用 d_{amax} 时，应注意用展成法加工时有可能发生顶切
	齿根圆直径		d_f	$d_f = d - d_1$	
	分度圆弦齿高		h_a	$h_{amax} = 0.625p - 0.5d_1 + \dfrac{0.8p}{z}$ $h_{amin} = 0.5(p - d_1)$ 若为三圆弧—直线齿形，则 $h_a = 0.27p$	h_a 见表 6.2-15、表 6.2-16 插图 h_a 是为简化放大齿形图的绘制而引入的辅助尺寸，h_{amax} 相应于 d_{amax}，h_{amin} 相应于 d_{amin}
	最大齿根距离		L_x	奇数齿　$L_x = d\cos\dfrac{90°}{z} - d_1$ 偶数齿　$L_x = d_f = d - d_1$	
	齿侧凸缘（或排间槽）直径		d_g	对链号为 04C 和 06C 的链条 $d_g \leq p\cot\dfrac{180°}{z} - 1.05h_2 - 1.00 - 2r_a$ 对所有其他的链条 $d_g \leq p\cot\dfrac{180°}{z} - 1.04h_2 - 0.76\text{mm}$	h_2—内链板高度，见表 6.2-2、表 6.2-3 r_a—齿侧凸缘圆角半径

注：d_a、d_g 计算值舍小数取整数，其他尺寸精确到 0.01mm。

表 6.2-15 最大和最小齿槽形状（摘自 GB/T 1243—2006）   （mm）

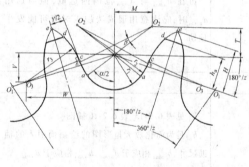

名称	符号	计 算 公 式	
		最大齿槽形状	最小齿槽形状
齿槽圆弧半径	r_e	$r_{emin} = 0.008d_1(z^2 + 180)$	$r_{emax} = 0.12d_1(z+2)$
齿沟圆弧半径	r_i	$r_{imax} = 0.505d_1 + 0.069\sqrt[3]{d_1}$	$r_{imin} = 0.505d_1$
齿沟角	α	$\alpha_{min} = 120° - \dfrac{90°}{z}$	$\alpha_{max} = 140° - \dfrac{90°}{z}$

表 6.2-16 三圆弧—直线齿槽形状   （mm）

名称	符号	计 算 公 式
齿沟圆弧圆弧半径	r_1	$r_1 = 0.5025d_1 + 0.05$
齿沟半角/(°)	$\dfrac{\alpha}{2}$	$\dfrac{\alpha}{2} = 55° - \dfrac{60°}{z}$
工作段圆弧中心 O_2 的坐标	M	$M = 0.8d_1 \sin\dfrac{\alpha}{2}$
	T	$T = 0.8d_1 \cos\dfrac{\alpha}{2}$
工作段圆弧半径	r_2	$r_2 = 1.3025d_1 + 0.05$
工作段圆弧中心角/(°)	β	$\beta = 18° - \dfrac{56°}{z}$
齿顶圆弧中心 O_3 的坐标	W	$W = 1.3d_1 \cos\dfrac{180°}{z}$
	V	$V = 1.3d_1 \sin\dfrac{180°}{z}$
齿形半角	$\dfrac{\gamma}{2}$	$\dfrac{\gamma}{2} = 17° - \dfrac{64°}{z}$
齿顶圆弧半径	r_3	$r_3 = d_1\left(1.3\cos\dfrac{\gamma}{2} + 0.8\cos\beta - 1.3025\right) - 0.05$
工作段直线部分长度	b_c	$b_c = d_1\left(1.3\sin\dfrac{\gamma}{2} - 0.8\sin\beta\right)$
e 点至齿沟圆弧中心连线的距离	H	$H = \sqrt{r_3^2 - \left(1.3d_1 - \dfrac{p_0}{2}\right)^2}$, $p_0 = p\left(1 + \dfrac{2r_1 - d_1}{d}\right)$

注：齿沟圆弧半径 r_1 允许比表中公式计算的大 $0.0015d_1 + 0.06$ mm。

2.3.3　剖面齿廓（见表 6.2-17）

表 6.2-17　剖面齿廓及尺寸（摘自 GB/T 1243—2006）　　　　（mm）

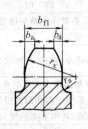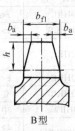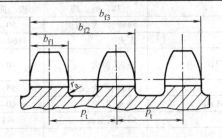

B 型

名称		符号	计算公式		备　注
			$p \leqslant 12.7$	$p > 12.7$	
齿宽	单排	b_{f1}	$0.93b_1$	$0.95b_1$	$p>12.7$ 时，经制造厂同意，亦可使用 $p \leqslant 12.7$ 时的齿宽。b_1—内链节内宽，见表 6.2-2、表 6.2-3，公差为 h14
	双排、三排		$0.91b_1$	$0.93b_1$	
	四排以上		$0.88b_1$	$0.90b_1$	
齿侧倒角		b_a	$b_{a公称} = 0.06p$		适用于 081、083、084 和 085 的链条
			$b_{a公称} = 0.13p$		适用于其余链条
齿侧半径		r_x	$r_{x公称} = p$		
齿全宽		b_{fm}	$b_{fm} = (m-1)p_t + b_{f1}$		m—排数

2.3.4　链轮公差（见表 6.2-18~表 6.2-20）

对一般用途的滚子链链轮，其轮齿经机械加工　　　后，齿表面粗糙度 Ra 为 6.3μm。

表 6.2-18　滚子链链轮齿根圆直径极限偏差及量柱测量距极限偏差

（摘自 GB/T 1243—2006）　　　　（mm）

项　目	尺寸段	上偏差	下偏差	备　注
齿根圆极限偏差及量柱测量距极限偏差	$d_f \leqslant 127$	0	-0.25	链轮齿根圆直径下偏差为负值。它可以用量柱法间接测量，量柱测量距 M_R 的公称尺寸值见表 6.2-19
	$127 < d_f \leqslant 250$	0	-0.30	
	$250 < d_f$	0	h11	

表 6.2-19　滚子链链轮的量柱测量距 M_R（摘自 GB/T1243—2006）

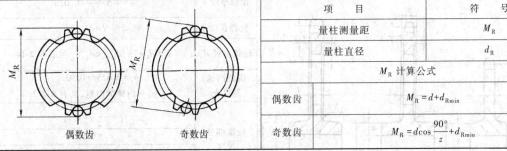

偶数齿　　　　　奇数齿

项　目	符　号
量柱测量距	M_R
量柱直径	d_R
M_R 计算公式	
偶数齿	$M_R = d + d_{Rmin}$
奇数齿	$M_R = d\cos\dfrac{90°}{z} + d_{Rmin}$

注：量柱直径 d_R =滚子外径 d_1。量柱的技术要求为：极限偏差为 $^{+0.01}_{0}$。

表 6.2-20　滚子链链轮齿根圆径向圆跳动和轴向圆跳动（摘自 GB/T 1243—2006）

项　目	要　求
链轮孔和根圆直径之间的径向圆跳动量	不应超过下列两数值中的较大值：$0.0008d_f + 0.08$mm 或 0.15mm，最大到 0.76mm
轴孔到链轮齿侧平面部分的轴向圆跳动量	不应超过下列计算值：$0.0009d_f + 0.08$mm，最大到 1.14mm。对焊接链轮，如果上式计算值小，可采用 0.25mm

2.3.5　链轮材料及热处理（见表6.2-21）

表6.2-21　链轮材料及热处理

材　料	热　处　理	齿面硬度	应　用　范　围
15、20	渗碳、淬火、回火	50~60HRC	$z \le 25$ 有冲击载荷的链轮
35	正火	160~200HBW	$z>25$ 的链轮
45、50、45Mn、ZG310-570	淬火、回火	40~50HRC	无剧烈冲击振动和要求耐磨损的链轮
15Cr、20Cr	渗碳、淬火、回火	55~60HRC	$z<30$ 传递较大功率的重要链轮
40Cr、35SiMn、35CrMo	淬火、回火	40~50HRC	要求强度较高和耐磨损的重要链轮
Q235、Q275	焊接后退火	≈140HBW	中低速、功率不大的较大链轮
不低于 HT200 的灰铸铁	淬火、回火	260~280HBW	$z>50$ 的从动链轮以及外形复杂或强度要求一般的链轮
夹布胶木			$P<6kW$，速度较高，要求传动平稳、噪声小的链轮

2.3.6　链轮结构

小尺寸链轮常采用表6.2-22的整体式结构，中等尺寸的链轮除整体式结构外，也可做成板式齿圈的焊接结构或装配结构，如图6.2-10所示。

大尺寸链轮除可采用表6.2-22的整体式结构外，也可采用轮辐式铸造结构。其中轮辐剖面可用椭圆形或十字形，可参考铸造齿轮结构。

表6.2-22　链轮结构尺寸

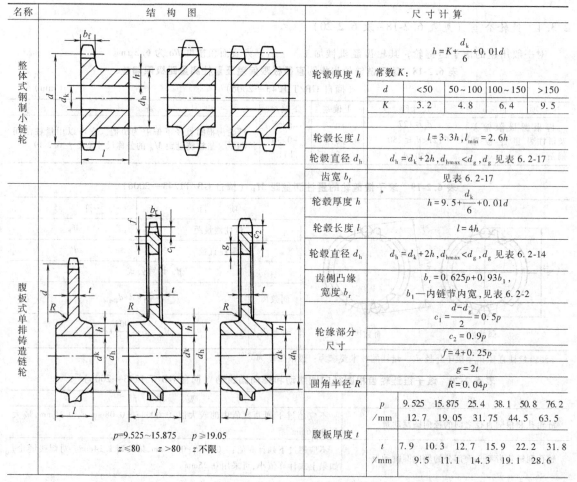

名称	结　构　图	尺　寸　计　算

整体式钢制小链轮：

轮毂厚度 h：
$$h = K + \frac{d_k}{6} + 0.01d$$

常数 K：

d	<50	50~100	100~150	>150
K	3.2	4.8	6.4	9.5

轮毂长度 l：　$l = 3.3h,\ l_{min} = 2.6h$

轮毂直径 d_h：　$d_h = d_k + 2h, d_{hmax} < d_g, d_g$ 见表6.2-17

齿宽 b_f：　见表6.2-17

腹板式单排铸造链轮：

轮毂厚度 h：
$$h = 9.5 + \frac{d_k}{6} + 0.01d$$

轮毂长度 l：　$l = 4h$

轮毂直径 d_h：　$d_h = d_k + 2h, d_{hmax} < d_g, d_g$ 见表6.2-14

齿侧凸缘宽度 b_r：　$b_r = 0.625p + 0.93b_1$，b_1—内链节内宽，见表6.2-2

轮缘部分尺寸：
$$c_1 = \frac{d - d_g}{2} = 0.5p$$
$$c_2 = 0.9p$$
$$f = 4 + 0.25p$$
$$g = 2t$$

圆角半径 R：　$R = 0.04p$

$p=9.525\sim15.875$ 　　$p \ge 19.05$

$z \le 80$ 　　$z > 80$ 　　z 不限

腹板厚度 t：

p /mm	9.525	15.875	25.4	38.1	50.8	76.2
	12.7	19.05	31.75	44.5	63.5	
t /mm	7.9	10.3	12.7	15.9	22.2	31.8
	9.5	11.1	14.3	19.1	28.6	

（续）

名称	结 构 图	尺 寸 计 算						
腹板式多排铸造链轮	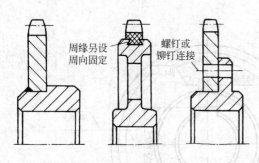	圆角半径 R	$R = 0.5t$					
		轮毂长度 l	$l = 4h$					
		腹板厚度 t	p /mm	9.525 15.875 25.4 38.1 50.8 76.2				
				12.7 19.05 31.75 44.5 63.5				
			t /mm	9.5 11.1 14.3 19.1 25.4 38.1				
				10.3 12.7 15.9 22.2 31.8				
		其余结构尺寸	见腹板式单排铸造链轮					

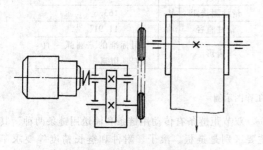

周缘另设周向固定　螺钉或铆钉连接

图 6.2-10　链轮结构

2.4　滚子链传动设计计算示例

设计一带式输送机驱动装置低速级用的滚子链传动。已知小链轮轴功率 $P = 4.5\text{kW}$，小链轮转速 $n_1 = 265\text{r/min}$，传动比 $i = 2.5$，工作载荷平稳，小链轮悬臂装于轴上，轴直径为 50mm，链传动中心距可调，两轮中心连线与水平面夹角近于 30°，传动简图如图 6.2-11 所示。

图 6.2-11　传动简图

解

1）链轮齿数。

取小链轮齿数 $z_1 = 25$

大链轮齿数

$z_2 = iz_1 = 2.5 \times 25 = 62.5$，取 62

2）实际传动比 i

$$i = \frac{z_2}{z_1} = \frac{62}{25} = 2.48$$

3）链轮转速。

小链轮转速 $n_1 = 265\text{r/min}$

大链轮转速

$$n_2 = \frac{n_1}{i} = \frac{265}{2.48}\text{r/min} = 107\text{r/min}$$

4）设计功率

$$P_d = Pf_1 f_2 = 4.5 \times 1 \times 0.76\text{kW} = 3.42\text{kW}$$

式中　由表 6.2-8，工况系数 $f_1 = 1$，

由图 6.2-5，小链轮齿数系数 $f_2 = 0.76$。

5）链条节距 p。由设计功率 $P_d = 3.42\text{kW}$ 和小链轮转速 $n_1 = 265\text{r/min}$，在图 6.2-2 上选得节距 p 为 12A，即 19.05mm。

6）初定中心距 a_0。因结构上未限定，暂取 $a_0 \approx 35p$。

7）链长节数

$$X_0 = \frac{2a_0}{p} + \frac{z_1 + z_2}{2} + \frac{f_3 p}{a_0}$$

$$= 2 \times 35 + \frac{25 + 62}{2} + \frac{34.68}{35} = 114.49$$

取 $X_0 = 114$

式中，$f_3 = \left(\frac{62-25}{2\pi}\right)^2 = 34.68$。

8）链条长度

$$L = \frac{X_0 p}{1000} = \frac{114 \times 19.05}{1000}\text{m} \approx 2.17\text{m}$$

9）理论中心距

$$a = p\,(2X_0 - z_2 - z_1)\,f_4$$

$$= 19.05(2 \times 114 - 62 - 25) \times 0.24645\text{mm}$$

$$= 661.98\text{mm}$$

式中，$f_4 = 0.24645$，按 $\frac{X_0 - z_1}{z_2 - z_1} = \frac{114 - 25}{62 - 25} = 24.05$，由表

6.2-10 插值法求得。

10）实际中心距

$$a' = a - \Delta a$$
$$= (661.98 - 0.004 \times 661.98) \text{mm}$$
$$= 659.3 \text{mm}$$

11）链速

$$v = \frac{z_1 n_1 p}{60 \times 1000} = \frac{25 \times 265 \times 19.05}{60 \times 1000} \text{m/s} = 2.1 \text{m/s}$$

12）有效圆周力

$$F = \frac{1000P}{v} = \frac{1000 \times 4.5}{2.1} \text{N} = 2143 \text{N}$$

13）作用于轴上的拉力

$$F_Q \approx 1.2 f_1 F = 1.2 \times 1 \times 2143 \text{N} = 2572 \text{N}$$

14）计算链轮几何尺寸并绘制链轮工作图，其中小链轮工作图如图 6.2-12 所示。

15）润滑方式的选定。根据链号 12A 和链条速度 $v = 2.1 \text{m/s}$，由图 6.2-6 选用润滑范围 3，即油池润滑或油盘飞溅润滑。

16）链条标记。根据设计计算结果，采用单排 12A 滚子链，节距为 19.05mm，节数为 114 节，其标记为：

$$\text{12A-1} \times \text{114 \quad GB/T 1243—2006}$$

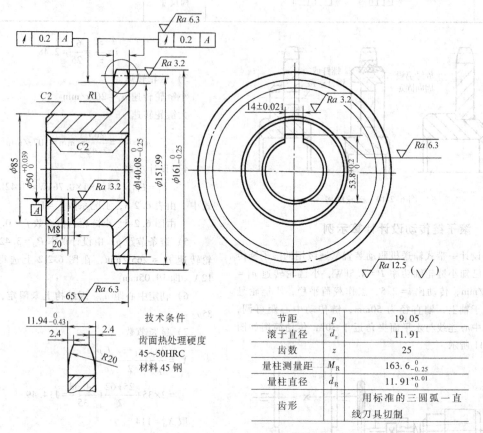

节距	p	19.05
滚子直径	d_r	11.91
齿数	z	25
量柱测量距	M_R	$163.6_{-0.25}^{0}$
量柱直径	d_R	$11.91_{0}^{+0.01}$
齿形		用标准的三圆弧一直线刀具切制

图 6.2-12　小链轮工作图示例

2.5　传动用双节距精密滚子链和链轮

传动及输送用双节距精密滚子链（GB/T 5269—2008）（以下简称双节距链）是由短节距精密滚子链派生出来的一种链条，除前者的节距是后者的两倍外，链条的结构型式和零件尺寸均相同。因此，与精密滚子链相比，双节距链是一种轻型链条，其传递功率及运转速度应相对降低，适用于传递功率较小、速度较低、传动中心距较大的场合。

双节距链条有传动用链条和输送用链条两种，其主要区别是链板、滚子、附件和链长精度等要求不同，本节主要介绍传动用双节距链和链轮。传动用双节距链对链长精度要求较高，链条一般不装附件和大滚子，链板形状一般为∞字形。

传动用双节距链的结构及尺寸如图 6.2-13 所示。

传动用双节距滚子链条主要尺寸、测量力和抗拉强度见表 6.2-23。其链号是在 GB/T 1243—2006 的相应链号上加前缀"2"构成。

表 6.2-23 传动用双节距滚子链条主要尺寸、测量力和抗拉强度（摘自 GB/T 5269—2008）

链号	节距 p	小滚子直径① d_{1max}	大滚子直径① d_{7max}	内链节内宽 b_{1min}	销轴直径 d_{2max}	套筒内径 d_{3min}	链条通道高度 h_{1min}	链板高度 h_{2max}	过渡链板尺寸② l_{1min}	内链节外宽 b_{2max}	外链节内宽 b_{3min}	销轴长度 b_{4max}	销轴止锁端加长量③ b_{7max}	测量力	抗拉强度 min
						mm								N	kN
208A	25.4	7.92	15.88	7.85	3.98	4.00	12.33	12.07	6.9	11.17	11.31	17.8	3.9	120	13.9
208B	25.4	8.51	15.88	7.75	4.45	4.50	12.07	11.81	6.9	11.30	11.43	17.0	3.9	120	17.8
210A	31.75	10.16	19.05	9.40	5.09	5.12	15.35	15.09	8.4	13.84	13.97	21.8	4.1	200	21.8
210B	31.75	10.16	19.05	9.65	5.08	5.13	14.99	14.73	8.4	13.28	13.41	19.6	4.1	200	22.2
212A	38.1	11.91	22.23	12.57	5.96	5.98	18.34	18.10	9.9	17.75	17.88	26.9	4.6	280	31.3
212B	38.1	12.07	22.23	11.68	5.72	5.77	16.39	16.13	9.9	15.62	15.75	22.7	4.6	280	28.9
216A	50.8	15.88	28.58	15.75	7.94	7.96	24.39	24.13	13	22.60	22.74	33.5	5.4	500	55.6
216B	50.8	15.88	28.58	17.02	8.28	8.33	21.34	21.08	13	25.45	25.58	36.1	5.4	500	60.0
220A	63.5	19.05	39.67	18.90	9.54	9.56	30.48	30.17	16	27.45	27.59	41.1	6.1	780	87.0
220B	63.5	19.05	39.67	19.56	10.19	10.24	26.68	26.42	16	29.01	29.14	43.2	6.1	780	95.0
224A	76.2	22.23	44.45	25.22	11.11	11.14	36.55	36.20	19.1	35.45	35.59	50.8	6.6	1110	125.0
224B	76.2	25.4	44.45	25.40	14.63	14.68	33.73	33.40	19.1	37.92	38.05	53.4	6.6	1110	160.0
228B	88.9	27.94	—	30.99	15.90	15.95	37.46	37.08	21.3	46.58	46.71	65.1	7.4	1510	200.0
232B	101.6	29.21	—	30.99	17.81	17.86	42.72	42.29	24.4	45.57	45.70	67.4	7.9	2000	250.0

① 大滚子链条在链号后加 L，它主要用于输送，但有时也用于传动。
② 对繁重的工况不推荐使用过渡链节。
③ 实际尺寸取决于所给锁件的类型，但不得超过所给尺寸，详细资料应从链条制造商得到。

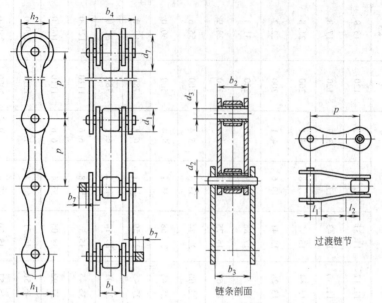

图 6.2-13　传动用双节距链的结构及尺寸

双节距链的链轮与一般滚子链链轮相仿,其尺寸与齿形如图 6.2-14 所示。

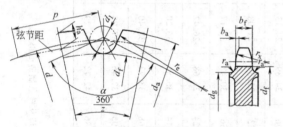

图 6.2-14　链轮直径尺寸与齿形

双节距链的链轮可做成单切齿或双切齿(图 6.2-15)。单切齿(图中实线所示)链轮的有效齿数等于实际齿数 $(z=z_1)$。双切齿(图中虚线所示)则是在单切齿链轮的各齿中间位置上又切出一组齿,在这种情况下,链轮的有效齿数等于实际齿数之半 $(z=z_1/2)$。

单切齿链轮齿数 z 必为整数。双切齿链轮的实际齿数 z_1 也是整数,但 z_1 为奇数时,有效齿数 z 则成为分数。双节距链轮的主要尺寸及计算公式见表 6.2-24。由于分度圆直径 d 不同,双节距链不能同派生它的短节距滚子链轮配用,即使使用同一刀具加工的链轮;反之亦然。

链轮齿数范围为 5~75,包括 $5\left(\frac{1}{2}\right)$ ~$74\left(\frac{1}{2}\right)$ 的中间数。优选齿数为 7、9、10、11、13、19、27、38 和 57。

图 6.2-16 为检测链轮精度时量柱测量距 M_R。取量柱直径 $d_R=d_1$,齿根圆直径极限偏差按表 6.2-18 选取,量柱极限偏差为 $^{+0.01}_{0}$ mm。

表 6.2-24　双节距链轮的主要尺寸及计算公式 (摘自 GB/T 5269—2008)

名称	符号	计算公式	说　明
分度圆直径	d	$d=\dfrac{p}{\sin\dfrac{180°}{z}}$	p—弦齿距,等于链条节距 z—有效齿数,实际绕轮链节数
齿顶圆直径	d_a	$d_{amax}=d+0.625p-d_1$ $d_{amin}=d+p\left(0.5-\dfrac{0.4}{z}\right)-d_1$	d_{amax} 和 d_{amin} 受到刀具所能加工的最大直径的限制,d_1—滚子直径
齿根圆直径	d_f	$d_f=d-d_1$	
分度圆弦齿高	h_a	$h_{amax}=p\left(0.3125+\dfrac{0.8}{z}\right)-0.5d_1$ $h_{amin}=p\left(0.25+\dfrac{0.6}{z}\right)-0.5d_1$	h_{amax} 对应 d_{amax} h_{amin} 对应 d_{amin}

(续)

名称	符号	计算公式	说明
最大齿槽廓	r_e r_1 α	$r_{emin} = 0.008d_1(z^2+180)$ $r_{1max} = 0.505d_1 + 0.069\sqrt[3]{d_1}$ $\alpha_{min} = 120° - \dfrac{90°}{z}$	r_e—齿廓圆弧半径 r_1—滚子定位圆弧半径 α—齿沟角
最小齿槽廓	r_e r_1 α	$r_{emax} = 0.12d_1(z+2)$ $r_{1min} = 0.505d_1$ $\alpha_{max} = 140° - \dfrac{90°}{z}$	
齿宽	b_f	$b_f = 0.95b_1$（公差 h14）	用户与制造厂协商，也可用 $0.93b_1$，b_1—内链节内宽最小值
最大齿侧凸缘直径	d_g	$d_g = p\cot\dfrac{180°}{z} - 1.05h_2 - 1 - 2r_a$	h_2—链板高度最大值
齿侧倒角半径	r_x	$r_{xnom} = 0.5p$	
齿侧倒角	b_a	$b_{anom} = 0.065p$	

测量链轮在转动一周中的径向圆跳动，其齿根圆直径对轴孔轴线的最大径向圆跳动量不应超过下列两数中的大值：$0.0008d_f + 0.08$mm 或 0.15mm，但最大到 0.76mm。

测量链轮在转动一周中的轴向跳动，其链轮齿侧的平直部分对轴孔轴线的轴向跳动量不应超过 $0.0009d_f + 0.08$mm，但最大到 1.14mm。

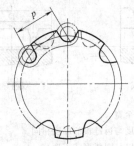

图 6.2-15 单、双切齿链轮
实线 = z，虚线 = $2z$

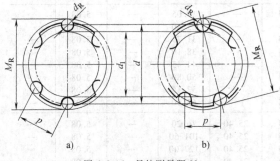

图 6.2-16 量柱测量距 M_R
a) 偶数齿 b) 奇数齿

对于组合装配（焊接）链轮，如果上述计算值较小，可以采用 0.25mm 作为最小限制值。

链轮的主要尺寸精度——齿距精度应与制造厂商定。

3 齿形链传动

齿形链传动具有啮合冲击与噪声小、工作可靠性高与运动精度保持性好等优点，因此，齿形链传动常用于较高速度、高可靠性场合。

齿形链传动分为外侧啮合传动和内侧啮合传动两类。外侧啮合传动中，链片的外侧直边与轮齿啮合，链片的内侧不与轮齿接触；其啮合的齿楔角有 $60°$ 和 $70°$ 两种，前者用于节距 $p \geq 9.525$mm，后者则用于 $p < 9.525$mm。齿楔角为 $60°$ 的外侧啮合齿形链传动因其制造较易，故应用较广。

3.1 齿形链的基本参数和尺寸（见表 6.2-25、表 6.2-26）

齿形链的外形如图 6.2-17 所示。按 GB/T 10855—2016 的规定，齿形链分为内导式和外导式。内导式齿形链的导板，嵌在链轮齿廓上圆周导槽中（图 6.2-17a）；外导式齿形链的导板，骑在链轮两侧（图 6.2-17b）。由于铰接件、连接件和链板弯部随各制造厂而异，因此标准中未包括这些部分。

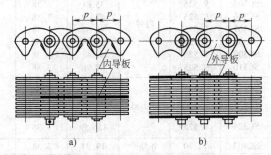

图 6.2-17 齿形链外形图
a) 内导式齿形链 b) 外导式齿形链

节距 $p \geq 9.525$mm 的链条，链宽达到或超过 $2p$ 的，采用内导式；链宽小于 $2p$ 的可以采用外导式或内导式；链宽超过 $16p$ 的不推荐使用。

节距 $p = 4.762$mm 的链条，可采用内导式或外导式，要求链宽 $\leq 8p$。齿形链的链号表号方法如下：

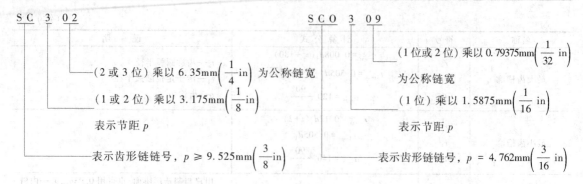

$$\underline{S\ C}\quad \underline{3}\quad \underline{0\ 2}$$

- (2 或 3 位) 乘以 6.35mm$\left(\dfrac{1}{4}\text{in}\right)$ 为公称链宽
- (1 或 2 位) 乘以 3.175mm$\left(\dfrac{1}{8}\text{in}\right)$
- 表示节距 p
- 表示齿形链链号，$p \geqslant 9.525\text{mm}\left(\dfrac{3}{8}\text{in}\right)$

$$\underline{S\ C\ O}\quad \underline{3}\quad \underline{0\ 9}$$

- (1 位或 2 位) 乘以 0.79375mm$\left(\dfrac{1}{32}\text{in}\right)$ 为公称链宽
- (1 位) 乘以 1.5875mm$\left(\dfrac{1}{16}\text{in}\right)$
- 表示节距 p
- 表示齿形链链号，$p = 4.762\text{mm}\left(\dfrac{3}{16}\text{in}\right)$

表 6.2-25　$p \geqslant 9.525\text{mm}$ 齿形链的宽度和链轮尺寸（摘自 GB/T 10855—2016）　　　　（mm）

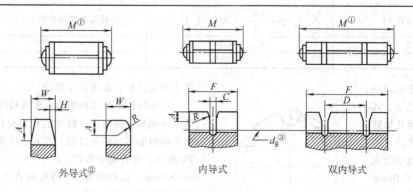

外导式②　　　　　内导式　　　　　双内导式

① M 等于链条最大全宽。
② 外导式的导板厚度与齿链板的厚度相同。
③ 切槽刀的端头可以是圆弧形或矩形。

链号①	链条节距 p	类型	最大链宽 M max	齿侧倒角高度 A	导槽宽度 C ±0.13	导槽间距 D ±0.25	齿全宽 F +3.18 0	齿侧倒角宽度 H ±0.08	齿侧圆角半径 R ±0.08	齿宽 W +0.25 0
SC302	9.525	外导②	19.81	3.38	—	—	—	1.30	5.08	10.41
SC303	9.525		22.99	3.38	2.54	—	19.05		5.08	—
SC304	9.525		29.46	3.38	2.54	—	25.40		5.08	—
SC305	9.525		35.81	3.38	2.54	—	31.75		5.08	—
SC306	9.525	内导	42.29	3.38	2.54	—	38.10		5.08	—
SC307	9.525		48.64	3.38	2.54	—	44.45		5.08	—
SC308	9.525		54.99	3.38	2.54	—	50.80		5.08	—
SC309	9.525		61.47	3.38	2.54	—	57.15		5.08	—
SC310	9.525		67.96	3.38	2.54	—	63.50		5.08	—
SC312	9.525		80.39	3.38	2.54	25.40	76.20		5.08	—
SC316	9.525	双内导	105.79	3.38	2.54	25.40	101.60		5.08	—
SC320	9.525		131.19	3.38	2.54	25.40	127.00		5.08	—
SC324	9.525		156.59	3.38	2.54	25.40	152.40		5.08	—
SC402	12.70	外导②	19.81	3.33	—	—	—	1.30	5.08	10.41
SC403	12.70		24.13	3.38	2.54	—	19.05		5.08	—
SC404	12.70		30.23	3.38	2.54	—	25.40		5.08	—
SC405	12.70		36.58	3.38	2.54	—	31.75		5.08	—
SC406	12.70		42.93	3.38	2.54	—	38.10		5.08	—
SC407	12.70		49.28	3.38	2.54	—	44.45		5.08	—
SC408	12.70	内导	55.63	3.38	2.54	—	50.80		5.08	—
SC409	12.70		61.98	3.38	2.54	—	57.15		5.08	—
SC410	12.70		68.33	3.38	2.54	—	63.50		5.08	—
SC411	12.70		74.68	3.38	2.54	—	69.85		5.08	—
SC414	12.70		93.98	3.38	2.54	—	88.90		5.08	—

（续）

链号[①]	链条节距 p	类型	最大链宽 M max	齿侧倒角高度 A	导槽宽度 C ±0.13	导槽间距 D ±0.25	齿全宽 F +3.18 0	齿侧倒角宽度 H ±0.08	齿侧圆角半径 R ±0.08	齿宽 W +0.25 0
SC416	12.70	双内导	106.68	3.38	2.54	25.40	101.60	—	5.08	—
SC420	12.70		132.33	3.38	2.54	25.40	127.00	—	5.08	—
SC424	12.70		157.73	3.38	2.54	25.40	152.40	—	5.08	—
SC428	12.70		183.13	3.38	2.54	25.40	177.80	—	5.08	—
SC504	15.875	内导	33.78	4.50	3.18	—	25.40	—	6.35	—
SC505	15.875		37.85	4.50	3.18	—	31.75	—	6.35	—
SC506	15.875		46.48	4.50	3.18	—	38.10	—	6.35	—
SC507	15.875		50.55	4.50	3.18	—	44.45	—	6.35	—
SC508	15.875		58.67	4.50	3.18	—	50.80	—	6.35	—
SC510	15.875		70.36	4.50	3.18	—	63.50	—	6.35	—
SC512	15.875		82.80	4.50	3.18	—	76.20	—	6.35	—
SC516	15.875		107.44	4.50	3.18	—	101.60	—	6.35	—
SC520	15.875	双内导	131.83	4.50	3.18	50.80	127.00	—	6.35	—
SC524	15.875		157.23	4.50	3.18	50.80	152.40	—	6.35	—
SC528	15.875		182.63	4.50	3.18	50.80	177.80	—	6.35	—
SC532	15.875		208.63	4.50	3.18	50.80	203.20	—	6.35	—
SC540	15.875		257.96	4.50	3.18	50.80	254.00	—	6.35	—
SC604	19.05	内导	33.78	6.96	4.57	—	25.40	—	9.14	—
SC605	19.05		39.12	6.96	4.57	—	31.75	—	9.14	—
SC606	19.05		46.48	6.96	4.57	—	38.10	—	9.14	—
SC608	19.05		58.67	6.96	4.57	—	50.80	—	9.14	—
SC610	19.05		71.37	6.96	4.57	—	63.50	—	9.14	—
SC612	19.05		81.53	6.96	4.57	—	76.20	—	9.14	—
SC614	19.05		94.23	6.96	4.57	—	88.90	—	9.14	—
SC616	19.05		106.93	6.96	4.57	—	101.60	—	9.14	—
SC620	19.05		132.33	6.96	4.57	—	127.00	—	9.14	—
SC624	19.05		159.26	6.96	4.57	—	152.40	—	9.14	—
SC628	19.05	双内导	184.66	6.96	4.57	101.60	177.80	—	9.14	—
SC632	19.05		208.53	6.96	4.57	101.60	203.20	—	9.14	—
SC636	19.05		233.93	6.96	4.57	101.60	228.60	—	9.14	—
SC640	19.05		259.33	6.96	4.57	101.60	254.00	—	9.14	—
SC648	19.05		310.13	6.96	4.57	101.60	304.80	—	9.14	—
SC808	25.40	内导	57.66	6.96	4.57	—	50.80		9.14	—
SC810	25.40		70.10	6.96	4.57	—	63.50		9.14	—
SC812	25.40		82.42	6.96	4.57	—	76.20		9.14	—
SC816	25.40		107.82	6.96	4.57	—	101.60		9.14	—
SC820	25.40		133.22	6.96	4.57	—	127.00		9.14	—
SC824	25.40		158.62	6.96	4.57	—	152.40		9.14	—
SC828	25.40	双内导	188.98	6.96	4.57	101.60	177.80		9.14	—
SC832	25.40		213.87	6.96	4.57	101.60	203.20		9.14	—
SC836	25.40		234.95	6.96	4.57	101.60	228.60		9.14	—
SC840	25.40		263.91	6.96	4.57	101.60	254.00		9.14	—
SC848	25.40		316.23	6.96	4.57	101.60	304.80		9.14	—
SC856	25.40		361.95	6.96	4.57	101.60	355.60		9.14	—
SC864	25.40		412.75	6.96	4.57	101.60	406.40		9.14	—

（续）

链号[①]	链条节距 p	类型	最大链宽 M max	齿侧倒角高度 A	导槽宽度 C ±0.13	导槽间距 D ±0.25	齿全宽 F +3.18 0	齿侧倒角宽度 H ±0.08	齿侧圆角半径 R ±0.08	齿宽 W +0.25 0
SC1010	31.75		71.42	6.96	4.57	—	63.50	—	9.14	—
SC1012	31.75		84.12	6.96	4.57	—	76.20	—	9.14	—
SC1016	31.75	内导	109.52	6.96	4.57	—	101.60	—	9.14	—
SC1020	31.75		134.92	6.96	4.57	—	127.00	—	9.14	—
SC1024	31.75		160.32	6.96	4.57	—	152.40	—	9.14	—
SC1028	31.75		185.72	6.96	4.57	—	177.80	—	9.14	—
SC1023	31.75		211.12	6.96	4.57	101.60	203.20	—	9.14	—
SC1036	31.75		236.52	6.96	4.57	101.60	228.60	—	9.14	—
SC1040	31.75		261.92	6.96	4.57	101.60	254.00	—	9.14	—
SC1048	31.75	双内导	312.72	6.96	4.57	101.60	304.80	—	9.14	—
SC1056	31.75		363.52	6.96	4.57	101.60	355.60	—	9.14	—
SC1064	31.75		414.32	6.96	4.57	101.60	406.40	—	9.14	—
SC1072	31.75		465.12	6.96	4.57	101.60	457.20	—	9.14	—
SC1080	31.75		515.92	6.96	4.57	101.60	508.00	—	9.14	—
SC1212	38.10		85.98	6.96	4.57	—	76.20	—	9.14	—
SC1216	38.10		111.38	6.96	4.57	—	101.60	—	9.14	—
SC1220	38.10	内导	136.78	6.96	4.57	—	127.00	—	9.14	—
SC1224	38.10		162.18	6.96	4.57	—	152.40	—	9.14	—
SC1228	38.10		187.58	6.96	4.57	—	177.80	—	9.14	—
SC1232	38.10		212.98	6.96	4.57	101.60	203.20	—	9.14	—
SC1236	38.10		238.38	6.96	4.57	101.60	228.60	—	9.14	—
SC1240	38.10		264.92	6.96	4.57	101.60	254.00	—	9.14	—
SC1248	38.10		315.72	6.96	4.57	101.60	304.80	—	9.14	—
SC1256	38.10		366.52	6.96	4.57	101.60	355.60	—	9.14	—
SC1264	38.10	双内导	417.32	6.96	4.57	101.60	406.40	—	9.14	—
SC1272	38.10		468.12	6.96	4.57	101.60	457.20	—	9.14	—
SC1280	38.10		518.92	6.96	4.57	101.60	508.00	—	9.14	—
SC1288	38.10		569.72	6.96	4.57	101.60	558.80	—	9.14	—
SC1296	38.10		620.52	6.96	4.57	101.60	609.60	—	9.14	—
SC1616	50.80		110.74	6.96	5.54	—	101.60	—	9.14	—
SC1620	50.80	内导	136.14	6.96	5.54	—	127.00	—	9.14	—
SC1624	50.80		161.54	6.96	5.54	—	152.40	—	9.14	—
SC1628	50.80		186.94	6.96	5.54	—	177.80	—	9.14	—
SC1632	50.80		212.34	6.96	5.54	101.60	203.20	—	9.14	—
SC1640	50.80		263.14	6.96	5.54	101.60	254.00	—	9.14	—
SC1648	50.80		313.94	6.96	5.54	101.60	304.80	—	9.14	—
SC1656	50.80	双内导	371.09	6.96	5.54	101.60	355.60	—	9.14	—
SC1688	50.80		574.29	6.96	5.54	101.60	558.80	—	9.14	—
SC1696	50.80		571.50	6.96	5.54	101.60	609.60	—	9.14	—
SC16120	50.80		571.50	6.96	5.54	101.60	762.00	—	9.14	—

① 选用链宽可查阅制造厂产品目录。
② 外导式链条的导板与齿链板的厚度相同。

表 6.2-26 $p=4.762mm$ 齿形链的宽度和链轮齿宽尺寸（摘自 GB/T 10855—2016） （mm）

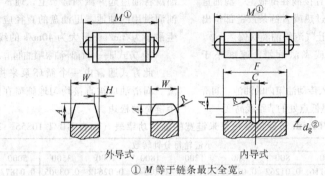

外导式　　　　　　　内导式

① M 等于链条最大全宽。
② 切槽刀的端头可以是圆弧形或矩形。

链号	链条节距 p	类型	最大链宽 M max	齿侧倒角 高度 A	导槽宽度 C max	齿全宽 F min	齿侧倒角 宽度 H	齿侧圆角 半径 R	齿宽 W
SC0305	4.762		5.49	1.5	—	—	0.64	2.3	1.91
SC0307	4.762	外导	7.06	1.5	—	—	0.64	2.3	3.51
SC0309	4.762		8.66	1.5	—	—	0.64	2.3	5.11
SC0311①	4.762	外导/内导	10.24	1.5	1.27	8.48	0.64	2.3	6.71
SC0313①	4.762	外导/内导	11.84	1.5	1.27	10.06	0.64	2.3	8.31
SC0315①	4.762	外导/内导	13.41	1.5	1.27	11.66	0.64	2.3	9.91
SC0317	4.762		15.01	1.5	1.27	13.23	—	2.3	—
SC0319	4.762		16.59	1.5	1.27	14.83	—	2.3	—
SC0321	4.762		18.19	1.5	1.27	16.41	—	2.3	—
SC0323	4.762	内导	19.76	1.5	1.27	18.01	—	2.3	—
SC0325	4.762		21.59	1.5	1.27	19.58	—	2.3	—
SC0327	4.762		22.94	1.5	1.27	21.18	—	2.3	—
SC0329	4.762		24.54	1.5	1.27	22.76	—	2.3	—
SC0331	4.762		26.11	1.5	1.27	24.36	—	2.3	—

① 应指明链条外导或内导。

3.2 齿形链传动设计计算

（1）典型已知条件

传动功率 P、小链轮转速 n、传动比 i、工作条件、原动机种类、应用设备、每日工作小时数等。

（2）设计计算主要内容

1）选择小链轮齿数。$z_1 \geq z_{min}$，可取 $z_{min}=15\sim17$，建议取 $z_1 \geq 21$，取奇数（参考表 6.2-28）。

2）大齿轮齿数。$z_2 = iz$，一般 $z_{2max}=120$。

3）求设计功率。$P_d = fP$，工况系数 f 由表 6.2-29 查取。

4）初选链条节距 p。按照表 6.2-27 初选链条节距，表中 n_1 为高速轴转速。

表 6.2-27 节距选择

n_1 /(r/min)	2000~ 5000	1500~ 3000	1200~ 2500	1000~ 2000	800~ 1500	600~ 1200	500~ 900
p/mm	9.525	12.70	15.875	19.05	25.4	31.75	38.1

5）由表 6.2-28 查取每 1mm 链宽的额定功率 P_0。

6）求要求的最小链宽（mm）b_0。

$$b_0 = \frac{P_d}{P_0}$$

7）查表 6.2-25、表 6.2-26 选择标准链宽。

8）计算链长节数 X_0，计算公式同滚子链，链节数尽量取偶数节。

9）精确计算中心距，计算方法同滚子链。

10）设计链轮。

11）润滑。齿形链传动有 3 种基本的润滑方式。额定功率表中推荐的润滑方式取决于链条的速度和所要传递的功率。表中的额定功率是对润滑的最低要求，选择更高等级的润滑方式（例如用方式Ⅲ来取代方式Ⅱ）是允许并更加有利的。链条的使用寿命取决于所采用的润滑方式。润滑越好，链条寿命越长。因此，当选用表中列出的额定功率值时，同时采用下述推荐的润滑方式就很重要。

① 方式Ⅰ——手工润滑、刷子或油杯润滑，速度小于 5m/s。

手工润滑：用刷子或油壶在运转期间至少每隔 8h 加油一次。加油量和频率应能有效防止链条产生过热或者链条铰链部位出现变色。

油杯润滑：采用油杯将油直接滴在链板上。滴油量和频率应能有效防止链条产生过热或者链条铰链部位出现变色。滴油时必须注意不能让气流将油滴吹偏。

② 方式Ⅱ——浸油润滑或飞溅润滑，速度小于12.7m/s。

浸油润滑：链条松边要浸入传动油箱内的油池。润滑油液面应达到工作运行中链条最低点处的节距线高度。

飞溅润滑：链条在油位以上运转，浸在油箱里的油盘将油甩起并溅到链条上，通常在链箱上设一个溅油润滑用的油池。甩油盘的直径应使油盘在边缘处产生最小为 3m/s、最大为 40m/s 的线速度。

③ 方式Ⅲ——循环油泵喷油润滑，速度大于12.7m/s。

此方式通常由一个循环泵来提供一个连续的油流。润滑油应被直接均匀地施喷在链条环路内跨过整个链宽的松边。

表 6.2-28a　4.762mm 节距链条每毫米链宽的额定功率表（摘自 GB/T 10855—2016）　（kW）

小齿轮齿数	小链轮每分钟转数												
	500	600	700	800	900	1200	1800	2000	3500	5000	7000	9000
15	0.00822	0.00969	0.01116	0.01262	0.01380	0.01761	0.02349	0.02642	0.03905	0.04873	0.05695	0.05754
17	0.00969	0.01145	0.01292	0.01468	0.01615	0.02055	0.02818	0.03083	0.04697	0.05872	0.07046	0.07398
19	0.01086	0.01262	0.01468	0.01615	0.01791	0.02349	0.03229	0.03523	0.05284	0.06752	0.08103	0.08573
21	0.02104	0.01409	0.01615	0.01820	0.01996	0.02554	0.03582	0.03905	0.05960	0.07574	0.09160	0.09835
23	0.01321	0.01556	0.01761	0.01996	0.02202	0.02818	0.03963	0.04316	0.06606	0.08455	0.10275	0.11097
25	0.01439	0.01703	0.01938	0.02173	0.02407	0.03083	0.04316	0.04697	0.07193	0.09189	0.11156	0.12037
27	0.01556	0.01820	0.02084	0.02349	0.02584	0.03376	0.04639	0.05050	0.07721	0.09835	0.11919	0.12830
29	0.01673	0.01967	0.02231	0.02525	0.02789	0.03552	0.04991	0.05431	0.08308	0.10598	0.12918	0.13857
31	0.01761	0.02114	0.02378	0.02672	0.02965	0.03817	0.05314	0.05784	0.08866	0.11274	0.13681	0.14679
33	0.01879	0.02202	0.02525	0.02848	0.03141	0.04022	0.05578	0.06107	0.09307	0.11802	0.14239	—
35	0.01996	0.02349	0.02701	0.03024	0.03347	0.04257	0.05960	0.06488	0.10011	0.12536	0.15149	—
37	0.02084	0.02466	0.02818	0.03171	0.03494	0.04462	0.06195	0.06752	0.10217	0.12888	0.15384	—
40	0.02055	0.02672	0.03053	0.03406	0.03787	0.04815	0.06694	0.07340	0.11068	0.13975	—	—
45	0.02525	0.02995	0.03376	0.03817	0.04198	0.05373	0.07428	0.08074	0.12184	0.15296	—	—
50	0.02789	0.03288	0.03728	0.04022	0.04639	0.05872	0.08162	0.08866	0.13270	0.16587	—	—
	方式Ⅰ						方式Ⅱ			方式Ⅲ		

表 6.2-28b　9.525mm 节距链条每毫米链宽的额定功率表（摘自 GB/T 10855—2016）　（kW）

小齿轮齿数	小链轮转速/(r/min)														
	100	500	1000	1500	2000	2500	3000	3500	4000	4500	5000	6000	7000	8000	8500
17	0.02349	0.12037	0.24074	0.36111	0.47560	0.58717	0.70460	0.79267	0.91011	0.99818	1.08626	1.23305	1.35048	1.43855	1.43855
19	0.02642	0.13505	0.27010	0.40221	0.53138	0.64588	0.76331	0.88075	0.99818	1.08626	1.17433	1.32112	1.40920	1.46791	1.43855
21	0.02936	0.14973	0.29652	0.44037	0.58423	0.70460	0.85139	0.96822	1.08626	1.17433	1.26241	1.37984	1.43855	1.43855	1.37984
23	0.03229	0.16441	0.32588	0.48441	0.64588	0.79267	0.91011	1.02754	1.14497	1.26241	1.32112	1.43855	1.43855	1.35048	1.26241
25	0.03523	0.17615	0.35230	0.52258	0.67524	0.85139	0.96882	1.11561	1.23305	1.32112	1.37984	1.46791	1.40920	1.23305	1.08626
27	0.03817	0.19083	0.38166	0.56368	0.73396	0.91011	1.05690	1.17433	1.29176	1.37984	1.43855	1.43855	1.32112	1.02754	
29	0.04110	0.20551	0.40808	0.61652	0.79267	0.96882	1.11561	1.23305	1.35048	1.40920	1.43855	1.40920	1.20369	—	—
31	0.04404	0.22019	0.44037	0.64588	0.82203	0.99818	1.17433	1.29176	1.37984	1.43855	1.46791	1.35048	1.02754		
33	0.04697	0.23487	0.46386	0.67524	0.88075	1.05690	1.20369	1.32112	1.40920	1.43855	1.43855	1.26241			
35	0.04991	0.24955	0.49028	0.70460	0.93946	1.11561	1.26241	1.37984	1.43855	1.46791	1.40920	1.11561			
37	0.05284	0.26129	0.51671	0.76331	0.96882	1.14497	1.29176	1.40920	1.43855	1.43855	1.35048	—	—		
40	0.05578	0.28184	0.55781	0.82203	1.02754	1.23305	1.35048	1.43855	1.43855	1.37984	1.23305				
45	0.06459	0.31707	0.61652	0.91011	0.14497	1.32112	1.43855	1.46791	1.37984	1.20369	—	—			
50	0.07046	0.35230	0.67524	0.96882	1.23305	1.37984	1.46791	1.40920	1.23305						
润滑	方式Ⅰ		方式Ⅱ		方式Ⅲ										

表 6.2-28c　12.70mm 节距链条每毫米链宽的额定功率表（摘自 GB/T 10855—2016）　（kW）

小齿轮齿数	小链轮转速/(r/min)														
	100	500	1000	1500	2000	2500	3000	3500	4000	4500	5000	5500	6000	6500	7000
17	0.04697	0.23193	0.46386	0.67524	0.91011	1.11561	1.32112	1.49727	1.67342	1.82021	1.93765	2.05508	2.11379	2.17251	2.20187
19	0.05284	0.26129	0.51671	0.76331	0.99818	1.23305	1.43855	1.64406	1.82021	1.93765	2.05508	2.14315	2.17251	2.20187	2.14315
21	0.05872	0.28771	0.56955	0.85139	1.11561	1.35048	1.55599	1.76150	1.93765	2.05508	2.14315	2.20187	2.17251	2.11379	1.99636
23	0.06459	0.31413	0.61652	0.91011	1.20369	1.46791	1.67342	1.87893	2.02572	2.14315	2.17251	2.11379	1.96700	1.76150
25	0.06752	0.34056	0.67524	0.99818	1.29176	1.55599	1.79085	1.96700	2.11379	2.17251	2.17251	2.11379	1.96700	1.73214	1.37984
27	0.07340	0.36991	0.73396	1.05690	1.37984	1.64406	1.87893	2.05508	2.17251	2.20187	2.14315	1.99636	1.73214	1.37984	—
29	0.07927	0.39634	0.79267	1.14497	1.46791	1.76150	1.96700	2.11379	2.20187	2.17251	2.02572	1.79085	1.40920	0.91011	—
31	0.08514	0.42276	0.82203	1.20369	1.55599	1.82021	2.02572	2.17251	2.20187	2.08444	1.87893	1.52663	0.99818	—	—
33	0.09101	0.44918	0.88075	1.29176	1.61470	1.90829	2.08444	2.20187	2.14315	1.99636	1.67342	1.17433	—	—	—
35	0.09688	0.47854	0.93946	1.35048	1.70278	1.96700	2.14315	2.20187	2.08444	1.82021	1.37984	—	—	—	—
37	0.10275	0.50496	0.99818	1.40920	1.76150	2.02572	2.17251	2.17251	1.99636	1.61470	—	—	—	—	—
40	0.10863	0.54313	1.05690	1.49727	1.87893	2.11379	2.20187	2.08444	1.79085	1.23305	—	—	—	—	—
45	0.12330	0.61652	1.17433	1.64406	1.99636	2.17251	2.14315	1.82021	1.23305	—	—	—	—	—	—
50	0.13798	0.67524	1.29176	1.79085	2.11379	2.17251	1.96700	1.37984	—	—	—	—	—	—	—
润滑	方式 I	方式 II					方式 III								

表 6.2-28d　15.875mm 节距链条每毫米链宽的额定功率表（摘自 GB/T 10855—2016）　（kW）

小齿轮齿数	小链轮转速/(r/min)												
	100	500	1000	1500	2000	2500	3000	3500	4000	4500	5000	5500	6000
17	0.07340	0.36404	0.73396	1.05690	1.40920	1.70278	1.96700	2.23123	2.43674	2.58353	2.70096	2.73032	2.73032
19	0.08220	0.40514	0.79267	1.17433	1.55599	1.87893	2.14315	2.40738	2.58353	2.70096	2.73032	2.70096	—
21	0.09101	0.44918	0.88075	1.29176	1.67342	2.02572	2.31930	2.52481	2.67160	2.73032	2.70096	—	—
23	0.09982	0.49028	0.96882	1.40920	1.82021	2.17251	2.43674	2.64224	2.73032	2.70096	—	—	—
25	0.10863	0.53432	1.05690	1.52663	1.93765	2.28994	2.55417	2.70096	2.73032	2.61289	—	—	—
27	0.11450	0.57542	1.11561	1.64406	2.08444	2.40738	2.64224	2.73032	2.67160	—	—	—	—
29	0.12330	0.61652	1.20369	1.73214	2.17251	2.52481	2.70096	2.73032	2.55417	—	—	—	—
31	0.13211	0.64588	1.29176	1.84957	2.28994	2.61289	2.73032	2.67160	—	—	—	—	—
33	0.14092	0.70460	1.35048	1.93765	2.37802	2.67160	2.73032	2.55417	—	—	—	—	—
35	0.14973	0.73396	1.43855	2.02572	2.46609	2.70096	2.70096	—	—	—	—	—	—
37	0.15853	0.79267	1.49727	2.11379	2.55417	2.73032	2.64224	—	—	—	—	—	—
40	0.17028	0.85139	1.61470	2.23123	2.64224	2.73032	2.46609	—	—	—	—	—	—
45	0.19376	0.93946	1.79085	2.40738	2.73032	2.61289	—	—	—	—	—	—	—
50	0.21432	1.05690	1.93765	2.55417	2.73032	2.31930	—	—	—	—	—	—	—
润滑	方式 I	方式 II					方式 III						

表 6.2-28e　19.05mm 节距链条每毫米链宽的额定功率表（摘自 GB/T 10855—2016）　（kW）

小齿轮齿数	小链轮转速/(r/min)														
	100	200	500	800	1000	1200	1500	2000	2400	2800	3000	3500	4000	5500	6000
17	0.08807	0.17615	0.43744	0.70460	0.85139	1.02754	1.26241	1.64406	1.90829	2.17251	2.26059	2.49545	2.64224	2.52481	2.28994
19	0.09688	0.19670	0.49028	0.76331	0.96882	1.14497	1.40920	1.82021	2.08444	2.31930	2.43674	2.61289	2.70096	2.20187	1.73214
21	0.10863	0.21725	0.54019	0.85139	1.05690	1.26241	1.52663	1.96700	2.26059	2.46609	2.55417	2.67160	2.67160	1.64406	0.91011
23	0.11743	0.23780	0.58717	0.93946	1.14497	1.37984	1.67342	2.11379	2.37802	2.58353	2.64224	2.70096	2.58353	0.85139	—
25	0.12918	0.25835	0.64588	0.99818	1.26241	1.46791	1.79085	2.23123	2.49545	2.64224	2.70096	2.64224	2.34866	—	—
27	0.14092	0.27890	0.70460	1.08626	1.35048	1.58535	1.90829	2.34866	2.58353	2.70096	2.70096	2.52481	2.05508	—	—
29	0.14973	0.29945	0.73396	1.17433	1.43855	1.67342	2.02572	2.43674	2.64224	2.70096	2.64224	2.31930	1.61470	—	—
31	0.16147	0.32001	0.79267	1.23305	1.52663	1.79085	2.11379	2.52481	2.70096	2.64224	2.55417	2.02572	1.05690	—	—
33	0.17028	0.34056	0.85139	1.32112	1.61470	1.87893	2.23123	2.61289	2.70096	2.55417	2.40738	1.64406	—	—	—
35	0.18202	0.36111	0.88075	1.37984	1.70278	1.96700	2.31930	2.64224	2.67160	2.43674	2.17251	1.17433	—	—	—
37	0.19083	0.38166	0.93946	1.46791	1.76150	2.05508	2.37802	2.70096	2.61289	2.23123	1.90829	—	—	—	—
40	0.20551	0.41102	0.99818	1.55599	1.87893	2.17251	2.49545	2.70096	2.46609	1.84957	1.35048	—	—	—	—
45	0.23193	0.46386	1.14497	1.73214	2.08444	2.34866	2.61289	2.61289	2.05508	0.91011	—	—	—	—	—
50	0.25835	0.51377	1.26241	1.87893	2.23123	2.49545	2.70096	2.34866	1.35048	—	—	—	—	—	—
润滑	方式 I		方式 II		方式 III										

表 6.2-28f　25.40mm 节距链条每毫米链宽的额定功率表（摘自 GB/T 10855—2016）　（kW）

小齿轮齿数	小链轮转速/(r/min)														
	100	200	500	800	1000	1200	1500	1800	2000	2500	3000	3500	4000	4500	5100
17	0.13798	0.27597	0.67524	1.08626	1.35048	1.58535	1.93765	2.23123	2.43674	2.78903	2.99454	2.99454	2.75968	2.26059	1.29176
19	0.15560	0.30826	0.76331	1.20369	1.49727	1.76150	2.11379	2.43674	2.61289	2.93583	2.99454	2.81839	2.28994	1.43855	—
21	0.17028	0.34056	0.85139	1.32112	1.64406	1.90829	2.28994	2.61289	2.75968	2.99454	2.90647	2.46609	1.58535	—	—
23	0.18789	0.37285	0.91011	1.43855	1.76150	2.05508	2.43674	2.75968	2.87711	2.99454	2.70096	1.93765	—	—	—
25	0.20257	0.40808	0.99818	1.55599	1.90829	2.20187	2.58353	2.84775	2.96518	2.93583	2.37802	—	—	—	—
27	0.22019	0.44037	1.08626	1.67342	2.02572	2.34866	2.70096	2.93583	2.99454	2.78903	1.87893	—	—	—	—
29	0.23487	0.47267	1.14497	1.79085	2.14315	2.46609	2.81839	2.99454	2.99454	2.52481	—	—	—	—	—
31	0.25248	0.50496	1.23305	1.87893	2.26059	2.58353	2.90647	2.99454	2.93583	2.20187	—	—	—	—	—
33	0.27010	0.53432	1.29176	1.99636	2.37802	2.67160	2.96518	2.99454	2.81839	—	—	—	—	—	—
35	0.28478	0.56661	1.37984	2.08444	2.46609	2.75968	2.99454	2.90647	2.67160	—	—	—	—	—	—
37	0.30239	0.58717	1.43855	2.17251	2.55417	2.84775	2.99454	2.81839	2.43674	—	—	—	—	—	—
40	0.32588	0.64588	1.55599	2.31930	2.70096	2.93583	2.96518	2.55417	1.96700	—	—	—	—	—	—
45	0.36698	0.73396	1.73214	2.52481	2.84775	2.99454	2.78903	1.87893	—	—	—	—	—	—	—
50	0.40808	0.79267	1.90829	2.70096	2.96518	2.96518	2.37802	—	—	—	—	—	—	—	—
润滑	方式 I		方式 II		方式 III										

表 6.2-28g　31.75mm 节距链条每毫米链宽的额定功率表（摘自 GB/T 10855—2016）　（kW）

小齿轮齿数	小链轮每分钟转数										
	100	200	300	400	500	600	700	800	1000	1200	1500
19	0.16441	0.29358	0.44037	0.58716	0.70460	0.76331	0.85139	0.91011	0.99818	1.02754	—
21	0.18496	0.32294	0.52845	0.67524	0.76331	0.88075	0.96882	1.05690	1.17433	1.20369	—
23	0.20257	0.38166	0.55781	0.70460	0.85139	0.99818	1.05690	1.17433	1.32112	1.35048	1.35048
25	0.22019	0.41102	0.58716	0.76331	0.91011	1.05690	1.17433	1.29176	1.46791	1.55599	1.55599
27	0.23487	0.44037	0.67524	0.85139	1.02754	1.17433	1.29176	1.43855	1.58534	1.70278	1.70278
29	0.25248	0.46973	0.70460	0.91011	1.11561	1.26240	1.40919	1.55599	1.73214	1.84957	1.87893
31	0.27303	0.52845	0.76331	0.99818	1.17433	1.35048	1.49727	1.64406	1.87893	1.99636	2.02572
33	0.29065	0.55781	0.82203	1.02754	1.26240	1.43855	1.61470	1.76149	2.02572	2.14315	2.17251
35	0.32294	0.58716	0.85139	1.11561	1.32112	1.55599	1.73214	1.87893	2.14315	2.28994	2.28994
37	0.32294	0.61652	0.88075	1.17433	1.40919	1.61470	1.84957	1.99636	2.23123	2.37802	—
40	0.35230	0.70460	0.99818	1.29176	1.55599	1.76149	1.99636	2.17251	2.43673	2.58352	—
45	0.38166	0.76331	1.11561	1.43855	1.73214	1.99636	2.20187	2.37802	2.67160	—	—
50	0.44037	0.85139	1.26240	1.58534	1.90828	2.17251	2.43673	2.64224	2.93582	—	—
	方式 Ⅰ			方式 Ⅱ			方式 Ⅲ				

表 6.2-28h　38.10mm 节距链条每毫米链宽的额定功率表（摘自 GB/T 10855—2016）　（kW）

小齿轮齿数	小链轮转速/(r/min)													
	100	200	300	400	500	600	800	1000	1200	1400	1600	1800	2100	2400	2700
17	0.41982	0.85139	1.26241	1.67342	2.05508	2.46609	3.22941	3.93401	4.60925	5.19641	5.69550	6.07716	6.45882	6.57625	6.34138
19	0.46973	0.93946	1.40920	1.84957	2.28994	2.73032	3.58171	4.34502	5.02026	5.60743	6.04780	6.37074	6.57625	6.37074	5.69550
21	0.51964	1.02754	1.55599	2.05508	2.52481	3.02390	3.90465	4.69732	5.40192	5.95973	6.34138	6.54689	6.45882	5.84229	4.57989
23	0.56661	1.14497	1.70278	2.23123	2.75968	3.28813	4.22759	5.04962	5.72486	6.22395	6.51753	6.54689	6.10652	4.93219	—
25	0.61652	1.23305	1.82021	2.40738	2.99454	3.52299	4.52117	5.37256	6.01844	6.42946	6.57625	6.40010	5.49000	—	—
27	0.67524	1.32112	1.96700	2.61289	3.20005	3.78722	4.81476	5.66614	6.25331	6.54689	6.51753	6.07716	4.57989	—	—
29	0.70460	1.40920	2.11379	2.78903	3.43492	4.02208	5.07898	5.90101	6.42946	6.57625	6.31203	5.54871	—	—	—
31	0.76331	1.52663	2.26059	2.96518	3.64042	4.25695	5.34320	6.10652	6.51753	6.48818	5.95973	4.81476	—	—	—
33	0.82203	1.61470	2.40738	3.14133	3.84593	4.49181	5.57807	6.28267	6.57625	6.31203	5.43128	—	—	—	—
35	0.85139	1.70278	2.52481	3.31748	4.05144	4.69732	5.78358	6.42946	6.54689	6.01844	4.75604	—	—	—	—
37	0.91011	1.82021	2.67106	3.49363	4.25695	4.93219	5.95973	6.51753	6.45882	5.60743	—	—	—	—	—
40	0.99818	1.93765	2.87711	3.72850	4.52117	5.22577	6.22395	6.57625	6.13588	4.75604	—	—	—	—	—
45	1.11561	2.17251	3.20005	4.13952	4.96155	5.66614	6.48818	6.40010	5.19641	—	—	—	—	—	—
50	1.23305	2.40738	3.52299	4.52117	5.37256	6.01844	6.57625	5.90101	—	—	—	—	—	—	—
润滑	方式 Ⅰ	方式 Ⅱ			方式 Ⅲ										

表 6.2-28i　50.80mm 节距链条每毫米链宽的额定功率表（摘自 GB/T 10855—2016）　（kW）

小齿轮齿数	小链轮转速/(r/min)														
	100	200	300	400	500	600	700	800	900	1000	1200	1300	1400	1500	1600
17	0.73396	1.49727	2.23123	2.93583	3.64042	4.31566	4.96155	5.57807	6.13588	6.66433	7.57443	7.95609	8.24967	8.48454	8.66069
19	0.82203	1.67342	2.46609	3.25877	4.02208	4.75604	5.46064	6.10652	6.69368	7.22213	8.07352	8.39646	8.60197	8.74876	8.74876
21	0.91011	1.82021	2.73032	3.58171	4.43310	5.19641	5.93037	6.60561	7.19277	7.72122	8.45518	8.60069	8.74876	8.71940	8.57261
23	0.99818	1.99636	2.96518	3.90465	4.81476	5.63679	6.40010	7.07534	7.63315	8.10288	8.69005	8.77812	8.69005	8.45518	8.01481
25	1.08626	2.17251	3.22941	4.22759	5.16705	6.04780	6.81112	7.48636	8.01481	8.42582	8.77812	8.66069	8.36710	7.86801	7.10470
27	1.17433	2.34866	3.46427	4.55053	5.51935	6.42946	7.19277	7.83866	8.33775	8.63133	8.66069	8.33775	7.77994	6.92855	—
29	1.26241	2.52481	3.72850	4.84411	5.87165	6.78176	7.54507	8.16160	8.57261	8.74876	8.39646	7.80930	6.89919	—	—
31	1.35048	2.67160	3.96337	5.13770	6.19459	7.13406	7.86801	8.39646	8.71940	8.74876	7.92673	7.01662	—	—	—
33	1.43855	2.84775	4.79823	5.43128	6.51753	7.42764	8.13224	8.60197	8.77812	8.63133	7.25149	—	—	—	—
35	1.52663	3.02390	4.43310	5.69550	6.81112	7.72122	8.36710	8.71940	8.71940	8.36710	6.34138	—	—	—	—
37	1.61470	3.17069	4.63861	5.95973	7.10470	7.95609	8.54325	8.77812	8.60197	7.98545	—	—	—	—	—
40	1.76150	3.43492	4.99090	6.37074	7.48636	8.27903	8.71940	8.69005	8.19096						
45	1.96700	3.84593	5.51935	6.95791	8.01481	8.63133	8.71940	8.19096							
50	2.17251	4.22759	6.04780	7.48636	8.42582	8.77812	8.36710								
润滑	方式 I	方式 II		方式 III											

表 6.2-29　工况系数 f（摘自 GB/T 10855—2016）

应用设备	动力源[①]		应用设备	动力源[①]	
	A	B		A	B
搅拌器			压缩机		
液体	1.1	1.3	离心式	1.1	1.3
半液体	1.1	1.3	回转式	1.1	1.3
半液体（可变密度）	1.2	1.4	往复式（单冲程或双冲程）	1.6	1.8
面包厂机械			往复式（3 冲程或以上）	1.3	1.5
和面机	1.2	1.4	输送机		
酿造和蒸馏设备			裙板式、挡边式	1.4	1.6
装瓶机	1.0	1.2	带式输送（矿石、煤、砂子）	1.2	1.4
气锅、炊具、捣磨桶	1.0	1.2	带式输送（轻物料）	1.0	1.2
料斗秤（经常启动）	1.2	1.4	烘箱、干燥箱、恒温箱	1.0	1.2
制砖和黏土器具机械			螺旋式	1.6	1.8
挤泥机、螺旋土钻	1.3	1.5	料斗式	1.4	1.6
制砖机	1.4	1.6	槽式、盘式	1.4	1.6
切割台	1.3	1.5	刮板式	1.6	1.8
干压机	1.4	1.6	提升式	1.4	1.6
除气机	1.3	1.5	棉油厂设备		
制粒机	1.4	1.6	棉绒去除器、剥绒机	1.4	1.6
混合机	1.4	1.6	蒸煮器	1.4	1.6
拌土机	1.4	1.6	起重机和吊车		
碾压机	1.4	1.6	主提升机-正常载荷	1.2	1.4
离心机	1.4	1.6	主提升机-重载荷	1.4	1.6
			倒卸式起重机、箕斗提升机	1.4	1.6

（续）

应用设备	动力源[①]		应用设备	动力源[①]	
	A	B		A	B
粉碎机、压碎机			脱水机	1.1	1.3
球磨机	1.6	1.8	烫布机	1.1	1.3
碎煤机	1.4	1.6	转筒式洗衣机	1.2	1.4
煤炭粉碎机	1.4	1.6	洗涤机、洗选机	1.1	1.3
圆锥破碎机、圆锥轧碎机	1.6	1.8	圆筒干燥器	1.3	1.5
破碎机	1.6	1.8	主传动轴、动力轴		
旋转破碎机、环动碎石机	1.6	1.8	制砖厂	1.6	1.8
哈丁球磨机	1.6	1.8	煤装卸设备	1.2	1.4
腭式粉碎机	1.6	1.8	轧棉机、轧花机	1.1	1.3
亚麻粉碎机	1.4	1.6	棉油设备	1.1	1.3
棒磨机	1.6	1.8	谷物提升机	1.0	1.2
磨管机	1.6	1.8	相似其他设备	1.2	1.5
挖泥机、疏浚机			造纸设备	1.3	1.5
输送式、泵式、码垛式	1.4	1.6	橡胶设备	1.4	1.6
抖动式、筛分式	1.6	1.8	轧钢设备、炼钢设备	1.4	1.6
斗式提升机			机床		
均匀送料	1.2	1.4	镗床	1.1	1.3
重载用工况	1.4	1.6	凸轮加工机床	1.1	1.3
通风机和鼓风机			冲床和剪切机	1.4	1.7
离心式	1.3	1.5	钻床	1.0	1.3
排风机	1.3	1.5	锻锤	1.1	1.4
通风机	1.2	1.4	磨床	1.0	1.2
吸风机、引风机	1.2	1.4	车床	1.0	1.2
矿用通风机	1.4	1.6	铣床	1.1	1.3
增压鼓风机	1.5	1.7	造纸机械		
螺旋桨式通风机	1.3	1.5	搅拌器	1.1	1.3
叶片式	1.3	1.5	打浆机	1.3	1.5
面粉、饲料、谷物加工机械			压光机	1.2	1.4
筛面粉机和筛选机	1.1	1.3	切碎机	1.5	1.7
磨碎机和锤磨机	1.2	1.4	干燥机	1.2	1.4
送料机构	1.0	1.2	约当发动机	1.2	1.4
净化器和滚筒机	1.1	1.3	纳什发动机	1.4	1.6
滚磨机	1.3	1.5	造纸机	1.2	1.3
分离机、谷物分选机	1.1	1.3	洗涤机	1.4	1.6
主轴驱动装置	1.4	1.6	卷筒式升降机	1.5	1.7
洗衣机械			美式干燥机	1.3	1.5
湿调器	1.1	1.3			

（续）

应用设备	动力源[1]		应用设备	动力源[1]	
	A	B		A	B
剥皮机（机械式）	1.6	1.8	泵		
碾磨机			离心泵	1.2	1.4
球磨机	1.5	1.7	泥浆泵	1.6	1.8
薄片机、轧片机	1.5	1.7	齿轮泵	1.2	1.4
成型机	1.6	1.8	叶片泵	1.2	1.4
哈丁磨机	1.5	1.7	其他类泵	1.5	1.7
砾磨机、碎石磨机	1.5	1.7	管道泵	1.4	1.6
棒磨机	1.5	1.7	旋转泵	1.1	1.3
滚磨机	1.5	1.7	活塞泵（单冲程或双冲程）	1.3	1.5
管磨机	1.5	1.7	活塞泵（3冲程或以上）	1.6	1.8
滚筒磨机	1.6	1.8	发电机和励磁机	1.2	1.4
烘干磨、窑磨	1.6	1.8	橡胶厂设备		
钢厂			混合器、压片机、研磨机	1.6	1.8
轧机	1.3	1.5	压光机	1.5	1.7
金属拉丝机	1.2	1.4	制内胎机、硫化塔	1.5	1.7
自动加煤机	1.1	1.3	挤压机	1.5	1.7
纺织机械			橡胶厂机械		
进料斗、压光机	1.1	1.3	密封式混炼机	1.5	1.7
织布机	1.1	1.3	压光机	1.5	1.7
细砂机	1.0	1.2	混合器、脱料机	1.6	1.8
绞结器	1.0	1.2	碾压机	1.5	1.7
整经机	1.0	1.2	筛分机		
手纺车、卷轴	1.0	1.2	空气洗涤器、移动网筛机	1.0	1.2
搅拌机			锥形格筛	1.2	1.4
混凝土	1.6	1.8	旋转筛、砂砾筛、石子筛	1.5	1.7
液体和半液体	1.1	1.3	转动式	1.2	1.4
油田机械			振动式	1.5	1.7
泥浆泵	1.5	1.7	炼油装置		
复合搅拌装置	1.1	1.3	冷却器、过滤器	1.5	1.7
管道泵	1.4	1.6	压榨机、回转炉	1.5	1.7
绞车	1.8	2.0	制冰机械	1.5	1.7
印刷机械			车辆		
压纹机、印花机	1.2	1.4	起重机	1.5	1.7
平台印刷机	1.2	1.4	割草机	1.0	1.2
折页机、折叠机	1.2	1.4	公路设备（履带式）	1.5	1.7
划线机	1.1	1.3	除雪车	1.0	1.2
杂志印刷机	1.5	1.7	拖拉机（农用）	1.3	1.5
报纸印刷机	1.5	1.7	卡车（运货）	1.2	1.4
切纸机	1.1	1.3	卡车（扫雪机）	1.5	1.7
转轮印刷机	1.1	1.3	卡车（筑路机）	1.5	1.7

[1] 动力源A指液力偶合或液力变矩器发动机、电动机、涡轮机或液力马达；动力源B指机械耦合发动机。

3.3　齿形链链轮尺寸计算（见表 6.2-30、表 6.2-31）

表 6.2-30　齿形链链轮尺寸计算（摘自 GB/T 10855—2016）

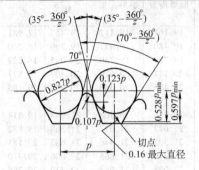

$p = 4.762\,\text{mm}$ 链轮尺寸

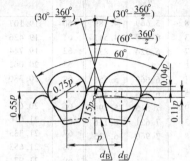

$p \geqslant 9.525\,\text{mm}$ 链轮尺寸

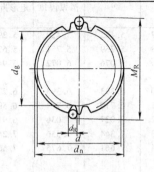

跨柱测量距

名　　称	单位	计　算　公　式	
		$p = 4.762\,\text{mm}$	$p \geqslant 9.525\,\text{mm}$
链条节距 p		p	p
链轮齿数 z		z	z
分度圆直径		$d = \dfrac{p}{\sin\dfrac{180°}{z}}$	$d = \dfrac{p}{\sin\dfrac{180°}{z}}$
齿顶圆直径 d_a		$d_a = p\left(\cot\dfrac{180°}{z} - 0.032\right)$	圆弧齿 $d_a = p\left(\cot\dfrac{90°}{z} + 0.08\right)$ 矩形齿 $d_a = 2\sqrt{X^2 + L^2 + 2xL\cos\alpha}$ 其中：$X = Y\cos\alpha - \sqrt{(0.15p)^2 - (Y\sin\alpha)^2}$ $Y = p(0.500 - 0.375\sec\alpha)\cot\alpha + 0.11p$ $L = Y + \dfrac{d_E}{2}$
齿顶圆弧中心圆直径 d_E			$d_E = p\left(\cot\dfrac{180°}{z} - 0.22\right)$
齿根圆弧中心圆直径 d_B	mm		$d_B = P\sqrt{1.515213 + \left(\cot\dfrac{180°}{z} - 1.1\right)^2}$
量柱直径 d_R		$d_R = 0.667p$	$d_R = 0.625p$
跨柱测量距 M_R		偶数齿 $M_R = d - 0.160p\csc\left(35° - \dfrac{180°}{z}\right) + 0.667p$ 奇数齿 $M_R = \cos\dfrac{90°}{z}\left[d - 0.160p\csc\left(35° - \dfrac{180°}{z}\right)\right]$ $+ 0.667p$	偶数齿 $M_R = d - 0.125p\csc\left(30° - \dfrac{180°}{z}\right) + 0.625p$ 奇数齿 $M_R = \cos\dfrac{90°}{z}\left[d - 0.125p\csc\left(30° - \dfrac{180°}{z}\right)\right]$ $+ 0.625p$
导槽圆的最大直径 $d_{g\max}$ 最大轮毂直径（MHD）		$d_{g\max} = p\left(\cot\dfrac{180°}{z} - 1.20\right)$	$d_{g\max} = p\left(\cot\dfrac{180°}{z} - 1.16\right)$ MHD（滚齿）$= p\left(\cot\dfrac{180°}{z} - 1.33\right)$ MHD（铣齿）$= p\left(\cot\dfrac{180°}{z} - 1.25\right)$
齿形角 α	(°)	$\alpha = 35° - \dfrac{360°}{z}$	$\alpha = 30° - \dfrac{360°}{z}$

表 6.2-31　$p \geqslant 9.525\text{mm}$ 链轮主要尺寸（摘自 GB/T 10855—2016）　　　　（mm）

齿数 z	分度圆直径 d	齿顶圆直径 d_a		跨柱测量距 M_R[①]	导槽圆最大直径 d_g[①]	齿数 z	分度圆直径 d	齿顶圆直径 d_a		跨柱测量距 M_R[①]	导槽圆最大直径 d_g[①]
		圆弧齿顶	矩形齿顶[①]					圆弧齿顶	矩形齿顶[①]		
17	5.442	5.429	5.298	5.669	4.189	60	19.107	19.161	19.112	19.457	17.921
18	5.759	5.751	5.623	6.018	4.511	61	19.426	19.480	19.431	19.769	18.240
19	6.076	6.072	5.947	6.324	4.832	62	19.744	19.799	19.750	20.095	18.229
						63	20.062	20.117	20.070	20.407	18.877
20	6.393	6.393	6.271	6.669	5.153	64	20.380	20.435	20.388	20.731	19.195
21	6.710	6.714	6.595	6.974	5.474						
22	7.027	7.036	6.919	7.315	5.796	65	20.698	20.754	20.708	21.044	19.514
23	7.344	7.356	7.243	7.621	6.116	66	21.016	21.072	21.027	21.368	19.832
24	7.661	7.675	7.568	7.960	6.435	67	21.335	21.391	21.346	21.682	20.151
						68	21.653	21.710	21.665	22.006	20.470
25	7.979	7.996	7.890	8.266	6.756	69	21.971	22.028	21.984	22.319	20.788
26	8.296	8.315	8.213	8.602	7.075						
27	8.614	8.636	8.536	8.909	7.396	70	22.289	22.347	22.303	22.643	21.107
28	8.932	8.956	8.859	9.244	7.716	71	22.607	22.665	22.662	22.955	21.425
29	9.249	9.275	9.181	9.551	8.035	72	22.926	22.984	22.941	23.280	21.744
						73	23.244	23.302	23.259	23.593	22.062
30	9.567	9.595	9.504	9.884	8.355	74	23.562	23.621	23.578	23.917	22.381
31	9.885	9.913	9.828	10.192	8.673						
32	10.202	10.233	10.150	10.524	8.993	75	23.880	23.939	23.897	24.230	22.699
33	10.520	10.553	10.471	10.833	9.313	76	24.198	24.257	24.216	24.553	23.017
34	10.838	10.872	10.793	11.164	9.632	77	24.517	24.577	24.535	24.868	23.337
						78	24.835	24.895	24.853	25.191	23.655
35	11.156	11.191	11.115	11.472	9.951	79	25.153	25.213	25.172	25.504	23.973
36	11.474	11.510	11.437	11.803	10.270						
37	11.792	11.829	11.757	12.112	10.589	80	25.471	25.431	25.491	25.828	24.291
38	12.110	12.149	12.077	12.442	10.909	81	25.790	25.851	25.809	26.141	24.611
39	12.428	12.468	12.397	12.851	11.228	82	26.108	26.169	26.128	26.465	24.929
						83	26.426	26.487	26.447	26.778	25.247
40	12.746	12.787	12.717	13.080	11.547	84	26.744	26.805	26.766	27.101	25.565
41	13.064	13.106	13.037	13.390	11.866						
42	13.382	13.425	13.357	13.718	12.185	85	27.063	27.125	27.084	27.415	25.885
43	13.700	13.743	13.677	14.028	12.503	86	27.381	27.443	27.403	27.739	26.203
44	14.018	14.062	13.997	14.356	12.822	87	27.699	27.761	27.722	28.052	26.521
						88	28.017	28.079	28.040	28.375	26.839
45	14.336	14.381	14.317	14.667	13.141	89	28.335	28.397	28.359	28.689	27.157
46	14.654	14.700	14.637	14.994	13.460						
47	14.972	15.018	14.957	15.305	13.778	90	28.654	28.716	28.678	29.013	27.476
48	15.290	15.338	15.277	15.632	14.097	91	28.972	29.035	28.997	29.327	27.795
49	15.608	15.656	15.597	15.943	14.416	92	29.290	29.353	29.315	29.649	28.113
						93	29.608	29.671	29.634	29.963	28.431
50	15.926	15.975	15.917	16.270	14.735	94	29.926	29.989	29.953	30.285	28.749
51	16.244	16.293	16.236	16.581	15.053						
52	16.562	16.612	16.556	16.907	15.372	95	30.245	30.308	30.271	30.601	29.068
53	16.880	16.930	16.876	17.218	15.690	96	30.563	30.627	30.590	30.923	29.387
54	17.198	17.249	17.196	17.544	16.009	97	30.881	30.945	30.909	31.237	29.705
						98	31.199	31.263	31.228	31.559	30.023
55	17.517	17.568	17.515	17.857	16.328	99	31.518	31.582	31.546	31.874	30.342
56	17.835	17.887	17.834	18.183	16.647						
57	18.153	18.205	18.154	18.494	16.965	100	31.836	31.900	31.865	32.196	30.660
58	18.471	18.524	18.473	18.820	17.284	101	32.154	32.218	32.183	32.511	30.978
59	18.789	18.842	18.793	19.131	17.602	102	32.473	32.537	32.502	32.834	31.297
						103	32.791	32.856	32.820	33.148	31.616
						104	33.109	33.174	33.139	33.470	31.934

① 表列均为最大直径值；所有公差必须取负值。

3.4 齿形链轮技术要求（摘自 GB/T 10855—2016）

节距 $p \geqslant 9.525$mm 链轮的公差：

1）矩形齿顶链轮的齿顶圆直径公差为 $^{0}_{-0.05p}$mm。

2）圆弧齿顶链轮的齿顶圆直径公差与跨柱测量距公差相同。

3）导槽直径 d_g 的公差为 $^{0}_{-0.76}$mm。

4）分度圆直径相对孔的最大径向圆跳动（全示值读数）公差为 $0.001d_a$；但不能小于 0.15mm，也不得大于 0.81mm。

5）链轮跨柱测量距公差见表 6.2-32。上偏差为零，下偏差取表中值，取为负公差。

31 齿及以下齿数的链轮，齿面洛氏硬度不低于 50HRC。

表 6.2-32 链轮跨柱测量距公差（摘自 GB/T 10855—2016）　　　　　　（mm）

节距	齿 数									
	~15	16~24	25~35	36~48	49~63	64~80	81~99	100~120	121~143	144 以上
4.76	0.1	0.1	0.1	0.1	0.1	0.13	0.13	0.13	0.13	0.13
9.525	0.13	0.13	0.13	0.15	0.15	0.18	0.18	0.18	0.20	0.20
12.700	0.13	0.15	0.15	0.18	0.18	0.20	0.20	0.23	0.23	0.25
15.875	0.15	0.15	0.18	0.20	0.23	0.25	0.25	0.25	0.28	0.30
19.050	0.15	0.18	0.20	0.23	0.25	0.28	0.28	0.30	0.33	0.36
25.400	0.18	0.20	0.23	0.25	0.28	0.30	0.33	0.36	0.38	0.40
31.750	0.20	0.23	0.25	0.28	0.33	0.36	0.38	0.43	0.46	0.48
38.100	0.20	0.25	0.28	0.33	0.36	0.40	0.43	0.48	0.51	0.56
50.800	0.25	0.30	0.36	0.40	0.45	0.51	0.56	0.61	0.66	0.71

3.5 齿形链润滑油黏度选择（见表 6.2-33）

表 6.2-33 齿形链润滑油黏度推荐值（摘自 GB/T 10855—2016）

环境温度/℃	推荐润滑油
<5	VG22（SAE5）
5~32	VG32（SAE10）
>32	VG68（SAE20）

3.6 齿形链传动设计计算示例

设计一齿形链传动，已知原动机为电动机，工作机为木工机械，传动功率 $P = 30$kW，主动链轮转速 $n_1 = 970$r/min，主动轴直径 $d_{k1} = 60$mm，从动链轮转速 $n_2 = 320$r/min，从动轴直径 $d_{k2} = 80$mm，要求中心距 ≈ 600mm，一班制工作，两轮中心在同一水平面内。

解

1）确定链轮齿数 z_1 和 z_2。选取小链轮齿数 $z_1 = 19$，则大链轮齿数 $z_2 = \dfrac{n_1}{n_2}z_1 = \dfrac{970}{320} \times 19 = 57.6$，取 $z_2 = 58$。

2）选定链条节距 p 和链宽 b。根据表 6.2-27 可选定节距 $p = 25.4$mm。

设计功率 $P_d = fp$

由表 6.2-29 工况系数 $f = 1.4$，

由表 6.2-28f 查得 $P_0 = 1.4529$kW/mm（用插值法），

$$b_0 = \frac{P_d}{P_0} = \frac{1.4 \times 30}{1.4529}\text{mm} = 28.9\text{mm}$$

取标准链号 SC808，链宽 $F = 50.8$mm。

3）确定链长节数 X_0、理论中心距 a、中心距减少量 Δa、初垂度 f_0 及安装中心距。

由表 6.2-7 链长节数计算式

$$X_0 = 2\frac{a_0}{p} + \frac{z_1 + z_2}{2} + \frac{f_3 p}{a_0}$$

式中 $\dfrac{a_0}{p} = \dfrac{600}{25.4} = 23.62$

$$f_3 = \left(\frac{z_2 - z_1}{2\pi}\right)^2 = \left(\frac{58-19}{2\pi}\right)^2 = 38.53$$

$$X_0 = 2 \times 23.62 + \frac{19+58}{2} + \frac{38.53}{23.62} = 87.37$$

取 $X_0 = 88$

理论中心距

$a = p(2X_0 - z_1 - z_2)f_4$

$= 25.4(2 \times 88 - 19 - 58) \times 0.24182\text{mm} = 608.08\text{mm}$

按 $\dfrac{X_0 - z_1}{z_2 - z_1} = \dfrac{88-19}{58-19} = 1.7692$，查表 6.2-10，得 $f_4 = 0.24182$（插值）。

实际中心距 $a' = a - \Delta a = (608.08 - 2)\text{mm} = 606.08\text{mm}$

中心距减小量 $\Delta a = (0.002 \sim 0.004)\, a = (0.002 \sim$
$$0.004) \times 608.08\text{mm}$$
$$= 1.2 \sim 2.4\text{mm} \quad 取\ \Delta a = 2\text{mm}$$

安装垂度 $f = (0.01 \sim 0.02)\, a = (0.01 \sim 0.02) \times$
$$608.08\text{mm}$$
$$= 6.1 \sim 12.2\text{mm}$$

取 $f = 10\text{mm}$

4）求链速 v 和选定润滑方式。

$$v = \frac{z_1 n_1 p}{60 \times 1000} = \frac{19 \times 970 \times 25.4}{60 \times 1000}\ \text{m/s}$$
$$= 7.8\text{m/s}$$

按表 6.2-28f 选用润滑方式 Ⅱ，油浴润滑或飞溅润滑。

5）链轮尺寸设计从略。

4　链传动的布置、张紧与维修

4.1　链传动的布置

链传动一般应布置在铅垂平面内，尽可能避免布置在水平或倾斜平面内。如确有需要，则应考虑加装托板或张紧轮等装置，并且设计较紧凑的中心距。

链传动的安装一般应使两轮轮宽的中心平面轴向位移误差 $\Delta e \leqslant \frac{0.2}{100} a$，两链轮旋转平面间的夹角误差 $\Delta\theta \leqslant \frac{0.6}{100}\text{rad}$，如图 6.2-18 所示。

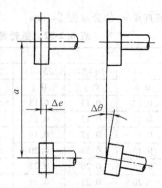

图 6.2-18　链轮的安装误差

链传动的布置应考虑表 6.2-34 提出的一些布置原则。

表 6.2-34　链传动的布置

传动条件	正确布置	不正确布置	说　明
i 与 a 较佳场合 $i = 2 \sim 3$ $a = (30 \sim 50)p$			两链轮中心连线最好成水平，或与水平面成 60° 以下的倾角。紧边在上面较好
i 大 a 小场合 $i > 2$ $a < 30p$			两轮轴线不在同一水平面上，此时松边应布置在下面，否则松边下垂量增大后，链条易与小链轮齿钩住
i 小 a 大场合 $i < 1.5$ $a > 60p$			两轮轴线在同一水平面上，松边应布置在下面，否则松边下垂量增大后，松边会与紧边相碰。此外，需经常调整中心距
垂直传动场合 $i、a$ 为任意值			两轮轴线在同一铅垂面内，此时下垂量集中在下端，所以要尽量避免这种垂直或接近垂直的布置，否则会减少下面链轮的有效啮合齿数，降低传动能力。应采用：a）中心距可调；b）张紧装置；c）上下两轮错开，使其轴线不在同一铅垂面内；d）尽可能将小链轮布置在上方等措施
反向传动 $|i| < 8$			为使两轮转向相反，应加装 3 和 4 两个导向轮，且其中至少有一个是可以调整张紧的。紧边应布置在 1 和 2 两轮之间，角 δ 的大小应使 2 轮的啮合包角满足传动要求

4.2 链传动的张紧

链传动的张紧程度可用测量松边垂度 f 的大小来表示。图 6.2-19a 为近似的测量 f 的方法，即近似认为两轮公切线与松边最远点的距离为垂度 f。对于图 6.2-19b 所示的双侧测量，其松边垂度 f 相当为

$$f = \sqrt{f_1^2 + f_2^2}$$

合适的松边垂度推荐为

$$f = (0.01 \sim 0.02)a$$

或

$$\left.\begin{array}{l} f_{\min} \leqslant f \leqslant f_{\max} \\[2mm] f_{\min} = \dfrac{0.00036\sqrt{a^3}}{K_v}\cos\alpha \\[2mm] f_{\max} = 3f_{\min} \end{array}\right\}$$

式中　a——传动中心距（mm）；

$f_{\min}$——最小垂度（mm）；

$f_{\max}$——最大垂度（mm）；

α——松边对水平面的倾角，如图 6.2-7 所示；

K_v——速度系数，当 $v \leqslant 10\text{m/s}$ 时，$K_v = 1.0$；当 $v > 10\text{m/s}$ 时，$K_v = 0.1v$。

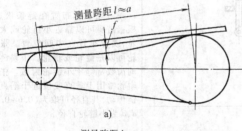

a)

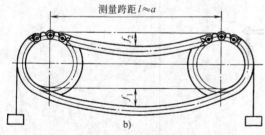

b)

图 6.2-19　垂度测量

对于重载、经常起动、制动和反转的链传动以及接近垂直的链传动，其松边垂度应适当减小。

链传动的张紧可以采用下列方法：

（1）用调整中心距方法张紧

对于滚子链传动，其中心距调整量可取为 $2p$；对于齿形链传动，可取为 $1.5p$，p 为链条节距。

（2）用缩短链长方法张紧

当传动没有张紧装置而中心距又不可能调整时，可采用缩短链长（即拆去链节）的方法对因磨损而伸长的链条重新张紧，如图 6.2-20 所示。图 6.2-20a 是偶数节链条缩短一节的方法（图中所示为拆去 3 个链节即两个内链节一个外链节，换上一个复合过渡链节即一个内链节和一个过渡链节），采用过渡链节使抗拉强度有所降低；缩短两节可避免使用过渡链节，有时又会过分张紧。图 6.2-20b 是奇数节链条缩短一节的方法，即把过渡链节去掉，比较简单。

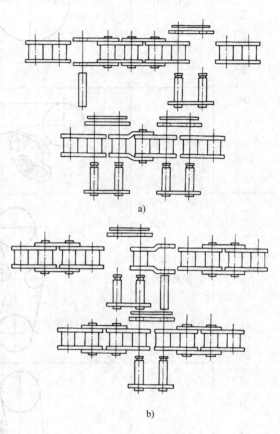

a)

b)

图 6.2-20　链条的缩短方法
a）偶数节链条缩短一节的方法
b）奇数节链条缩短一节的方法

（3）用张紧装置张紧

下列情况应增设张紧装置（张紧装置示例见表 6.2-35）：

1）两轴中心距较大（$a > 50p$ 和脉动载荷下 $a > 25p$）。

2）两轴中心距过小，松边在上面。

3）两轴布置使倾角 α 接近 90°。

4）需要严格控制张紧力。

5）多链轮传动或反向传动。

6）要求减小冲击振动，避免共振。

7）需要增大链轮啮合包角。

8）采用调整中心距或缩短链长的方法有困难。

表 6.2-35　张紧装置示例

类　型	张紧调节形式	简　图	说　明
定 期 张 紧	螺纹调节		调节螺钉可采用细牙螺纹并带锁紧螺母
	偏心调节		
自 动 张 紧	弹簧调节		张紧轮一般布置在链条松边,根据需要可以靠近小链轮或大链轮,或者布置在中间位置。张紧轮可以是链轮或辊轮。张紧链轮的齿数常等于小链轮齿数。张紧辊轮常用于垂直或接近于垂直的链传动,其直径可取为$(0.6 \sim 0.7)$ d,d 为小链轮直径
	挂重调节		
	液压调节		采用液压块与导板相结合的形式,减振效果好,适用于高速场合,如发动机的正时链传动

（续）

类　型	张紧调节形式	简　文　图	说　明
承托装置	托板和托架		适用于中心距较大的场合，托板上可衬以软钢、塑料或耐油橡胶，滚子可在其上滚动，更大中心距时，托板可以分成两段，借中间 6~10 节链条的自重下垂张紧

4.3　链传动的维修

链传动的故障分析与维修示例见表 6.2-36。

表 6.2-36　链传动故障分析与维修示例

故　障	原　因	维　修　措　施
链板或链轮齿严重侧磨	1)各链轮不共面 2)链轮端面跳动严重 3)链轮支承刚度差 4)链条扭曲严重	1)提高加工与安装精度 2)提高支承件刚度 3)更换合格链条
链板疲劳开裂	润滑条件良好的中低速链传动，链板的疲劳是主要矛盾，但若过早失效则可能是 1)链条规格选择不当 2)链条品质差 3)动力源或负载动载荷大	1)重新选用合适规格的链条 2)更换质量合格的链条 3)控制或减弱负载和动力源的冲击振动
滚子碎裂	1)链轮转速较高而链条规格选择不当 2)链轮齿沟有杂物或链条磨损严重发生爬齿和滚子被挤顶现象 3)链条质量差	1)重新选用稍大规格链条 2)清除齿沟杂物或换新链条 3)更换质量合格的链条
销轴磨损或销轴与套筒胶合	链条铰链元件的磨损是最常见的现象之一。正常磨损是一个缓慢发展的过程。如果发展过快则可能是 1)润滑不良 2)链条质量差或选用不当	1)清除润滑油内杂质，改善润滑条件，更换润滑油 2)更换质量合格或稍大规格链条
外链节外侧擦伤	1)链条未张紧，发生跳动，从而与邻近物体碰撞 2)链箱变形或内有杂物	1)使链条适当张紧 2)消除箱体变形，清除杂物
链条跳齿或抖动	1)链条磨损伸长，使垂度过大 2)冲击或脉动载荷状况较严重 3)链轮齿磨损严重	1)更换链条或链轮 2)适当张紧 3)采取措施使载荷较稳定
链轮齿磨损严重	1)润滑不良 2)链轮材质较差，齿面硬度不足	1)改善润滑条件 2)提高链轮材质和齿面硬度 3)把链轮拆下，翻转180°再装上，则可利用齿廓的另一侧而延长使用寿命
卡簧、开口销等链条锁止元件松脱	1)链条抖动过烈 2)有障碍物磕碰 3)锁止元件安装不当	1)适当张紧或考虑增设导板托板 2)消除障碍物 3)改善锁止件安装质量
振动剧烈、噪声过大	1)链轮不共面 2)松边垂度不合适 3)润滑不良 4)链箱或支承松动 5)链条或链轮磨损严重	1)改善链轮安装质量 2)适当张紧 3)改善润滑条件 4)消除链箱或支承松动 5)更换链条或链轮 6)加装张紧装置或防振导板

参 考 文 献

[1] 闻邦椿. 机械设计手册：第 2 册 [M]. 5 版. 北京：机械工业出版社，2010.

[2] 吴宗泽. 机械设计师手册：上册 [M]. 3 版. 北京：机械工业出版社，2015.

[3] 机械设计实用手册编委会. 机械设计实用手册 [M]. 北京：机械工业出版社，2008.

[4] 成大先. 机械设计手册：第 3 卷 [M]. 5 版. 北京：化学工业出版社，2008.

[5] 全国链传动标准化技术委员会，杭州东华链条集团有限公司. ISO/TC100 链传动国际标准译文集 [S]. 2 版. 北京：中国标准出版社，2006.

[6] 中国化工标准化研究所，中国标准出版社第二编辑室. 化学工业标准汇编：胶带 [S]. 北京：中国标准出版社，2006.

[7] 全国链传动标准化技术委员会，中国标准出版社第三编辑室. 零部件及相关标准汇编：链传动卷 [S]. 北京：中国标准出版社，2008.

[8] 吉林工业大学链传动研究所，苏州链条总厂. 链传动设计与应用手册 [M]. 北京：机械工业出版社，1992.

[9] 现代机械传动手册编委会. 现代机械传动手册 [M]. 2 版. 北京：机械工业出版社，2002.

[10] 朱孝录. 机械传动设计手册 [M]. 北京：电子工业出版社，2007.

[11] 徐薄滋，陈铁鸣，朴永春，带传动 [M]，北京：高等教育出版社，1988.

[12] 罗善明，余以道，郭迎福，等. 带传动理论与新型带传动 [M]. 北京：国防工业出版社，2006.

第7篇 摩擦轮传动与螺旋传动

主　编　陈良玉
编写人　陈良玉
审稿人　巩云鹏

第5版
摩擦轮传动与螺旋传动

主　编　陈良玉
编写人　陈良玉
审稿人　巩云鹏

第1章 摩擦轮传动

1 摩擦轮传动原理、特点及类型

1.1 摩擦轮传动原理及特点

摩擦轮传动是两个相互压紧的滚轮，通过接触面间的摩擦力传递运动和动力的。由于其结构简单、制造容易、运转平稳、噪声低、过载可以打滑（可防止设备中重要零部件的损坏），以及能连续平滑地调节其传动比，因而有着较大的应用范围，成为无级变速传动的主要元件。但由于在运转中有滑动（弹性滑动、几何滑动与打滑）影响从动轮的旋转精度，传动效率较低，结构尺寸较大，作用在轴和轴承上的载荷大，其多用于中小功率传动。本章主要讨论定传动比摩擦轮传动。

1.2 摩擦轮传动的类型

根据润滑情况不同，摩擦轮传动可分为两种。一种是工作表面无润滑，其中一轮是组合的，即其轮毂是金属的，在轮毂上或轮缘表面固定有非金属材料（如皮革、橡胶、木材和混合织物等），虽有较高的摩擦因数，但允许的接触应力低，传递的功率较小。另一种是工作表面有润滑的，两滚轮均为经过硬化处理的金属轮。有润滑的摩擦轮传动可以分为弹性流体动压润滑状态和混合润滑状态。弹性流体动压润滑状态是摩擦轮工作在高黏度压力指数的润滑剂中，接触区内在高压下产生抗剪强度很高的瞬时润滑油膜，使其处于弹性流体润滑状态，从而产生了很大的牵引力，提高了传动装置的承载能力，又称为牵引传动。混合润滑状态的摩擦轮传动依赖摩擦副材料和润滑剂组合的摩擦特性而形成的传动。

金属滚轮有圆柱轮、圆锥轮、圆盘、圆环、圆球或弧锥轮等。其工作面是平面或槽形锥面。

2 定传动比摩擦轮传动设计

定传动比摩擦轮传动有圆柱平摩擦轮传动、圆柱槽形摩擦轮传动和圆锥摩擦轮传动等，分别用于平行轴和交叉轴间传动（见表 7.1-1）。

2.1 主要失效形式

1）过载、压紧力的改变和摩擦因数减小，导致打滑，使摩擦传动表面产生局部磨损与烧伤。

2）高的接触应力导致工作表面疲劳点蚀和表面压溃。

3）高压紧力作用下高速运转，摩擦传动表面相对滑动速度较高，导致摩擦表面瞬时温度升高，产生胶合。当两轮面均为金属时，通常都是按表面疲劳强度进行计算。其中有一个轮摩擦表面为非金属材料时，目前多采用条件性计算，即计算单位接触长度的压力。

2.2 设计计算

定传动比摩擦轮传动的设计与计算见表 7.1-1。

2.3 摩擦轮传动的滑动

滑动对摩擦轮传动的性能影响很大。滑动的类型可分为如下 3 种：

（1）弹性滑动

摩擦副工作时由于材料的弹性变形所造成的滑动称为弹性滑动。弹性滑动区位于接触区的出端，在接触区的入端没有滑动，即整个接触区分为静止区和滑动区。在滑动区主动轮超前，从动轮落后，二者间存在"滑差"。在滑动区的各微摩擦力矩之和与所受的外加转矩平衡，所以载荷越大，滑动区越大，滑差也越大。

弹性滑动的大小不仅与载荷有关，还与材料的弹性模量有关。弹性模量越大，弹性滑动越小。弹性滑动是不可避免的。

（2）打滑

载荷大到整个接触区都出现滑动时，摩擦轮传动便出现打滑。打滑是一种过载现象。有几何滑动时，要同时考虑弹性滑动和几何滑动的影响。

打滑是摩擦传动失效的一种形式。它不仅会降低传力效率，工作不可靠，甚至会造成工作表面的磨损，严重时会发生胶合。设计时应采取合适的安全系数。

影响打滑的因素有：摩擦轮传动的摩擦因数过小或牵引油的牵引因数过小，法向压力太小，摩擦副的弹性模量太小，几何形状与相对位置设计不合理等。

油膜牵引时，牵引因数与滑动率有关，要保证足够的牵引因数，就必须有一定的滑动率，此时不是打滑。

表 7.1-1　定传动比摩擦轮传动的设计与计算

种类	圆柱平摩擦轮传动	圆柱槽形摩擦轮传动	端面摩擦轮传动	圆锥摩擦轮传动
传动简图				
传动比		$i = \dfrac{n_1}{n_2} = \dfrac{d_2}{d_1(1-\varepsilon)}$		当 $\varphi_1+\varphi_2=90°$时 $i = \dfrac{n_1}{n_2} = \dfrac{d_{2m}}{d_{1m}(1-\varepsilon)} = \dfrac{\tan\varphi_2}{(1-\varepsilon)}$ 当 $\varphi_1+\varphi_2\neq90°$时 $i = \dfrac{n_1}{n_2} = \dfrac{\sin\varphi_2}{(1-\varepsilon)\sin\varphi_1}$
压紧力	$Q = \dfrac{KF}{\mu} = \dfrac{2\times10^3 KT_1}{\mu d_1}$ $T_1 = 9.55\times10^3\dfrac{P_1}{n_1}$	$Q = \dfrac{10^3 KT_1}{\mu d_1}$ $T_1 = 9.55\times10^3\dfrac{P_1}{n_1}$	$Q = \dfrac{2\times10^3 KT_1}{\mu d_1}$ $T_1 = 9.55\times10^3\dfrac{P_1}{n_1}$	$Q = \dfrac{2\times10^3 KT_1}{\mu d_{1m}}$ $T_1 = 9.55\times10^3\dfrac{P_1}{n_1}$
作用在轴上的力（总压力）	$R_1 = R_2 = \sqrt{F^2+Q^2}$ $= \dfrac{2\times10^3 T_1}{d_1}\sqrt{1+\left(\dfrac{K}{\mu}\right)^2}$	$R_1 = R_2 = \dfrac{2\times10^3 T_1}{d_1}\sqrt{1+\left(\dfrac{K\sin\beta}{\mu}\right)^2}$	$R_1 = \dfrac{2\times10^3 KT_1}{d_1}$ $R_2 = \dfrac{2\times10^3 KT_1}{d_1}\sqrt{1+\left(\dfrac{K}{\mu}\right)^2}$	$R_1 = \dfrac{2\times10^3 T_1}{d_{1m}}\sqrt{1+\left(\dfrac{K}{\mu}\cos\varphi_1\right)^2}$ $R_2 = \dfrac{2\times10^3 T_1}{d_{1m}}\sqrt{1+\left(\dfrac{K}{\mu}\cos\varphi_2\right)^2}$
作用在轴上的力（径向力、轴向力）	$Q_r = Q$ $Q_a = 0$	$Q_r = \dfrac{2\times10^3 KT_1}{\mu d_1}(\sin\beta+\mu\cos\beta)$ $Q_a = 0$	$Q_{r1} = Q$ $Q_{a1} = 0,\ Q_{a2} = Q$	$Q_{r1} = Q_{a2},\ Q_{r2} = Q_{a1}$ $Q_{a1} = Q\sin\varphi_1,\ Q_{a2} = Q\sin\varphi_2$

强度计算	接触强度[①]	接触长度和压力	几何尺寸计算	特点和设计注意事项
圆柱平面摩擦轮	$a=(i\pm1)\sqrt[3]{E_e\dfrac{K}{\mu\psi_a}\cdot\dfrac{P_1}{n_1}\cdot\dfrac{(i\pm1)}{i}\left(\dfrac{1300}{\sigma_{HP}}\right)^2}$ $E_e=\dfrac{2E_1E_2}{E_1+E_2}$ $\psi_a=\dfrac{b}{a}$，常取 $\psi_a=0.2\sim0.4$，轴系刚性好的取大值	$a=3100\sqrt[3]{\dfrac{K}{\mu\psi_a}\cdot\dfrac{P_1}{n_1}\cdot\dfrac{(i\pm1)}{[p]}}$	$d_1=\dfrac{2a}{i\pm1}$，$d_2=id_1(1-\varepsilon)$ $d_1\geq(4\sim5)d_0$，d_0—轴径 $b=\psi_a a$	1）结构简单，制造容易 2）压紧力大，宜用于小功率传动 3）为减小压紧力，可将轮面之一用非金属材料做覆面 4）大功率传动时，摩擦轮常采用淬火钢（如 GCr15，硬度>60HRC），并采用自动压紧的载荷 5）为降低二轴的平行度要求，可将轮面之一制成球面，轴系刚性差时亦应如此 6）用于回转简单驱动装置、仪表等调节装置等
槽面摩擦轮	当 $h=0.04d_1=\dfrac{0.08a}{i\pm1}$；$\beta=15°$时 $a=(i\pm1)\sqrt[3]{E_e\dfrac{K}{\mu z}\cdot\dfrac{P_1(i\pm1)}{n_1 i}\left(\dfrac{1620}{\sigma_{HP}}\right)^2}$ z—沟槽数，$z=5\sim8$ 当 $\beta\neq15°$时，1620应乘以 $\sqrt{\dfrac{\sin2\beta}{0.5}}$	$a=7600\sqrt[3]{\dfrac{K}{\mu z}\cdot\dfrac{P_1}{n_1}\cdot\dfrac{1}{[p]}}$	$d_1=\dfrac{2a}{i\pm1}$，$d_2=id_1(1-\varepsilon)$ $b=2z(h\tan\beta+\delta)$ $\delta=3mm$（钢），$5mm$（铸铁） $h=0.04d_1$ $d_e=d+h$；$d_1=d-h-(1\sim2)mm$	1）压紧力较圆柱摩擦轮小，当 $\beta=15°$时，约为其 0.3 2）几何滑动较大，易发热与磨损，故应限制沟槽高度 $h=(0.04\sim0.06)d_1<((5\sim15)mm$ 3）加工和安装要求较高 4）传动比随载荷和压紧力的变化在一定范围内变动 5）用于绞车驱动装置等
圆柱摩擦轮（按直径）	$d_1=\sqrt[3]{E_e\dfrac{K}{\mu\psi_d}\cdot\dfrac{P_1}{n_1}\left(\dfrac{2580}{\sigma_{HP}}\right)^2}$ $\psi_d=\dfrac{b}{d_1}$，常取 $\psi_d=0.2\sim1.0$	$d_1=4370\sqrt[3]{\dfrac{K}{\mu\psi_d}\cdot\dfrac{P_1}{n_1}\cdot\dfrac{1}{[p]}}$	$d_2=id_1(1-\varepsilon)$ $b=\psi_d d_1$ $D_e=id_1\pm(0.8\sim1)b$	1）结构简单，容易制造 2）压紧力大，易发热和磨损 3）将小轮制成鼓形，可减少几何滑动；降低安装精度 4）轴向移动小轮，但应避免在 $d_2\approx0$附近运转；可实现正反向无级变速 5）要注意大轮的刚度，并控制二轴线的垂直度 6）用于摩擦压力机等
圆锥摩擦轮	当 $\varphi_1+\varphi_2=90°$时 $L=\sqrt{i^2+1}\sqrt[3]{E_e\dfrac{K}{\mu\psi_L}\cdot\dfrac{P_1}{n_1}\left(\dfrac{1300}{(1-0.5\psi_L)\sigma_{HP}}\right)^2}$ $\psi_L=\dfrac{b}{L}$，常取 $\psi_L=0.2\sim0.3$	当 $\varphi_1+\varphi_2=90°$时 $L=3100\sqrt[3]{\dfrac{K}{\mu\psi_L}\cdot\dfrac{P_1}{n_1}\cdot\dfrac{\sqrt{i^2+1}}{[p]}}$	$d_1=2L\sin\varphi_1$ 或 $d_2=2L\sin\varphi_2$ $b=\psi_L L$	1）结构简单，容易制造 2）设计与安装时，应保证轴线的相对位置正确，锥顶重合；否则几何滑动大，磨损严重 3）由于 $\varphi_1<\varphi_2$，故 $Q_{a1}<Q_{a2}$，应在小轮处施加压紧力 4）常用于大功率摩擦压力机

符号说明：n_1、n_2—主、从动轴转速(r/min)；ε—滑动率(%)；T_1—主动轴转矩(N·m)；P_1—传递功率(kW)；K—可靠性系数；μ—摩擦因数，见表 7.1-2；E_e—当量弹性模量(MPa)；E_1、E_2—主、从动轮材料的弹性模量(MPa)，见表 7.1-2；ψ_a、ψ_d、ψ_L—宽度系数；σ_{HP}—许用接触应力(MPa)，见表 7.1-2；$[p]$—许用线压力(N/mm)，见表 7.1-2；$i\pm1$—"+"用于外接触，"-"用于内接触；其他物理量单位：力(N)，长度(mm)

① 用于非金属材料或用其覆面的摩擦轮传动。

（3）几何滑动

摩擦副工作时，由于几何形状的原因所造成的滑动称为几何滑动。例如，圆柱体在圆盘端面做绕圆盘中心的滚动，接触线上的速度分布呈"涡旋"，只有一点做纯滚动，此点称为节点。几何滑动的大小只与摩擦副元件的形状和相对位置有关。点接触的摩擦副也存在几何滑动。圆柱摩擦副或共顶的圆锥摩擦副没有几何滑动。几何滑动不是摩擦副的共性。

2.4　摩擦轮传动的效率

摩擦轮传动的总效率

$$\eta = \frac{P_1 - P_\Sigma}{P_1} \tag{7.1-1}$$

式中　P_1——输入功率；

P_Σ——总功耗，$P_\Sigma = P_g + P_e + P_r + P_b + P_0$；

P_g——几何滑动功耗，是摩擦传动的主要功率损失；

P_e——弹性滑动功耗，高弹性模量的材料制成的摩擦副，其弹性滑动很小，弹性滑动功耗常可忽略不计；

P_r——滚动滞后功耗，是由于滚动面的弹性变形，致使径向力偏离轴心所致；

P_b——轴承功耗，通常按轴承的概略功率估算。压紧力很大，不带支承卸载装置的摩擦传动，轴承功耗是主要的；

P_0——介质功耗，包括搅油功耗和空气阻力功耗。

摩擦传动的效率比较复杂也难以精确计算，实用上多采用实测数据。

提高传动效率可采用如下措施：①尽量减少几何滑动；②尽量缩短接触线长度，或采用点接触；③采用摩擦因数小的轴承；④采用有卸载装置的支承结构；⑤采用自动压紧装置；⑥使刚性摩擦传动和支承具有足够的刚度；⑦摩擦轮的工作直径适当取大些；⑧采用高弹性模量、高硬度、高润滑油吸附性（湿式工作）和高摩擦因数（干式工作）的材料制造摩擦传动件；⑨加工合理的精度和表面粗糙度；⑩采用合适的润滑油和润滑方式。

3　摩擦轮的材料、润滑剂

摩擦轮的主要失效形式是表面破坏，故制造摩擦轮的材料应弹性模量大，摩擦因数高，接触疲劳强度高和耐磨性好，吸湿小（对非金属材料），导热性好。

要求结构紧凑，传动承载能力高时，摩擦副材料都选用合金钢，经表面硬化处理后硬度达 60HRC 以上，如淬硬到 60HRC 以上滚动轴承钢（GCr6、GCr9、GCr9SiMn、GCr15、GCr15SiMn 等）或渗碳淬硬 60HRC 以上的镍铬类渗碳钢（20CrMnTi、18CrNiW 等）。高硬度钢的摩擦轮表面磨合性差，故摩擦轮的摩擦表面应有较高的加工精度和较小的表面粗糙度以及较高的安装精度，而且箱体应具备足够的刚度。金属摩擦副必须湿式工作，即工作时有充足供油，否则，将产生严重磨损或者胶合。确定摩擦轮的设计参数和选择牵引油时还应保证其接触区形成弹性流体动压润滑油膜。

对于摩擦轮尺寸较大，结构复杂以及转速较低的开式传动的摩擦轮常采用白口铸铁与白口铸铁（或硬钢）相配的轮面。可采用冷铸或进行表面硬化处理。

要求较高的摩擦因数和低噪声时，可采用铸铁（或钢）与皮革、布质酚醛层压板、压制石棉纤维、弹胶体等材料覆盖的轮面，这种摩擦轮对于精度和表面粗糙度要求较低，但其接触强度低。

摩擦副材料组合应当是主动轮取较软的材料，从动轮取较硬材料，以保证从动轮面不被磨出凹坑。

各种摩擦轮材料的摩擦因数、许用接触应力和单位接触长度的许用线压力见表 7.1-2。

表 7.1-2　摩擦轮材料的摩擦因数 μ、许用接触应力 σ_{HP} 和单位接触长度的许用线压力〔p〕

摩擦轮轮面材料	工作条件	μ	σ_{HP}/MPa	〔p〕/N·mm^{-1}
淬火钢—淬火钢	良好润滑	0.04~0.05	(25~30)HRC	150~200
铸铁—铸铁		0.05~0.06	(1.5~1.8)HBW	105~135
钢—钢		0.15~0.20	(1.2~1.5)HBW	100~150
铸铁—钢（铸铁）		0.10~0.15	$1.5\sigma_{Bb}$	100~135
布质酚醛层压板—钢（铸铁）		0.20~0.25	50~100	40~80
皮革—铸铁	无润滑	0.20~0.35	12~15	15~25
纤维制品—钢（铸铁）		0.20~0.25	—	35~40
木材—铸铁		0.30~0.50	—	2.5~5
橡胶（弹胶体）—钢（铸铁）		0.45~0.60	—	10~30
石棉基材料—钢（铸铁）		0.30~0.40	—	—

对于无润滑的摩擦副，滑动面上不允许有润滑剂，否则会使摩擦因数急剧下降，甚至导致轮面（如弹胶体）的损坏。

对于需润滑的摩擦副，润滑剂起着非常重要的作用。它不仅起牵引、润滑、冷却和防锈的功效，还影响摩擦因数和传动效率，进而影响传动的工作状态和承载能力。摩擦轮副应选用高的牵引因数的牵引油。牵引油的种类有石蜡基矿物油、环烷基矿物油和专用合成油等，以多环环烷基牵引油较好。市场已有商品牵引油供应，表 7.1-3 供选用参考。

表 7.1-3　牵引油及其牵引系数

名称	牵引系数
多元醇酯 Mil-L 23699	0.035
双酯 Mil-L 7808	0.040
硅醇酯、聚乙二醇	0.045
石蜡基矿物油	0.050
芳香族变速器油	0.055
磷酸酯	0.060
环烷基矿物油　Mobil　62	0.058~0.065
硅油、氯苯基硅油	0.075~0.078
合成环己基油	0.084~0.095
Santotrac 30	0.084
Santotrac 40、50、70	0.095
S-20、30、80	0.118（试验值）
聚异丁烯油	0.043~0.052
氢化环烷系矿物油	0.042
Ub-1、2、3、4（无级变速器油）	0.184~0.109

注：牵引系数仅供选用参考，设计计算时应根据选用商品牵引油提供的性能及牵引系数。

4　摩擦轮传动加压装置

加压装置用来产生摩擦传动工作表面之间的压紧。压紧产生的压力的大小及变化直接影响传动的承载能力和工作性能。

常用的加压装置如下：

1）弹簧加压。一般采用圆柱螺旋弹簧或碟形弹簧通过其弹力使主、从动摩擦元件工作面彼此压紧。根据结构，有恒压式和非恒压式。

2）端面凸轮加压。凹凸相对应的端面凸轮和凸轮分别安置在轴和轴套上。在传动装置空载转动时，相应的端面凸轮和凸轮槽完全嵌合在一起而成为刚性联轴器，使轴套和轴一起转动；但在负载工作时，凸轮槽随着负载的作用、变化彼此沿周向做相对转动，导致凸轮套产生轴向相对位移，致使摩擦元件面压紧，其压紧力的大小随负载大小变化，亦称自动加压。

3）钢球（柱）V 形槽加压。在摩擦元件和传动的端面圆周上各制成均布相应的 V 形槽，每条槽各安放一个钢球（柱）。与端面凸轮加压作用原理相同，也是自动加压装置。

通常自动加压式的端面凸轮加压或钢球（柱）V 形槽加压装置皆与弹簧加压配合使用，由弹簧所产生预紧力，自动加压装置一般安装在转矩大的轴上，以保证加压可靠。

除上述加压装置外，摩擦轮传动还可以采用离心力加压、弹性环加压和摆动齿轮式加压方式，螺旋、齿轮、蜗轮以及液压、气压等机构也作为加压装置。

第2章 螺旋传动

1 螺旋传动的种类和应用

螺旋传动通过螺母和螺杆的旋合传递运动和动力。它一般是将旋转运动变成直线运动,当螺旋不自锁时可将直线运动变成旋转运动。

螺旋传动按摩擦性质可分为滑动螺旋、滚动螺旋和静压螺旋。按用途可分为传力螺旋(以传递动力为主,如螺旋压力机、起重千斤顶螺旋等)、传动螺旋(以传递运动为主,并要求有较高的传动精度,如机床的进给螺旋等)和调整螺旋(用以调整零部件的相互位置,如轧钢机轧辊的压下螺旋等)。传动螺旋和调整螺旋有的也承受较大的轴向载荷。各类螺旋传动的特点和应用见表7.2-1。

表 7.2-1 各类螺旋传动的特点和应用

种类	滑动螺旋传动	滚动螺旋传动	静压螺旋传动
摩擦性质	滑动	滚动	油膜液体
特点	1)摩擦阻力大,传动效率低(通常为30%~60%) 2)结构简单,加工方便 3)易于自锁 4)运转平稳,但低速或微调时可能出现爬行 5)螺纹有侧向间隙,反向时有空行程,定位精度和轴向刚度较差(采用消隙机构可提高定位精度) 6)磨损快	1)摩擦阻力小,传动效率高(一般在90%以上) 2)结构复杂,制造较难 3)具有传动可逆性(可以把旋转运动变成直线运动,又可以把直线运动变成旋转运动),为了避免螺旋副受载后逆转,应设置防逆转机构 4)运转平稳,起动时无颤动,低速时不爬行 5)螺母和螺杆经调整预紧,可得到很高的定位精度(5μm/300mm)和重复定位精度(1~2μm),并可以提高轴向刚度 6)工作寿命长,故障率低 7)抗冲击性能较差	1)摩擦阻力极小,传动效率高(可达99%) 2)螺母结构复杂 3)具有传动可逆性,必要时应设置防逆转机构 4)工作平稳,无爬行现象 5)反向时无空行程,定位精度高,并有很高的轴向刚度 6)磨损小,寿命长 7)需要配套压力稳定、温度恒定、过滤要求较高的供油系统
应用举例	金属切削机床的进给、分度机构的传动螺旋,摩擦压力机、起重器的传力螺旋	金属切削机床(特别是加工中心、数控机床和精密机床)、测试机械、仪器的传动螺旋和调整螺旋,升降、起重机构和汽车、拖拉机转向机构的传力螺旋,飞机、导弹、船舶和铁路等自控系统的传动螺旋和传力螺旋	精密机床的进给、分度机构的传动螺旋

2 螺旋传动螺纹

2.1 螺旋传动螺纹的类型、特点及应用

为提高螺旋传动的效率,传动螺纹的牙型角小于连接螺纹的,其轴剖面牙型有梯形、锯齿形、矩形等。梯形螺纹、锯齿形螺纹已标准化,矩形螺纹尚未标准化。表7.2-2列出了螺旋传动螺纹的类型、特点及应用。

表 7.2-2 螺旋传动螺纹的类型、特点及应用

种类	牙型图	特点	应用
梯形螺纹	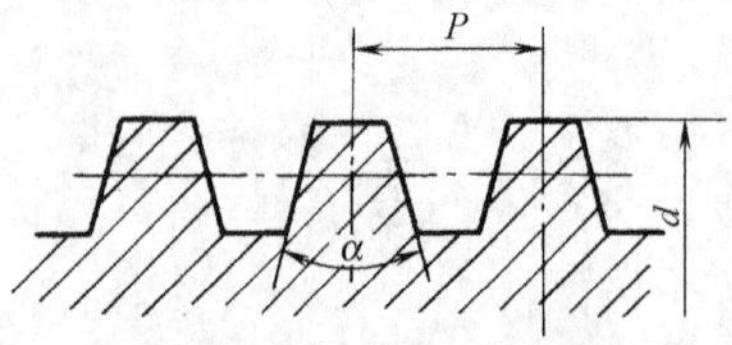 GB/T 5796.1~4—2005	牙型角 $\alpha=30°$,螺纹副的大径和小径处有相等的径向间隙。牙根强度高,螺纹的工艺性好(可以用高生产率的方法制造);内外螺纹以锥面贴合,对中性好,不易松动;采用剖分式螺母,可以调整和消除间隙;但其效率较低	用于传力螺旋和传动螺旋,如金属切削机床的丝杆、载重螺旋式起重机、锻压机的传力螺旋

（续）

种类	牙型图	特点	应用
锯齿形螺纹	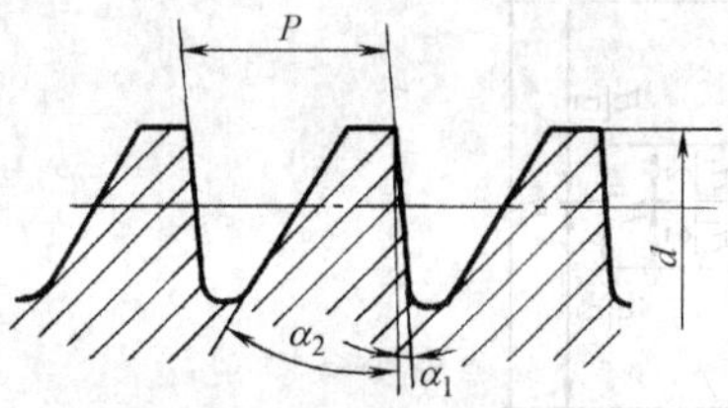 GB/T 13576.1～4—2008	有工作面牙型斜角 $\alpha_1 = 0°$、$3°$、$7°$，非工作面牙型斜角 $\alpha_2 = 30°$、$45°$ 等多种组合。$3°/30°$ 锯齿形螺纹已制定国家标准（GB/T 13576—2008），$0°/45°$ 锯齿形螺纹已有行业标准（JB/T 2001.73—1999）。外螺纹牙底处有相当大的圆角，能减小应力集中；螺纹副大径处无间隙，对中性好；螺纹强度高、工艺性好；传动效率比梯形螺纹高	用于单向受力的传力螺旋，如初轧机的压下螺旋、大型起重机的螺旋千斤顶，水压机的传力螺旋、火炮的炮栓机构
圆螺纹	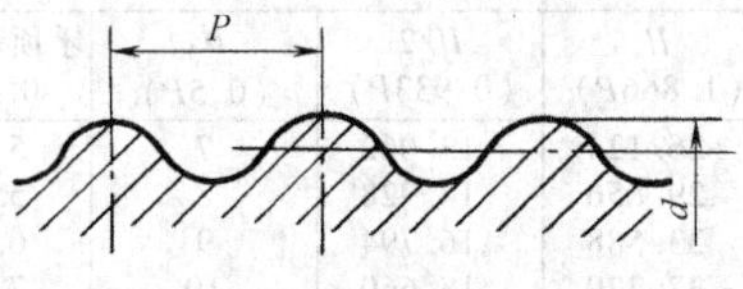	螺纹强度高，应力集中小；和其他螺纹比，对污物和腐蚀的敏感性小，但效率低	用于受冲击和变载荷的传力螺旋
矩形螺纹	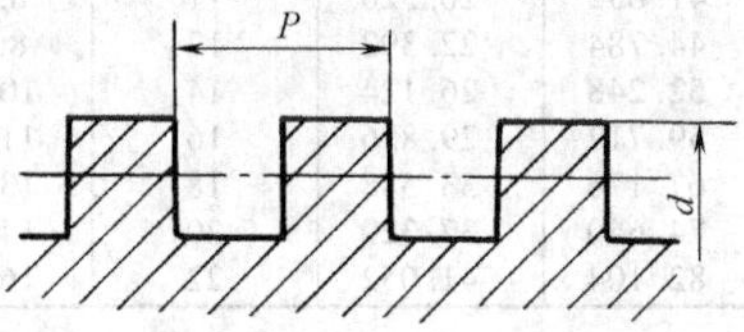	牙型为正方形，牙型角 $\alpha = 0°$。传动效率高，但精确制造困难（为便于加工，可制成 $10°$ 牙型角）；螺纹强度比梯形螺纹、锯齿形螺纹低，对中精度低，螺纹副磨损后的间隙难以补偿与修复	用于传力螺旋和传动螺旋，如一般起重螺旋
三角形螺纹	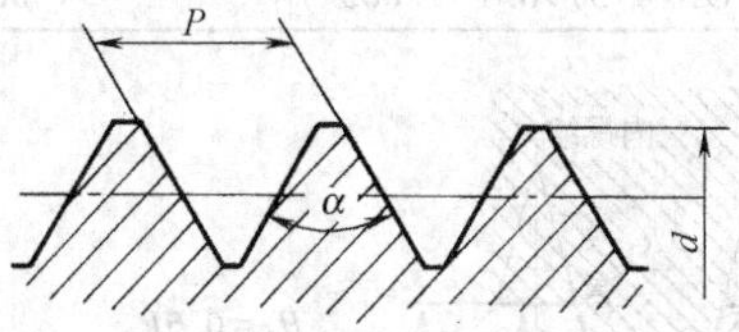	牙型角 $\alpha = 60°$ 的特殊螺纹或米制普通螺纹。自锁性好，效率低	用于小螺距的高强度调整螺纹，如仪表机构

2.2 梯形螺纹

梯形螺纹具有加工比较容易、强度适中、传动可靠的特点，是使用最多的传动螺纹。国家标准 GB/T 5796.1～4—2005 规定了一般用途梯形螺纹的牙型、尺寸及公差，该标准与 ISO 2901～2904 等效，通用性好。该标准不适用于如机床丝杠等精密传动，我国机床行业对机床丝杠螺母制定有专门的精度标准（JB/T 2886—2008 机床梯形丝杠、螺母技术条件），用于各种精密机床的主轴丝杠等重要部位的传动。

2.2.1 梯形螺纹的术语、代号（见表 7.2-3）

2.2.2 梯形螺纹的牙型及尺寸

梯形螺纹的基本牙型为顶角 $30°$ 的等腰梯形构造的内、外螺纹理论牙型，牙顶、牙底的宽度为 $0.366P$。具有基本牙型的内、外螺纹配合后是无间隙的。设计牙型是为了保证传动的灵活性和避免干涉，分别在内、外螺纹的牙底处各留出一个牙顶间隙

a_c。表 7.2-4～表 7.2-6 分别列出了梯形螺纹的基本牙型、设计牙型及尺寸。

表 7.2-3 梯形螺纹的术语和代号

代号	术语
D	基本牙型上的内螺纹大径
D_4	设计牙型上的内螺纹大径
D_1	基本牙型和设计牙型上的内螺纹小径
D_2	基本牙型和设计牙型上的内螺纹中径
d	基本牙型和设计牙型上的外螺纹大径（公称直径）
d_1	基本牙型上的外螺纹小径
d_2	基本牙型和设计牙型上的外螺纹中径
d_3	设计牙型上的外螺纹小径
P	螺距
H	原始三角形高度
H_1	基本牙型高
H_4	设计牙型上的内螺纹牙高
h_3	设计牙型上的外螺纹牙高
a_c	牙顶间隙
R_1	外螺纹牙顶倒角圆弧半径
R_2	螺纹牙底倒角圆弧半径

表 7.2-4   梯形螺纹的基本牙型及尺寸（GB/T 5796.1—2005）   （mm）

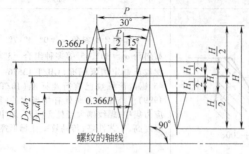

梯形螺纹基本牙型

螺距 P	H (1.866P)	$H/2$ (0.933P)	H_1 (0.5P)	牙顶、牙底宽 0.366P	螺距 P	H (1.866P)	$H/2$ (0.933P)	H_1 (0.5P)	牙顶、牙底宽 0.366P
1.5	2.799	1.400	0.75	0.549	14	26.124	13.062	7	5.124
2	3.732	1.866	1	0.732	16	29.856	14.928	8	5.856
3	5.598	2.799	1.5	1.098	18	33.588	16.794	9	6.588
4	7.464	3.732	2	1.464	20	37.320	18.660	10	7.320
5	9.330	4.665	2.5	1.830	22	41.052	20.526	11	8.052
6	11.196	5.598	3	2.196	24	44.784	22.392	12	8.784
7	13.062	6.531	3.5	2.562	28	52.248	26.124	14	10.248
8	14.928	7.464	4	2.928	32	59.712	29.856	16	11.712
9	16.794	8.397	4.5	3.294	36	67.176	33.588	18	13.176
10	18.660	9.330	5	3.660	40	74.640	37.320	20	14.640
12	22.392	11.196	6	4.392	44	82.104	41.052	22	16.104

表 7.2-5   梯形螺纹的设计牙型及尺寸（摘自 GB/T 5796.1—2005）   （mm）

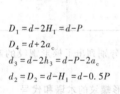

$D_1 = d - 2H_1 = d - P$
$D_4 = d + 2a_c$
$d_3 = d - 2h_3 = d - P - 2a_c$
$d_2 = D_2 = d - H_1 = d - 0.5P$

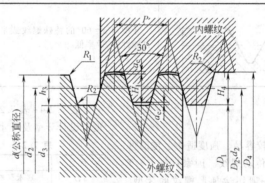

$H_1 = 0.5P$
$H_4 = h_3 = H_1 + a_c$
$R_{1max} = 0.5a_c$
$R_{2max} = a_c$
P—螺距

梯形螺纹设计牙型

螺距 P	a_c	$H_4 = h_3$	R_{1max}	R_{2max}	螺距 P	a_c	$H_4 = h_3$	R_{1max}	R_{2max}
1.5	0.15	0.9	0.075	0.15	14	1	8	0.5	1
2	0.25	1.25	0.125	0.25	16	1	9	0.5	1
3	0.25	1.75	0.125	0.25	18	1	10	0.5	1
4	0.25	2.25	0.125	0.25	20	1	11	0.5	1
5	0.25	2.75	0.125	0.25	22	1	12	0.5	1
6	0.5	3.5	0.25	0.5	24	1	13	0.5	1
7	0.5	4	0.25	0.5	28	1	15	0.5	1
8	0.5	4.5	0.25	0.5	32	1	17	0.5	1
9	0.5	5	0.25	0.5	36	1	19	0.5	1
10	0.5	5.5	0.25	0.5	40	1	21	0.5	1
12	0.5	6.5	0.25	0.5	44	1	23	0.5	1

注：1. 在外螺纹大径上的 R_1，推荐采用等于或小于 $0.5a_c$ 的倒圆或倒角；对螺距为 2～12mm 的滚压外螺纹在大径上的 R_1 推荐采用等于或大于 $0.6a_c$ 的倒圆或倒角。

2. 当采用滚压方法加工外螺纹时，可以修改其牙底形状，以便在外螺纹的牙底上能生成较大的圆弧，此时其外螺纹小径 d_3 可以减小 $0.15P$。

表 7.2-6　梯形螺纹公称尺寸（GB/T 5796.3—2005）　　　　（mm）

公称直径 d			螺距	中径	大径	小径	
第一系列	第二系列	第三系列	P	$d_2 = D_2$	D_4	d_3	D_1
8			1.5	7.250	8.300	6.200	6.500
	9		1.5	8.250	9.300	7.200	7.500
	9		2	8.000	9.500	6.500	7.000
10			1.5	9.250	10.300	8.200	8.500
10			2	9.000	10.500	7.500	8.000
	11		2	10.000	11.500	8.500	9.000
	11		3	9.500	11.500	7.500	8.000
12			2	11.000	12.500	9.500	10.000
12			3	10.500	12.500	8.500	9.000
	14		2	13.000	14.500	11.500	12.000
	14		3	12.500	14.500	10.500	11.000
16			2	15.000	16.500	13.500	14.000
16			4	14.000	16.500	11.500	12.000
	18		2	17.000	18.500	15.500	16.000
	18		4	16.000	18.500	13.500	14.000
20			2	19.000	20.500	17.500	18.000
20			4	18.000	20.500	15.500	16.000
	22		3	20.500	22.500	18.500	19.000
	22		5	19.500	22.500	16.500	17.000
	22		8	18.000	23.000	13.000	14.000
24			3	22.500	24.500	20.500	21.000
24			5	21.500	24.500	18.500	19.000
24			8	20.000	25.000	15.000	16.000
	26		3	24.500	26.500	22.500	23.000
	26		5	23.500	26.500	20.500	21.000
	26		8	22.000	27.000	17.000	18.000
28			3	26.500	28.500	24.500	25.000
28			5	25.500	28.500	22.500	23.000
28			8	24.000	29.000	19.000	20.000
	30		3	28.500	30.500	26.500	27.000
	30		6	27.000	31.000	23.000	24.000
	30		10	25.000	31.000	19.000	20.000
32			3	30.500	32.500	28.500	29.000
32			6	29.000	33.000	25.000	26.000
32			10	27.000	33.000	21.000	22.000
	34		3	32.500	34.500	30.500	31.000
	34		6	31.000	35.000	27.000	28.000
	34		10	29.000	35.000	23.000	24.000
36			3	34.500	36.500	32.500	33.000
36			6	33.000	37.000	29.000	30.000
36			10	31.000	37.000	25.000	26.000
	38		3	36.500	38.500	34.500	35.000
	38		7	34.500	39.000	30.000	31.000
	38		10	33.000	39.000	27.000	28.000
40			3	38.500	40.500	36.500	37.000
40			7	36.500	41.000	32.000	33.000
40			10	35.000	41.000	29.000	30.000
	42		3	40.500	42.500	38.500	39.000
	42		7	38.500	43.000	34.000	35.000
	42		10	37.000	43.000	31.000	32.000
44			3	42.500	44.500	40.500	41.000
44			7	40.500	45.000	36.000	37.000
44			12	38.000	45.000	31.000	32.000

（续）

公称直径 d			螺距	中径	大径	小径	
第一系列	第二系列	第三系列	P	$d_2 = D_2$	D_4	d_3	D_1
	46		3	44.500	46.500	42.500	43.000
			8	42.000	47.000	37.000	38.000
			12	40.000	47.000	33.000	34.000
48			3	46.500	48.500	44.500	45.000
			8	44.000	49.000	39.000	40.000
			12	42.000	49.000	35.000	36.000
	50		3	48.500	50.500	46.500	47.000
			8	46.000	51.000	41.000	42.000
			12	44.000	51.000	37.000	38.000
52			3	50.500	52.500	48.500	49.000
			8	48.000	53.000	43.000	44.000
			12	46.000	53.000	39.000	40.000
	55		3	53.500	55.500	51.500	52.000
			9	50.500	56.000	45.000	46.000
			14	48.000	57.000	39.000	41.000
60			3	58.500	60.500	56.500	57.000
			9	55.500	61.000	50.000	51.000
			14	53.000	62.000	44.000	46.000
	65		4	63.000	65.500	60.500	61.000
			10	60.000	66.000	54.000	55.000
			16	57.000	67.000	47.000	49.000
70			4	68.000	70.500	65.500	66.000
			10	65.000	71.000	59.000	60.000
			16	62.000	72.000	52.000	54.000
	75		4	73.000	75.500	70.500	71.000
			10	70.000	76.000	64.000	65.000
			16	67.000	77.000	57.000	59.000
80			4	78.000	80.500	75.500	76.000
			10	75.000	81.000	69.000	70.000
			16	72.000	82.000	62.000	64.000
	85		4	83.000	85.500	80.500	81.000
			12	79.000	86.000	72.000	73.000
			18	76.000	87.000	65.000	67.000
90			4	88.000	90.500	85.500	86.000
			12	84.000	91.000	77.000	78.000
			18	81.000	92.000	70.000	72.000
	95		4	93.000	95.500	90.500	91.000
			12	89.000	96.000	82.000	83.000
			18	86.000	97.000	75.000	77.000
100			4	98.000	100.500	95.500	96.000
			12	94.000	101.000	87.000	88.000
			20	90.000	102.000	78.000	80.000
		105	4	103.00	105.500	100.500	101.000
			12	99.000	106.000	92.000	93.000
			20	95.000	107.000	83.000	85.000
	110		4	108.000	110.500	105.500	106.000
			12	104.000	111.000	97.000	98.000
			20	100.000	112.000	88.000	90.000
		115	6	112.000	116.000	108.000	109.000
			14	108.000	117.000	99.000	101.000
			22	104.000	117.000	91.000	93.000
120			6	117.000	121.000	113.000	114.000
			14	113.000	122.000	104.000	106.000
			22	109.000	122.000	96.000	98.000
		125	6	122.000	126.000	118.000	119.000
			14	118.000	127.000	109.000	111.000
			22	114.000	127.000	101.000	103.000

（续）

公称直径 d			螺距	中径	大径	小径	
第一系列	第二系列	第三系列	P	$d_2 = D_2$	D_4	d_3	D_1
	130		6	127.000	131.000	123.000	124.000
			14	123.000	132.000	114.000	116.000
			22	119.000	132.000	106.000	108.000
		135	6	132.000	136.000	128.000	129.000
			14	128.000	137.000	119.000	121.000
			24	123.000	137.000	109.000	111.000
140			6	137.000	141.000	133.000	134.000
			14	133.000	142.000	124.000	126.000
			24	128.000	142.000	114.000	116.000
		145	6	142.000	146.000	138.000	139.000
			14	138.000	147.000	129.000	131.000
			24	133.000	147.000	119.000	121.000
	150		6	147.000	151.000	143.000	144.000
			16	142.000	152.000	132.000	134.000
			24	138.000	152.000	124.000	126.000
		155	6	152.000	156.000	148.000	149.000
			16	147.000	157.000	137.000	139.000
			24	143.000	157.000	129.000	131.000
160			6	157.000	161.000	153.000	154.000
			16	152.000	162.000	142.000	144.000
			28	146.000	162.000	130.000	132.000
		165	6	162.000	166.000	158.000	159.000
			16	157.000	167.000	147.000	149.000
			28	151.000	167.000	135.000	137.000
	170		6	167.000	171.000	163.000	164.000
			16	162.000	172.000	152.000	154.000
			28	156.000	172.000	140.000	142.000
		175	8	171.000	176.000	166.000	167.000
			16	167.000	177.000	157.000	159.000
			28	161.000	177.000	145.000	147.000
180			8	176.000	181.000	171.000	172.000
			18	171.000	182.000	160.000	162.000
			28	166.000	182.000	150.000	152.000
		185	8	181.000	186.000	176.000	177.000
			18	176.000	187.000	165.000	167.000
			32	169.000	187.000	151.000	153.000
	190		8	186.000	191.000	181.000	182.000
			18	181.000	192.000	170.000	172.000
			32	174.000	192.000	156.000	158.000
		195	8	191.000	196.000	186.000	187.000
			18	186.000	197.000	175.000	177.000
			32	179.000	197.000	161.000	163.000
200			8	196.000	201.000	191.000	192.000
			18	191.000	202.000	180.000	182.000
			32	184.000	202.000	166.000	168.000
	210		8	206.000	211.000	201.000	202.000
			20	200.000	212.000	188.000	190.000
			36	192.000	212.000	172.000	174.000
220			8	216.000	221.000	211.000	212.000
			20	210.000	222.000	198.000	200.000
			36	202.000	222.000	182.000	184.000
	230		8	226.000	231.000	221.000	222.000
			20	220.000	232.000	208.000	210.000
			36	212.000	232.000	192.000	194.000

（续）

| 公称直径 d | | | 螺距 | 中径 | 大径 | 小径 | |
第一系列	第二系列	第三系列	P	$d_2 = D_2$	D_4	d_3	D_1
240			8	236.000	241.000	231.000	232.000
			22	229.000	242.000	216.000	218.000
			36	222.000	242.000	202.000	204.000
	250		12	244.000	251.000	237.000	238.000
			22	239.000	252.000	226.000	228.000
			40	230.000	252.000	208.000	210.000
260			12	254.000	261.000	247.000	248.000
			22	249.000	262.000	236.000	238.000
			40	240.000	262.000	218.000	220.000
	270		12	264.000	271.000	257.000	258.000
			24	258.000	272.000	244.000	246.000
			40	250.000	272.000	228.000	230.000
280			12	274.000	281.000	267.000	268.000
			24	268.000	282.000	254.000	256.000
			40	260.000	282.000	238.000	240.000
	290		12	284.000	291.000	277.000	278.000
			24	278.000	292.000	264.000	266.000
			44	268.000	292.000	244.000	246.000
300			12	294.000	301.000	287.000	288.000
			24	288.000	302.000	274.000	276.000
			44	278.000	302.000	254.000	256.000

注：1. 优先选用第一系列直径，其次选用第二系列。新产品设计中，不宜选用第三系列直径。
　　2. 如果需要使用表中规定以外的螺矩，则选用表中邻近直径所对应的螺矩。

2.2.3　梯形螺纹公差

梯形螺纹的公差带是沿牙型分布的公差带，由公差带位置和公差等级构成，在垂直于轴线方向上计算公差和偏差值。

（1）公差带位置与基本偏差

内螺纹大径 D_4、中径 D_2、小径 D_1 的公差带位置为 H，其基本偏差 EI 为零（即 EI = 0），见图 7.2-1。外螺纹大径 d、小径 d_3 只有一种公差带位置 h，基本偏差 es 为零（即 es = 0），见图 7.2-2a；外螺纹中径 d_2 的公差带位置有 e、c 两种，两者的基本偏差 es 为负值，见图 7.2-2b。H、h 公差带位置常用于空程较短的场合，e、c 公差带位置可用于要求传动灵活的场合。螺纹有镀层时应根据镀层厚度、需要的传动间隙选择基本偏差。

内、外螺纹中径的基本偏差值见表 7.2-7。

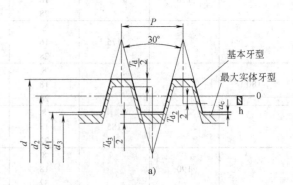

a)

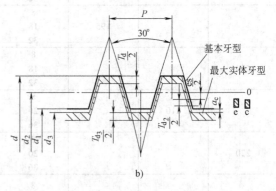

b)

图 7.2-2　梯形外螺纹公差

T_d、T_{d_2} 和 T_{d_3} —外螺纹大径、中径及小径的公差

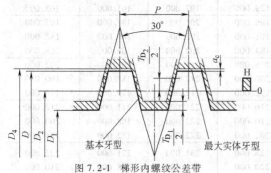

图 7.2-1　梯形内螺纹公差带

T_{D_1}、T_{D_2} —内螺纹小径及中径的公差

表 7.2-7　梯形螺纹中径的基本偏差

（GB/T 5796.4—2005）

螺距 P/mm	内螺纹 $D_2/\mu m$ H　EI	外螺纹 $d_2/\mu m$ c　es	外螺纹 $d_2/\mu m$ e　es
1.5	0	−140	−67
2	0	−150	−71
3	0	−170	−85
4	0	−190	−95
5	0	−212	−106
6	0	−236	−118
7	0	−250	−125
8	0	−265	−132
9	0	−280	−140
10	0	−300	−150
12	0	−335	−160
14	0	−355	−180
16	0	−375	−190
18	0	−400	−200
20	0	−425	−212
22	0	−450	−224
24	0	−475	−236
28	0	−500	−250
32	0	−530	−265
36	0	−560	−280
40	0	−600	−300
44	0	−630	−315

（2）公差等级、公差值及旋合长度

梯形螺纹各直径的公差等级见表 7.2-8；内螺纹小径、外螺纹大径的公差见表 7.2-9；内、外螺纹的中径公差，外螺纹小径公差及旋合长度见表 7.2-10。

表 7.2-8　梯形螺纹各直径的公差等级

螺纹直径		公差等级
内螺纹	小径 D_1	4
	中径 D_2	7、8、9
外螺纹	大径 d	4
	中径 d_2	7、8、9
	小径 d_3	7、8、9

注：外螺纹的小径 d_3 及其中径 d_2 应选取相同的公差等级。

表 7.2-9　梯形内螺纹小径、外螺纹大径公差

（摘自 GB/T 5796.4—2005）

螺距 P/mm	公差等级为 4 级 内螺纹小径公差 $T_{D_1}/\mu m$	公差等级为 4 级 外螺纹大径公差 $T_d/\mu m$
1.5	190	150
2	236	180
3	315	236
4	375	300
5	450	335
6	500	375
7	560	425
8	630	450
9	670	500
10	710	530
12	800	600
14	900	670
16	1000	710
18	1120	800
20	1180	850
22	1250	900
24	1320	950
28	1500	1060
32	1600	1120
36	1800	1250
40	1900	1320
44	2000	1400

表 7.2-10　梯形螺纹内、外螺纹中径公差，外螺纹小径公差及旋合长度

（摘自 GB 5796.4—2005）

公称直径 d/mm >	公称直径 d/mm ≤	螺距 P /mm	内螺纹中径公差 $T_{D_2}/\mu m$ 公差等级 7	8	9	外螺纹中径公差 $T_{d_2}/\mu m$ 公差等级 7	8	9	外螺纹小径公差 $T_{d_3}/\mu m$ 中径公差带位置为 c 公差等级 7	8	9	中径公差带位置为 e 公差等级 7	8	9	旋合长度/mm 中等旋合长度 N >	≤	长旋合长度 L >
5.6	11.2	1.5	224	280	355	170	212	265	352	405	471	279	332	398	5	15	15
		2	250	315	400	190	236	300	388	445	525	309	366	446	6	19	19
		3	280	355	450	212	265	335	435	501	589	350	416	504	10	28	28
11.2	22.4	2	265	335	425	200	250	315	400	462	544	321	383	465	8	24	24
		3	300	375	475	224	280	355	450	520	614	365	435	529	11	32	32
		4	355	450	560	265	335	425	521	609	690	426	514	595	15	43	43
		5	375	475	600	280	355	450	562	656	775	456	550	669	18	53	53
		8	475	600	750	355	450	560	709	828	965	576	695	832	30	85	85

（续）

公称直径 d/mm		螺距 P /mm	内螺纹中径公差 $T_{D_2}/\mu m$ 公差等级			外螺纹中径公差 $T_{d_2}/\mu m$ 公差等级			外螺纹小径公差 $T_{d_3}/\mu m$ 中径公差带位置为c 公差等级			中径公差带位置为e 公差等级			旋合长度/mm 中等旋合长度 N		长旋合长度 L
>	≤		7	8	9	7	8	9	7	8	9	7	8	9	>	≤	>
22.4	45	3	335	425	530	250	315	400	482	564	670	397	479	585	12	36	36
		5	400	500	630	300	375	475	587	681	806	481	575	700	21	63	63
		6	450	560	710	335	425	530	655	767	899	537	649	781	25	75	75
		7	475	600	750	355	450	560	694	813	950	569	688	825	30	85	85
		8	500	630	800	375	475	600	764	859	1015	601	726	882	34	100	100
		10	530	670	850	400	500	630	800	925	1087	650	775	937	42	125	125
		12	560	710	900	425	530	670	866	998	1223	691	823	1048	50	150	150
45	90	3	355	450	560	265	335	425	501	589	701	416	504	616	15	45	45
		4	400	500	630	300	375	475	565	659	784	470	564	689	19	56	56
		8	530	670	850	400	500	630	765	890	1052	632	757	919	38	118	118
		9	560	710	900	425	530	670	811	943	1118	671	803	978	43	132	132
		10	560	710	900	425	530	670	831	963	1138	681	813	988	50	140	140
		12	630	800	1000	475	600	750	929	1085	1273	754	910	1098	60	170	170
		14	670	850	1060	500	630	800	970	1142	1355	805	967	1180	67	200	200
		16	710	900	1120	530	670	850	1038	1213	1438	853	1028	1253	75	236	236
		18	750	950	1180	560	710	900	1100	1288	1525	900	1088	1320	85	265	265
90	180	4	425	530	670	315	400	500	584	690	815	489	595	720	24	71	74
		6	500	630	800	375	475	600	705	830	986	587	712	868	36	106	106
		8	560	710	900	425	530	670	796	928	1103	663	795	970	45	132	132
		12	670	850	1060	500	630	800	960	1122	1335	785	947	1160	67	200	200
		14	710	900	1120	530	670	850	1018	1193	1418	843	1018	1243	75	236	236
		16	750	950	1180	560	710	900	1075	1263	1500	890	1078	1315	90	265	265
		18	800	1000	1250	500	750	950	1150	1338	1588	950	1138	1388	100	300	300
		20	800	1000	1250	600	750	950	1175	1363	1613	962	1150	1400	112	335	335
		22	850	1060	1320	630	800	1000	1232	1450	1700	1011	1224	1474	118	355	355
		24	900	1120	1400	670	850	1060	1313	1538	1800	1074	1299	1561	132	400	400
		28	950	1180	1500	710	900	1120	1388	1625	1900	1138	1375	1650	150	450	450
180	355	8	600	750	950	450	560	710	828	965	1153	695	832	1020	50	150	150
		12	710	900	1120	530	670	850	998	1173	1398	823	998	1223	75	224	224
		18	850	1060	1320	630	800	1000	1187	1400	1650	987	1200	1450	112	335	335
		20	900	1120	1400	670	850	1060	1263	1488	1750	1050	1275	1537	125	375	375
		22	900	1120	1400	670	850	1060	1288	1513	1775	1062	1287	1549	140	425	425
		24	950	1180	1500	710	900	1120	1363	1600	1875	1124	1361	1636	150	450	450
		32	1060	1320	1700	800	1000	1250	1530	1780	2092	1265	1515	1827	200	600	600
		36	1120	1400	1800	850	1060	1320	1623	1885	2210	1343	1605	1930	224	670	670
		40	1120	1400	1800	850	1060	1320	1663	1925	2250	1363	1625	1950	250	750	750
		44	1250	1500	1900	900	1120	1400	1755	2030	2380	1440	1715	2065	280	850	850

（3）推荐公差带（见表 7.2-11）

表 7.2-11　梯形螺纹的公差带

公差精度	中径公差带			
	内螺纹		外螺纹	
	N	L	N	L
中等	7H	8H	7e	8e
粗糙	8H	9H	8c	9c

注：1. 根据使用场合选择梯形螺纹的精度等级：中等级—用于一般用途的螺纹；粗糙级—要求不高和制造螺纹有困难的场合。

2. 如果不能确定螺纹旋合长度的实际值，推荐按中等旋合长度组 N 选取螺纹公差带。

（4）多线螺纹公差

多线螺纹顶径公差和底径公差与单线螺纹的顶径和底径公差相同。多线螺纹的中径公差等于具有相同单线螺纹的中径公差乘以修正系数，修正系数见表 7.2-12。

表 7.2-12　螺纹线数的修正系数

线数	2	3	4	≥5
系数	1.12	1.25	1.4	1.6

2.2.4　梯形螺纹标记

完整的梯形螺纹标记包括螺纹特征代号、尺寸代号、公差带代号和旋合长度代号。梯形螺纹的公差带代号仅标记中径公差带代号。在旋合长度属 L 组时需在公差带代号之后注写出旋合长度的组别代号 L。当组别代号为 N 时，N 应省略不标。

标记各代号的排序如下：

梯形螺纹特征代号　尺寸代号　旋向代号

公差带代号　旋合长度代号

标记示例见表 7.2-13。

表 7.2-13　梯形螺纹标记示例

形式	示例	说明
内螺纹	Tr40×7-8H-L	公称直径为 40mm，螺距为 7mm，单线，右旋（右旋不标），中径公差带为 8H，旋合长度为 L 组的梯形螺纹（Tr 表示梯形螺纹）
外螺纹	Tr40×7LH-7e	公称直径为 40mm，螺距为 7mm，单线，左旋（LH 表示左旋），公差带为 7e，旋合长度为 N 组（N 组不标注）
多线螺纹	Tr40×14（P7）LH-8c	公称直径为 40mm，多线，导程为 14mm，螺距为 7mm，左旋，中径公差带为 8c，旋合长度为 N 组
螺旋副	Tr40×7-7H/7e	公称直径为 40mm，螺距为 7mm，单线，右旋，内螺纹，公差带为 7H，外螺纹公差带为 7e，旋合长度为 N 组

2.3　短牙梯形螺纹

短牙梯形螺纹是一种牙槽较普通梯形螺纹浅的梯形螺纹，具有结构紧凑、工艺性好等优点，适用于根部强度要求高、外形尺寸小的场合，如薄壁零件、各种阀门。JB/T 12005—2014 为阀门用短牙梯形螺纹的标准。

2.3.1　短牙梯形螺纹的牙型及尺寸

短牙梯形螺纹的基本牙型、设计牙型及尺寸除牙高 $H_1 = 0.3P$（梯形螺纹牙高 $H_1 = 0.5P$）外，其他各参数均与 GB/T 13576—2008 梯形螺纹的规定相同，见表 7.2-14～表 7.2-16。

表 7.2-14　短牙梯形螺纹的基本牙型及尺寸　　　　　　　（mm）

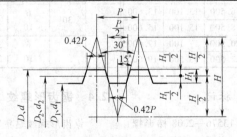

短牙梯形螺纹基本牙型

螺距 P	H （1.866P）	$H/2$ （0.933P）	H_1 0.3P	牙顶、牙底宽 0.42P	螺距 P	H （1.866P）	$H/2$ （0.933P）	H_1 0.3P	牙顶、牙底宽 0.42P
1.5	2.799	1.400	0.45	0.63	6	11.196	5.598	1.8	2.52
2	3.732	1.866	0.6	0.84	8	14.928	7.464	2.4	3.36
3	5.598	2.799	0.9	1.26	9	16.794	8.397	2.7	3.78
4	7.464	3.732	1.2	1.68	10	18.660	9.330	3.0	4.20
5	9.330	4.665	1.5	2.10					

表 7.2-15　短牙梯形螺纹的设计牙型及尺寸　　　　　　　　（mm）

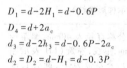

$$D_1 = d - 2H_1 = d - 0.6P$$
$$D_4 = d + 2a_c$$
$$d_3 = d - 2h_3 = d - 0.6P - 2a_c$$
$$d_2 = D_2 = d - H_1 = d - 0.3P$$

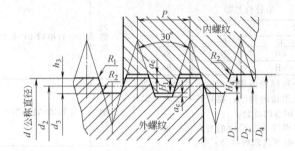

$$H_1 = 0.3P$$
$$H_4 = h_3 = H_1 + a_c$$
$$R_{1max} = 0.5a_c$$
$$R_{2max} = a_c$$
$$P\text{—螺距}$$

短牙梯形螺纹设计牙型

螺距 P	牙顶间隙 a_c	牙高 $H_4 = h_3$	R_{1max}	R_{2max}	螺距 P	牙顶间隙 a_c	牙高 $H_4 = h_3$	R_{1max}	R_{2max}
1.5	0.15	0.60	0.075	0.15	6	0.5	2.3	0.250	0.5
2	0.25	0.85	0.125	0.25	8	0.5	2.9	0.250	0.5
3	0.25	1.15	0.125	0.25	9	0.5	3.2	0.250	0.5
4	0.25	1.45	0.125	0.25	10	0.5	3.5	0.250	0.5
5	0.25	1.75	0.125	0.25					

表 7.2-16　短牙梯形螺纹的公称尺寸　　　　　　　　（mm）

公称直径 d 第一系列	公称直径 d 第二系列	螺距 P	中径 $d_2 = D_2$	大径 D_4	小径 d_3	小径 D_3	公称直径 d 第一系列	公称直径 d 第二系列	螺距 P	中径 $d_2 = D_2$	大径 D_4	小径 d_3	小径 D_3
8		1.5	7.550	8.300	6.800	7.100		22	8	19.600	23.000	16.200	17.200
	9	2	8.400	9.500	7.300	7.800	24		5	22.500	24.500	20.500	21.000
10		2	9.400	10.500	8.300	8.800			8	21.600	25.000	18.200	19.200
	11	2	10.400	11.500	9.300	9.800		26	5	24.500	26.500	22.500	23.000
		3	10.100	11.500	8.700	9.200			8	23.600	27.000	20.200	21.200
12		3	11.100	12.500	9.700	10.200	28		5	26.500	28.500	24.500	25.000
	14	3	13.100	14.500	11.700	12.200			8	25.600	29.000	22.200	23.200
16		4	14.800	16.500	13.100	13.600		30	5	28.200	31.000	25.400	26.400
	18	4	16.800	18.500	15.100	15.600			10	27.000	31.000	23.000	24.000
20		4	18.800	20.500	17.100	17.600	32		6	30.200	33.000	27.400	28.400
	22	5	20.500	22.500	18.500	19.000			10	29.000	33.000	25.000	26.000

2.3.2　短牙梯形螺纹公差、标记

短牙梯形螺纹采用与 GB/T 13576—2008 梯形螺纹相同的公差值，其公差带分级、旋合长度的分组及各级公差值均与国标梯形螺纹使用时参照进行。短牙梯形螺纹分中等、粗糙两个精度级别，通常使用中等精度级，短牙梯形螺纹推荐公差带与国标梯形螺纹相同。

短牙梯形螺纹标记中特征代号为 DTr，其他的标记与国标梯形螺纹相同。

2.4　锯齿形螺纹

锯齿形螺纹是集矩形螺纹传动效率高、梯形螺纹工艺性能好于一体的螺纹。多用于承受单向载荷的场合，承载面牙型角小，以提高传动效率；非承载面牙型角大，以保证螺纹的强度。以下主要介绍国家标准 GB/T 13576.1~4—2008 规定的锯齿形（3°/30°）螺纹的牙型、尺寸、公差及标记。其他的牙型还有（0°/45°）、（3°/45°）、（7°/45°）等不同角度的组合，可参考使用。

2.4.1　锯齿形螺纹的牙型及公称尺寸（见表 7.2-17）

表 7.2-17　锯齿形（3°/30°）螺纹的牙型及公称尺寸（摘自 GB/T 13576.1—2008 及 GB/T 13576.3—2008）

（mm）

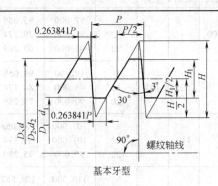

基本牙型

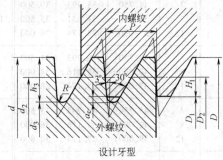

设计牙型

螺距 P（标准值）

外螺纹大径（公称直径）d（标准值）

内螺纹大径　　$D=d$

原始三角形高　$H=1.5879117P$

基本牙型高（内螺纹设计牙型高）
$H_1=0.75P$

设计牙型外螺纹牙高 $h_3=0.867767P$

小径间隙　$a_c=0.117767P$

外螺纹牙底圆弧半径 $R=0.124271P$

外螺纹中径 $d_2=$ 内螺纹中径 $D_2=d-0.75P$

内螺纹小径　　$D_1=d-2H_1=d-1.5P$

外螺纹小径　　$d_3=d-2h_3=d-1.735534P$

公称直径 d			螺距	中径	小径		公称直径 d			螺距	中径	小径	
第一系列	第二系列	第三系列	P	$d_2=D_2$	d_3	D_1	第一系列	第二系列	第三系列	P	$d_2=D_2$	d_3	D_1
10			2 *	8.500	6.529	7.000		28		3	25.750	22.793	23.500
										5 *	24.250	19.322	20.500
	12		2	10.500	8.529	9.000				8	22.000	14.116	16.000
			3 *	9.750	6.793	7.500		30			3	27.750	24.793	25.500
		14	2	12.500	10.529	11.000				6 *	25.500	19.587	21.000
			3 *	11.750	8.793	9.500				10	22.500	12.645	15.000
16			2	14.500	12.529	13.000	32			3	29.750	26.793	27.500
			4 *	13.000	9.058	10.000				6 *	27.500	21.587	23.000
	18		2	16.500	14.529	15.000				10	24.500	14.645	17.000
			4 *	15.000	11.058	12.000		34		3	31.750	28.793	29.500
20			2	18.500	16.529	17.000				6 *	29.500	23.587	25.000
			4 *	17.000	13.058	14.000				10	26.500	16.645	19.000
	22		3	19.750	16.793	17.500	36			3	33.750	30.793	31.500
			5 *	18.250	13.322	14.500				6 *	31.500	25.587	27.000
			8	16.000	8.116	10.000				10	28.500	18.645	21.000
24			3	21.750	18.793	19.500		38		3	35.750	32.793	33.500
			5 *	20.250	15.322	16.500				7 *	32.750	25.851	27.500
			8	18.000	10.116	12.000				10	30.500	20.645	23.000
	26		3	23.750	20.793	21.500	40			3	37.750	34.793	35.500
			5 *	22.250	17.322	18.500				7 *	34.750	27.851	29.500
			8	20.000	12.116	14.000				10	32.500	22.645	25.000
								42		3	39.750	36.793	37.500
										7 *	36.750	29.851	31.500
										10	34.500	24.645	27.000

（续）

公称直径 d			螺距	中径	小径		公称直径 d			螺距	中径	小径	
第一系列	第二系列	第三系列	P	$d_2=D_2$	d_3	D_1	第一系列	第二系列	第三系列	P	$d_2=D_2$	d_3	D_1
44			3	41.750	38.793	39.500	100			4	97.000	93.058	94.000
			7*	38.750	31.851	33.500				12*	91.000	79.174	82.000
			12	35.000	23.174	26.000				20	85.000	65.289	70.000
	46		3	43.750	40.793	41.500			105	4	102.00	98.058	99.000
			8*	40.000	32.116	34.000				12*	96.000	84.174	87.000
			12	37.000	25.174	28.000				20	90.000	70.289	75.000
48			3	45.750	42.793	43.500	110			4	107.000	103.058	104.000
			8*	42.000	34.116	36.000				12*	101.000	89.174	92.000
			12	39.000	27.174	30.000				20	95.000	75.289	80.000
	50		3	47.750	44.793	45.500			115	6	110.500	104.587	106.000
			8*	44.000	36.116	38.000				14*	104.500	90.703	94.000
			12	41.000	29.174	32.000				22	98.500	76.818	82.000
52			3	49.750	46.793	47.500	120			6	115.500	109.587	111.000
			8*	46.000	38.116	40.000				14*	109.500	95.703	99.000
			12	43.000	31.174	34.000				22	103.500	81.818	87.000
	55		3	52.750	49.793	50.000			125	6	120.500	114.587	116.000
			9*	48.250	39.380	41.500				14*	114.500	100.703	104.000
			14	44.500	30.703	34.000				22	108.500	86.818	92.000
60			3	57.750	54.793	55.500		130		6	125.500	119.587	121.000
			9*	53.250	44.380	46.500				14*	119.500	105.703	109.000
			14	49.500	35.702	39.000				22	113.500	91.818	97.000
	65		4	62.000	58.058	59.000			135	6	130.500	124.587	126.000
			10*	57.500	47.645	50.000				14*	124.500	110.703	114.000
			16	53.000	37.231	41.000				24	117.000	93.347	99.000
70			4	67.000	63.058	64.000	140			6	135.500	129.587	131.000
			10*	62.500	52.645	55.000				14*	129.500	115.703	119.000
			16	58.000	42.231	46.000				24	122.000	98.347	104.000
	75		4	72.000	68.058	69.000			145	6	140.500	134.587	136.000
			10*	67.500	57.645	60.000				14*	134.500	120.703	124.000
			16	63.000	47.231	51.000				24	127.000	103.347	109.000
80			4	77.000	73.058	74.000		150		6	145.500	139.587	141.000
			10*	72.500	62.645	65.000				16*	138.000	122.231	126.000
			16	68.000	52.231	56.000				24	132.000	108.347	114.000
	85		4	82.000	78.058	79.000			155	6	150.500	144.587	146.000
			12*	76.000	64.174	67.000				16*	143.000	127.231	131.000
			18	71.500	53.760	58.000				24	137.000	113.347	119.000
90			4	87.000	83.058	84.000	160			6	155.500	149.587	151.000
			12*	81.000	69.174	72.000				16*	148.000	132.231	136.000
			18	76.500	58.760	63.000				28	139.000	111.405	118.000
	95		4	92.000	88.058	89.000			165	6	160.500	154.587	156.000
			12*	86.000	74.174	77.000				16*	153.000	137.231	141.000
			18	81.500	63.760	68.000				28	144.000	116.405	123.000

（续）

公称直径 d / 螺距 P / 中径 $d_2=D_2$ / 小径（d_3、D_1）

第一系列	第二系列	第三系列	P	$d_2=D_2$	d_3	D_1
	170		6	165.500	159.587	161.000
			16*	158.000	142.231	146.000
			28	149.000	121.405	128.000
		175	8	169.000	161.116	163.000
			16*	163.000	147.231	151.000
			28	154.000	126.405	133.000
180			8	174.000	166.116	168.000
			18*	166.500	148.760	153.000
			28	159.000	131.405	138.000
		185	8	179.000	171.116	173.000
			18*	171.500	153.760	158.000
			32	161.000	129.463	137.000
	190		8	184.000	176.116	178.000
			18*	176.500	158.760	163.000
			32	166.000	134.463	142.000
		195	8	189.000	181.116	183.000
			18*	181.500	163.760	168.000
			32	171.000	139.463	147.000
200			8	194.000	186.116	188.000
			18*	186.500	168.760	173.000
			32	176.000	144.463	152.000
	210		8	204.000	196.116	198.000
			20*	195.000	175.289	180.000
			36	183.000	147.521	156.000
220			8	214.000	206.116	208.000
			20*	205.000	185.289	190.000
			36	193.000	157.521	166.000
	230		8	224.000	216.116	218.000
			20*	215.000	195.289	200.000
			36	203.000	167.521	176.000
240			8	234.000	226.118	228.000
			22*	223.500	201.818	207.000
			36	213.000	177.521	186.000
	250		12	241.000	229.174	232.000
			22*	233.500	211.818	217.000
			40	220.000	180.579	190.000

第一系列	第二系列	第三系列	P	$d_2=D_2$	d_3	D_1
260			12	251.000	239.174	242.000
			22*	243.500	221.818	227.000
			40	230.000	190.579	200.000
	270		12	261.000	249.174	252.000
			24*	252.000	228.347	234.000
			40	240.000	200.579	210.000
280			12	271.000	259.174	262.000
			24*	262.000	238.347	244.000
			40	250.000	210.579	220.000
	290		12	281.000	269.174	272.000
			24*	272.000	248.347	254.000
			44	257.000	213.637	224.000
300			12	291.000	279.174	282.000
			24*	282.000	258.347	264.000
			44	267.000	223.637	234.000
	320		12	311.000	299.174	302.000
			44	287.000	243.636	254.000
340			12	331.000	319.174	322.000
			44	307.000	263.637	274.000
	360		12	351.000	339.174	342.000
380			12	371.000	359.174	362.000
	400		12	391.000	379.174	382.000
420			18	406.500	388.760	393.000
	440		18	426.500	408.760	413.000
460			18	446.500	428.760	433.000
	480		18	466.500	448.760	453.000
500			18	486.500	468.760	473.000
	520		24	502.000	478.347	484.000
540			24	522.000	498.347	504.000
	560		24	542.000	518.347	524.000
580			24	562.000	538.347	544.000
	600		24	582.000	558.347	564.000
620			24	602.000	578.347	584.000
	640		24	622.000	598.347	604.000

注：1. 优先选用第一系列，其次选用第二系列。新产品设计中不宜选用第三系列。

2. 优先选用带 "＊" 号的螺距。

3. 特殊需要时，允许选用表中临近的直径所对应的螺距。

2.4.2　锯齿形螺纹公差

（1）公差带位置与基本偏差

内螺纹大径 D、中径 D_2 和小径 D_1 的公差带位置为 H，其基本偏差 EI 为零（即 EI = 0），见图 7.2-3。外螺纹大径 d、小径 d_3 的公差带位置为 h，基本偏差 es 为零（即 es = 0）；外螺纹中径 d_2 的公差带位置有 c、e 两种，两者的基本偏差 es 为负值（即 es<0），见图 7.2-4。内、外螺纹中径的基本偏差值见表 7.2-18。

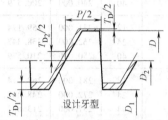

图 7.2-3　内螺纹公差带位置

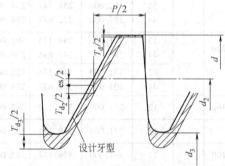

图 7.2-4　外螺纹的公差带位置

表 7.2-18　内、外螺纹中径的基本偏差

（GB/T 13576.4—2008）

螺距 P/mm	内螺纹 D_2/μm H EI	外螺纹 d_2/μm c es	外螺纹 d_2/μm e es
2	0	−150	−71
3	0	−170	−85
4	0	−190	−95
5	0	−212	−106
6	0	−236	−118
7	0	−250	−125
8	0	−265	−132
9	0	−280	−140
10	0	−300	−150
12	0	−335	−160
14	0	−355	−180
16	0	−375	−190
18	0	−400	−200
20	0	−425	−212
22	0	−450	−224
24	0	−475	−236
28	0	−500	−250
32	0	−530	−265
36	0	−560	−280
40	0	−600	−300
44	0	−630	−315

（2）公差等级、公差值及旋合长度

锯齿形螺纹中径、小径的公差等级见表 7.2-19，内、外螺纹大径的公差等级分别为 IT10、IT9。内、外螺纹的大径、中径、小径的公差及旋合长度分别见表 7.2-20~表 7.2-22。

表 7.2-19　锯齿形螺纹中径、小径的公差等级

螺纹直径		公差等级
内螺纹	中径　D_2	7、8、9
	小径　D_1	4
外螺纹	中径　d_2	7、8、9
	小径　d_3	7、8、9

注：外螺纹小径 d_3 所选取的公差等级必须与其中径 d_2 的公差等级相同。

表 7.2-20　内螺纹小径公差（T_{D_1}）

（GB/T 13576.4—2008）

螺距 P/mm	4 级公差/μm	螺距 P/mm	4 级公差/μm
2	236	18	1120
3	315	20	1180
4	375	22	1250
5	450	24	1320
6	500	28	1500
7	560	32	1600
8	630	36	1800
9	670	40	1900
10	710	44	2000
12	800		
14	900		
16	1000		

表 7.2-21　内、外螺纹大径公差

（GB/T 13576.4—2008）

公称直径 d/mm >	公称直径 d/mm ≤	内螺纹大径公差 T_D/μm　H10	外螺纹大径公差 T_d/μm　h9
6	10	58	36
10	18	70	43
18	30	84	52
30	50	100	62
50	80	120	74
80	120	140	87
120	180	160	100
180	250	185	115
250	315	210	130
315	400	230	140
400	500	250	155
500	630	280	175
630	800	320	200

表 7.2-22 内、外螺纹中径公差，外螺纹小径公差及旋合长度（摘自 GB/T 13576.4—2008）

公称直径 d/mm		螺距 P/mm	内螺纹中径公差 T_{D_2}/μm			外螺纹中径公差 T_{d_2}/μm			外螺纹小径公差 T_{d_3}/μm						旋合长度/mm		
									c			e			中等旋合长度 N		长旋合长度 L
			公差等级			公差等级			公差等级								
>	≤		7	8	9	7	8	9	7	8	9	7	8	9	>	≤	>
5.6	11.2	2	250	315	400	190	236	300	388	445	525	309	366	446	6	19	19
		3	280	355	450	212	265	335	435	501	589	350	416	504	10	28	28
11.2	22.4	2	265	335	425	200	250	315	400	462	544	321	383	465	8	24	24
		3	300	375	475	224	280	355	450	520	614	365	435	529	11	32	32
		4	355	450	560	265	335	425	521	609	690	426	514	595	15	43	43
		5	375	475	600	280	355	450	562	656	775	456	550	669	18	53	53
		8	475	600	750	355	450	560	709	828	965	576	695	832	30	85	85
22.4	45	3	335	425	530	250	315	400	482	564	670	397	479	585	12	36	36
		5	400	500	630	300	375	475	587	681	806	481	575	700	21	63	63
		6	450	560	710	335	425	530	655	767	899	537	649	781	25	75	75
		7	475	600	750	355	450	560	694	813	950	569	688	825	30	85	85
		8	500	630	800	375	475	600	764	859	1015	601	726	882	34	100	100
		10	530	670	850	400	500	630	800	925	1087	650	775	937	42	125	125
		12	560	710	900	425	530	670	866	998	1223	691	823	1048	50	150	150
45	90	3	355	450	560	265	335	425	501	589	701	416	504	616	15	45	45
		4	400	500	630	300	375	475	565	659	784	470	564	689	19	56	56
		8	530	670	850	400	500	630	765	890	1052	632	757	919	38	118	118
		9	560	710	900	425	530	670	811	943	1118	671	803	978	43	132	132
		10	560	710	900	425	530	670	831	963	1138	681	813	988	50	140	140
		12	630	800	1000	475	600	750	929	1085	1273	754	910	1098	60	170	170
		14	670	850	1060	500	630	800	970	1142	1355	805	967	1180	67	200	200
		16	710	900	1120	530	670	850	1038	1213	1438	853	1028	1253	75	236	236
		18	750	950	1180	560	710	900	1100	1288	1525	900	1088	1320	85	265	265
90	180	4	425	530	670	315	400	500	584	690	815	489	595	720	24	71	71
		6	500	630	800	375	475	600	705	830	986	587	712	868	36	106	106
		8	560	710	900	425	530	670	796	928	1103	663	795	970	45	132	132
		12	670	850	1060	500	630	800	960	1122	1335	785	947	1160	67	200	200
		14	710	900	1120	530	670	850	1018	1193	1418	843	1018	1243	75	236	236
		16	750	950	1180	560	710	900	1075	1263	1500	890	1078	1315	90	265	265
		18	800	1000	1250	600	750	950	1150	1338	1588	950	1138	1388	100	300	300
		20	800	1000	1250	600	750	950	1175	1363	1613	962	1150	1400	112	335	335
		22	850	1060	1320	630	800	1000	1232	1450	1700	1011	1224	1474	118	355	355
		24	900	1120	1400	670	850	1060	1313	1538	1800	1074	1299	1561	132	400	400
		28	950	1180	1500	710	900	1120	1388	1625	1900	1138	1375	1650	150	450	450

（续）

公称直径 d/mm		螺距 P /mm	内螺纹中径公差 T_{D_2}/μm			外螺纹中径公差 T_{d_2}/μm			外螺纹小径公差 T_{d_3}/μm						旋合长度/mm		
									c			e			中等旋合长度 N		长旋合长度 L
			公差等级			公差等级			公差等级								
>	≤		7	8	9	7	8	9	7	8	9	7	8	9	>	≤	>
180	355	8	600	750	950	450	560	710	828	965	1153	695	832	1020	50	150	150
		12	710	900	1120	530	670	850	998	1173	1398	823	998	1223	75	224	224
		18	850	1060	1320	630	800	1000	1187	1400	1650	987	1200	1450	112	335	335
		20	900	1120	1400	670	850	1060	1263	1488	1750	1050	1275	1537	125	375	375
		22	900	1120	1400	670	850	1060	1288	1513	1775	1062	1287	1549	140	425	425
		24	950	1180	1500	710	900	1120	1363	1600	1875	1124	1361	1636	150	450	450
		32	1060	1320	1700	800	1000	1250	1530	1780	2092	1265	1515	1827	200	600	600
		36	1120	1400	1800	850	1060	1320	1623	1885	2210	1343	1605	1930	224	670	670
		40	1120	1400	1800	850	1060	1320	1663	1925	2250	1363	1625	1950	250	750	750
		44	1250	1500	1900	900	1120	1400	1755	2030	2380	1440	1715	2065	280	850	850
355	640	12	760	950	1200	560	710	900	1035	1223	1460	870	1058	1295	87	260	260
		18	900	1120	1400	670	850	1060	1238	1462	1725	1038	1263	1525	132	390	390
		24	950	1180	1480	710	900	1120	1368	1600	1875	1124	1361	1636	174	520	520
		44	1200	1610	2000	950	1220	1520	1818	2155	2530	1503	1840	2215	319	950	950

（3）推荐公差带

锯齿形螺纹的推荐中径公差带见表7.2-23。一般用途螺纹选中等级别，粗糙级用于螺纹制造有困难的场合。当不能确定实际旋合长度时，按中等旋合长度N选取公差带。

表 7.2-23　锯齿形螺纹的推荐中径公差带

精度	内螺纹		外螺纹	
	N	L	N	L
中等	7H	8H	7e	8e
粗糙	8H	9H	8c	9c

（4）多线螺纹公差

锯齿形多线螺纹的顶径、底径的公差值与相同螺距单线螺纹的顶径、底径的公差值相等。多线螺纹中径公差值取相同螺距单线螺纹的中径公差值乘以修正系数，修正系数见表7.2-24。

表 7.2-24　多线螺纹的中径公差修正系数

线数	2	3	4	≥5
修正系数	1.12	1.25	1.4	1.6

2.4.3　锯齿形螺纹标记

完整的锯齿形（3°/30°）螺纹标记包括螺纹特征代号、尺寸代号、公差带代号和旋合长度代号。另外，左旋螺纹还应标记旋向"LH"，右旋不标。

锯齿形螺纹的公差带代号仅标记中径公差带代号。长旋合长度组的螺纹，应在公差带代号后标注代号"L"，中等旋合长度组的代号"N"不标。

标记示例：见表7.2-25。

表 7.2-25　锯齿形螺纹标记示例

形式		示例	说明
单个螺纹	内螺纹	B40×7-7H	公称直径为40mm，螺距为7mm，单线，右旋，中径公差为7H，旋合长度为N组的锯齿形螺纹（右旋不标记，N组旋合长度不标记，B表示锯齿形螺纹）
	外螺纹	B40×7LH-7e	公称直径为40mm，螺距为7mm，单线，左旋（LH表示左旋），中径公差带为7e，旋合长度为N组的锯齿形螺纹
	多线螺纹	B40×14(P7)-8e-L	公称直径为40mm，导程为14mm，螺距为7mm，右旋，中径公差带为8e，旋合长度为L组
螺纹副		B40×7-7H/7e	公称直径为40mm，螺距为7mm，单线，右旋，内螺纹公差带为7H，外螺纹公差带为7e，旋合长度为N组

2.5　矩形螺纹 （见表 7.2-26）

表 7. 2-26　矩形螺纹牙型及尺寸　　　　　　　　　　　（mm）

牙型	尺寸计算
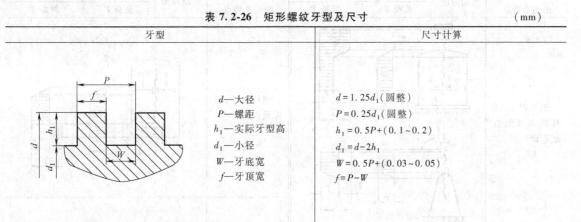 d—大径 P—螺距 h_1—实际牙型高 d_1—小径 W—牙底宽 f—牙顶宽	$d = 1.25d_1$（圆整） $P = 0.25d_1$（圆整） $h_1 = 0.5P + (0.1 \sim 0.2)$ $d_1 = d - 2h_1$ $W = 0.5P + (0.03 \sim 0.05)$ $f = P - W$

注：矩形螺纹的直径与螺距可按梯形螺纹标准选择，小径尺寸可先依强度确定。

3　滑动螺旋传动

3.1　螺母的结构型式

　　滑动螺旋传动的螺母分整体式（见图 7.2-5）和组合式（见图 7.2-6）。前者结构简单，制造方便，但间隙不能调整。图 7.2-5a 所示的结构用于单向受载；图 7.2-5b 所示的结构用于双向受载。后者用于传动精度要求较高，螺纹间隙需要调整的地方，通过调整可以补偿螺纹的磨损间隙，或根据要求消除轴向间隙。图 7.2-6a 是靠弹簧自动调整的，图 7.2-6b 和图 7.2-6c 是借助圆螺母和楔形块来调整的。

3.2　滑动螺旋传动的受力分析

　　滑动螺旋传动的受力情况列于表 7.2-27。螺旋的驱动转矩为

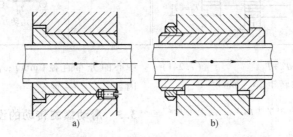

a)　　　　　　　　b)

图 7.2-5　整体式螺母结构

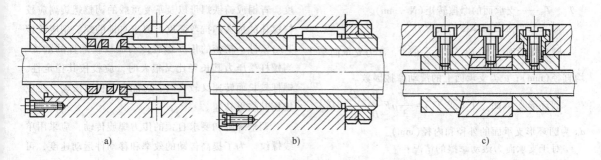

a)　　　　　　　　b)　　　　　　　　c)

图 7.2-6　组合式螺母结构

表 7.2-27　滑动螺旋传动的受力情况

螺杆、螺母的运动特点	传动简图	螺杆载荷图		螺杆、螺母的运动特点	传动简图	螺杆载荷图	
		载荷 F	转矩 T			载荷 F	转矩 T
螺母固定,螺杆转动并做直线运动				螺杆转动,螺母做直线运动			
螺杆固定,螺母转动并做直线运动			$T_q = T_1$	螺杆转动,螺母做直线运动			
螺母转动,螺杆做直线运动			$T_q = T_1$	（运动方向与 F 相反）			

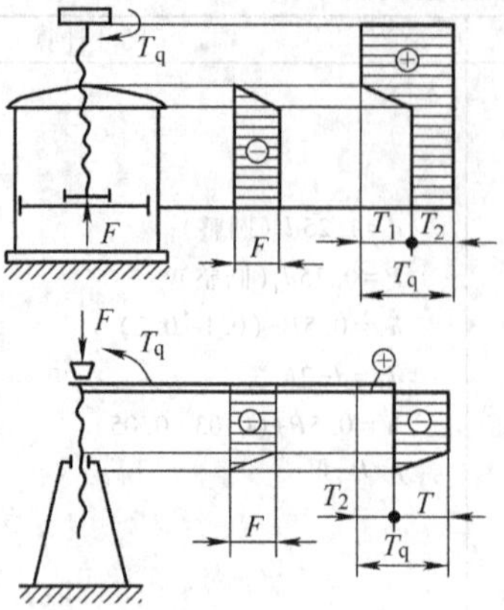

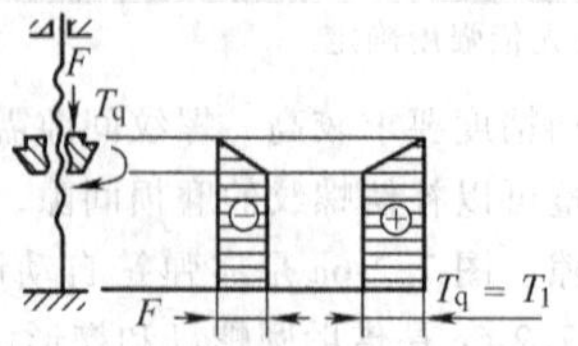

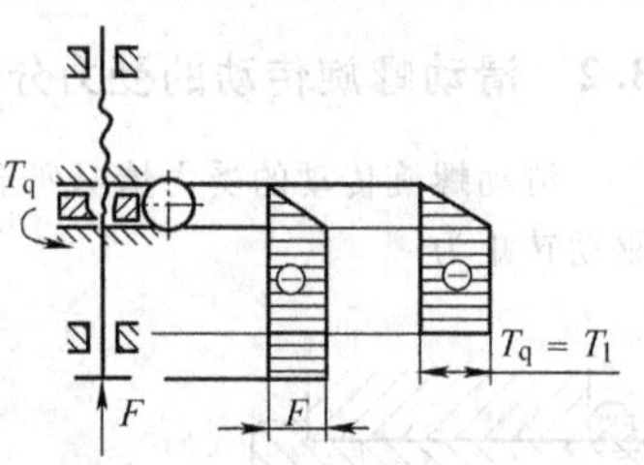

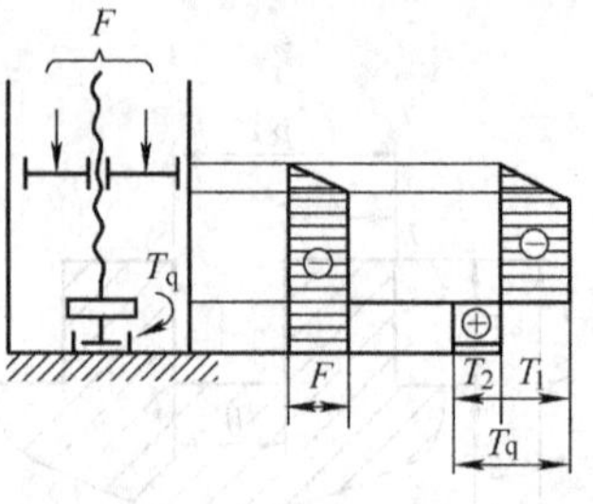

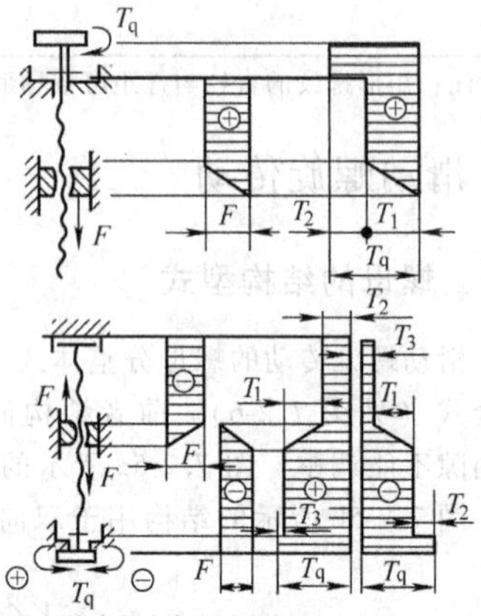

$$T_q = T_1 + T_2 + T_3 \qquad (7.2\text{-}1)$$

式中　T_1——螺旋副的摩擦转矩（N·mm）

$$T_1 = \frac{1}{2}d_2 F\tan(\gamma + \rho_v) \qquad (7.2\text{-}2)$$

F——轴向载荷（N）；

d_2——螺纹的中径（mm）；

γ——螺旋的导程角；

ρ_v——螺旋副的当量摩擦角；

T_2、T_3——支承面的摩擦转矩（N·mm）。

对支承面为滑动摩擦的情况：

圆形支承面　T_2（或 T_3）$= \frac{1}{3}\mu FD$，D 为支承面平均直径（mm）；μ 为支承面上的滑动摩擦因数。

圆环形支承面　T_2（或 T_3）$= \frac{1}{3}\mu F \dfrac{D_0^3 - d_0^3}{D_0^2 - d_0^2}$，$D_0$、$d_0$ 为圆环形支承面的外径和内径（mm）。

对于支承面为滚动摩擦的情况：

$$T_2（\text{或 } T_3） = \frac{1}{2}\mu_g F d_m$$，d_m 为滚动轴承滚动体

中心的分布直径（mm）；μ_g 为支承面的滚动摩擦因数。

3.3　滑动螺旋传动的设计计算

滑动螺旋传动的失效形式主要是螺母螺纹的磨损，因此，螺杆的直径和螺母的高度通常是根据耐磨性确定的。传力螺旋传动应校核螺杆危险截面的强度。青铜或铸铁螺母以及承受重载的调整螺旋副应校核螺牙的抗剪和抗弯强度。要求自锁的螺旋副应校核其自锁性。精密的传导螺旋传动应校核螺杆的刚度。当螺杆受压力其长径比又很大时，应校核其稳定性。螺杆较长而转速又较高时，可能产生横向振动，还应校核其临界转速。

调整螺旋和要求自锁的传力螺旋传动，应采用单线螺纹。为了提高传动的效率和移动件运动速度，可采用多线螺纹（2~4甚至6线）。

滑动螺旋传动的设计计算见表 7.2-28。

表 7.2-28　滑动螺旋传动的设计计算

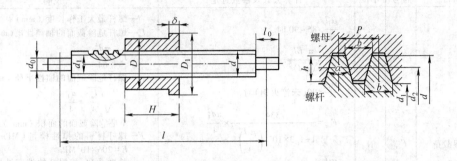

计算项目		符号	单位	计算公式及参数选定	说明
耐磨性	螺杆中径	d_2	mm	梯形螺纹和矩形螺纹 $d_2 \geqslant 0.8\sqrt{\dfrac{F}{\psi p_p}}$ 30°锯齿形螺纹 $d_2 \geqslant 0.65\sqrt{\dfrac{F}{\psi p_p}}$	F—轴向载荷(N) p_p—许用比压(MPa),查表 7.2-30,算出 d_2 应按国家标准选取相应的公称直径 d 及其螺距 P
	螺母高度	H	mm	$H = \psi d_2$	设计时 ψ 值可根据螺母形式选定: 整体式螺母取 $\psi = 1.2 \sim 2.5$ 剖分式螺母取 $\psi = 2.5 \sim 3.5$
	旋合圈数	z		$z = \dfrac{H}{P} \leqslant 10 \sim 12$	P—螺距(mm)
	螺纹的工作高度	h	mm	梯形螺纹和矩形螺纹 $h = 0.5P$ 30°锯齿形螺纹 $h = 0.75P$	
	工作比压	p	MPa	$p = \dfrac{F}{\pi d_2 hn} \leqslant p_p$	用于校核
验算自锁	导程角	γ		$\gamma = \arctan\dfrac{S}{\pi d_2} \leqslant \rho_v$,通常 $\gamma \leqslant 4°30'$ $\rho_v = \arctan\dfrac{\mu}{\cos\dfrac{\alpha}{2}}$	ρ_v—当量摩擦角 μ—摩擦因数(查表 7.2-29) S—螺纹导程(mm) α—螺纹牙型角
螺杆强度	当量应力	σ_{ea}	MPa	$\sigma_{ea} = \sqrt{\left(\dfrac{4F}{\pi d_1{}^2}\right)^2 + 3\left(\dfrac{T_1}{0.2d_1^3}\right)^2} \leqslant \sigma_P$	T_1—转矩(N·mm),据转矩图确定 σ_P—螺杆材料的许用应力(MPa)(见表 7.2-31)
螺牙强度	螺牙根部的宽度	b	mm	梯形螺纹 $b = 0.65P$ 矩形螺纹 $b = 0.5P$ 30°锯齿形螺纹 $b = 0.74P$	P—螺距(mm) τ_P—材料的许用切应力(MPa)(见表 7.2-31) σ_{bbP}—材料的许用弯曲应力(MPa)(见表 7.2-31) 螺杆和螺母材料相同时,只需校核螺杆螺牙强度 d、d_2、d_1—螺杆的大、中、小直径(mm)
	螺杆 抗剪强度	τ	MPa	$\tau = \dfrac{F}{\pi d_1 bz} \leqslant \tau_P$	
	螺杆 抗弯强度	σ_{bb}		$\sigma_{bb} = \dfrac{3F(d-d_2)}{\pi d_1 b^2 z} \leqslant \sigma_{bbP}$	
	螺母 抗剪强度	τ		$\tau = \dfrac{F}{\pi d bz} \leqslant \tau_P$	
	螺母 抗弯强度	σ_{bb}		$\sigma_{bb} = \dfrac{3F(d-d_2)}{\pi d b^2 z} \leqslant \sigma_{bbP}$	

（续）

计算项目		符号	单位	计算公式及参数选定	说明
螺杆的稳定性	临界载荷	F_{cr}	N	$\dfrac{\mu_1 l}{i} > 85 \sim 90$ 时， $$F_{cr} = \dfrac{\pi^2 E I_a}{(\mu_1 l)^2}$$ $\dfrac{\mu_1 l}{i} < 90$（未淬火钢）时， $$F_{cr} = \dfrac{334}{1+1.3\times10^{-4}\left(\dfrac{\mu_1 l}{i}\right)^2} \times \dfrac{\pi d_1^2}{4}$$ $\dfrac{\mu_1 l}{i} < 85$（淬火钢）时， $$F_{cr} = \dfrac{480}{1+2\times10^{-4}\left(\dfrac{\mu_1 l}{i}\right)^2} \times \dfrac{\pi d_1^2}{4}$$ 稳定条件是 $\dfrac{F_{cr}}{F} \geq 2.5 \sim 4$ 当不能满足此要求时，应增大 d_1	l—螺杆最大工作长度（mm） I_a—螺杆危险截面的轴惯性矩（mm^4） $$I_a = \dfrac{\pi d_1^4}{64}$$ i—螺杆危险截面的惯性半径（mm） $$i = \sqrt{\dfrac{I_a}{A}} = \dfrac{d_1}{4}$$ A 是危险截面的面积（mm^2） E—螺杆材料的弹性模量（MPa），对于钢 $E = 206\times10^3$ MPa μ_1—长度系数，与螺杆的端部结构有关（见表 7.2-32）
螺杆的刚度	轴向载荷使导程产生的弹性变形	δP_{hF}	μm	$\delta P_{hF} = \pm 10^3\dfrac{FP_h}{EA} = \pm10^3\dfrac{4FP_h}{\pi E d_1^2}$	P_h—导程（单线的为螺距）（mm） I_P—螺杆危险截面的极惯性矩（mm^4） $$I_P = \dfrac{\pi d_1^4}{32}$$ G—螺杆材料的切变形模量（MPa），对于钢 $G = 83.3\times10^3$ MPa 伸长变形为"+"，压缩变形为"-"；设计时常按危险情况考虑取 $\delta P_h = \delta P_{hF} + \delta P_{hT}$
	转矩使导程产生的弹性变形	δP_{hT}		$\delta P_{hT} = \pm10^3\dfrac{16T_1 P_h}{2\pi G I_P} = \pm10^3\dfrac{16T_1 P_h^2}{\pi^2 G d_1^4}$	
	导程的总弹性变形量	δP_h		$\delta P_h = \pm\delta P_{hF} \pm \delta P_{hT} = \pm10^3\dfrac{16T_1 P_h^2}{\pi^2 G d_1^4} \pm 10^3\dfrac{4FP_h}{\pi E d_1^2}$	
	每米螺纹距离上的弹性变形量	$\dfrac{\delta P_h}{P_h}$	μm·m^{-1}	$\dfrac{\delta P_h}{P_h} \leqslant \left(\dfrac{\delta P_h}{P_h}\right)_P$	$\left(\dfrac{\delta P_h}{P_h}\right)_P$—每米螺纹距离上弹性变形量的许用值（μm/m）（见表 7.2-34）
横向振动	临界转速	n_c	r·min^{-1}	$n_c = \dfrac{60\mu_c^2 i}{2\pi l_c^2}\sqrt{\dfrac{E}{\rho}}$ 对钢制螺杆 $n_c = 12.3\times10^6\dfrac{\mu_c^2 d_1^2}{l_c^2}$ 应使转速 $n \leq 0.8 n_c$	l_c—螺杆两支承间的最大距离（mm） μ_c—系数与螺杆的端部结构有关，见表 7.2-33 ρ—密度，钢 $\rho = 7.8\times10^{-6}$kg·mm^{-3}
	驱动力矩	T_q	N·mm	$T_q = T_1 + T_2 + T_3$	T_1、T_2 和 T_3 见式（7.2-2）和表 7.2-27
	效率	η		当 T_q 为主动时 $\eta = (0.95 \sim 0.99)\dfrac{\tan\gamma}{\gamma \pm \rho_v}$	$0.95 \sim 0.99$ 是轴承效率；轴向载荷 F 与运动方向相反时取"+"号
	牙面滑动速度	v_s	m·s^{-1}	$v_s = \dfrac{\pi d_2 v_1}{P_h \cos\gamma}$	v_1—轴向相对运动速度（m·s^{-1}） d_2—中径（mm） P_h—导程（mm） γ—导程角（°）

表 7.2-29　螺旋副材料的摩擦因数 μ 值（定期润滑条件下）

螺杆和螺母材料	μ 值[①]	螺杆和螺母材料	μ 值[①]
淬火钢对青铜	0.06~0.08	钢对灰铸铁	0.12~0.15
钢对青铜	0.08~0.10	钢对钢	0.11~0.17
钢对耐磨铸铁	0.10~0.12		

① 起动时取大值，运转中取小值。

表 7.2-30　滑动螺旋副材料的许用比压 p_p

牙面滑动速度 $v_s/\mathrm{m\cdot s^{-1}}$	螺杆材料	螺母材料	许用比压 p_p/MPa
低速、润滑良好	钢	钢	7.5~13
		青铜	18~25
<2.4 <3.0	钢	铸铁	13~18
		青铜	11~18
6~12	钢	铸铁	4~7
		耐磨铸铁	6~8
		青铜	7~10
	淬火钢	青铜	10~13
>15	钢	青铜	1~2

表 7.2-31　滑动螺旋副材料的许用应力 σ_P、τ_P、σ_{bbP}

（MPa）

螺杆强度	$\sigma_P=\dfrac{R_{eL}}{3\sim 5}$		R_{eL}—材料的屈服强度
螺牙强度	材料	剪切 τ_P	弯曲 σ_{bbP}
	钢	$0.6\sigma_P$	$(1.0\sim1.2)\sigma_P$
	青铜	30~40	40~60
	铸铁	40	45~55
	耐磨铸铁	40	50~60

注：静载荷时，许用应力取大值。

表 7.2-32　长度系数 μ_1

螺杆端部结构[①]	系数 μ_1
两端固定	0.5 （一端为不完全固定端时取 0.6）
一端固定，一端铰支	0.7
两端铰支	1
一端固定，一端自由	2

① 采用滑动支承时：$\dfrac{l_0}{d_0}<1.5$ 铰支；$\dfrac{l_0}{d_0}=1.5\sim3$ 不完

全固定端；$\dfrac{l_0}{d_0}>3$ 固定端（l_0—支承长度，d_0—支承
孔直径）。

采用滚动支承时：只有径向约束铰支；径向和轴向
均有约束固定端。

表 7.2-33　系数 μ_c

螺杆端部结构[①]	系　数　μ_c
一端固定，一端自由	1.875
两端铰支	3.142
一端固定，一端铰支	3.927
两端固定	4.730

① 同表 7.2-32 注①。

表 7.2-34　螺杆每米螺纹距离上允许导程的变形 $\left(\dfrac{\delta P_h}{P_h}\right)_P$

（μm/mm）

精度等级	5	6	7	8	9
$\left(\dfrac{\delta P_h}{P_h}\right)_P$	10	12	30	55	110

3.4　滑动螺旋副的材料

螺杆和螺母材料及其匹配在保证足够的强度和良好的加工性能的基础上，还要求具有较高的耐磨性和较低的摩擦因数。钢制螺杆一般应进行热处理，以保证其耐磨性。精密传动螺旋其钢制螺杆热处理后应保证有较好的尺寸精度。常用滑动螺旋副材料、热处理及其应用见表 7.2-35 和表 7.2-36。

表 7.2-35　螺杆材料及其选用

螺杆材料	热处理	应用
45、50、Y40Mn		轻载、低速、精度不高的传动
45	正火 170~200HBW，调质 220~250HBW	中等精度的一般传动
40Cr、40CrMn	调质 230~280HBW，淬火、低温回火 45~50HRC	
65Mn	表面淬火、低温回火 45~50HRC	
T10、T12	球化调质 200~230HBW，淬火、低温回火 56~60HRC	有较高的耐磨性，用于精度较高的重要传动
20CrMnTi	渗碳、高频淬火 56~62HRC	
CrWMn、9Mn2V	淬火、低温回火 55~60HRC	耐磨性高，有较好的尺寸稳定性，用于精密传动螺旋
38CrMoAl	氮化，氮化层深0.45~0.6mm，850HV	

表 7.2-36　螺母材料及其选用

材料	特点和应用
ZCuSn10Zn2 ZCuSn10Pb1 ZCuSn5Pb5Zn5	和钢制螺杆配合，摩擦因数低，有较好的抗胶合能力和耐磨性；但强度稍低。适用于轻载、中高速传动精度高的传动
ZCuAl10Fe3 ZCuAl10Fe3Mn2 ZCuZn25Al6Fe3Mn3	和钢螺杆配合，摩擦因数较低，强度高，抗胶合能力较低。适用于重载、低速传动
35 球墨铸铁	螺旋副的摩擦因数较高，强度高，用于重载调整螺旋
耐磨铸铁	强度高，用于低速、轻载传动

3.5　滑动螺旋传动设计举例

例 7.2-1　设计某滑动螺旋传动。已知螺旋轴向工作载荷 $F=60\mathrm{kN}$，轴向工作速度 $v_x=0.15\mathrm{m\cdot s^{-1}}$，行程 $L=1500\mathrm{mm}$，要求自锁。

解

1. 牙型、材料和许用应力	采用梯形螺纹，单线 $n=1$ 螺杆 45 钢，螺母 ZCuSn5Pb5Zn5 由表 7.2-30，初按滑动速度 $v_s < 3\text{m·s}^{-1}$，许用比压 $p_p = 11 \sim 18\text{MPa}$，取 $p_p = 11\text{MPa}$ 螺杆的许用应力： 45 钢上屈服强度 $R_{eL} = 340\text{MPa}$，由表 7.2-31，$\sigma_P = \dfrac{R_{eL}}{3 \sim 5} = \dfrac{340}{3 \sim 5}\text{MPa} = (113.4 \sim 68)\text{MPa}$，取 $\sigma_P = 90\text{MPa}$ $\sigma_{bbP} = (1.0 \sim 1.2)\sigma_P = (1.0 \sim 1.2) \times 90\text{MPa} = (90 \sim 108)\text{MPa}$，取 $\sigma_{bbP} = 99\text{MPa}$ $\tau_P = 0.6\sigma_P = 0.6 \times 90\text{MPa} = 54\text{MPa}$ 螺母的许用应力： $\sigma_{bbP} = (40 \sim 60)\text{MPa}$，取 $\sigma_{bbP} = 50\text{MPa}$；$\tau_P = (30 \sim 40)\text{MPa}$，取 $\tau_P = 35\text{MPa}$
2. 按耐磨性设计	采用整体式螺母，取 $\psi = 1.8$ 计算螺杆中径 $$d_2 \geqslant 0.8\sqrt{\frac{F}{\psi p_p}} = 0.8\sqrt{\frac{60 \times 10^3}{1.8 \times 11}}\text{mm} = 44.04\text{mm}$$ 按梯形螺纹标准，取螺杆螺纹参数：$P = 8\text{mm}$，$d = 52\text{mm}$，$d_2 = 48\text{mm}$，$d_1 = 43\text{mm}$。螺母螺纹参数略 螺母高度 $H = \psi d_2 = 1.8 \times 48\text{mm} = 86.4\text{mm}$，取 $H = 86\text{mm}$ 螺纹旋合圈数 $z = \dfrac{H}{P} = \dfrac{86}{8} = 10.75$ 螺纹的工作高度 $h = 0.5P = 0.5 \times 8\text{mm} = 4\text{mm}$
3. 验算耐磨性	导程角 $\gamma = \arctan\dfrac{S}{\pi d_2} = \arctan\dfrac{8}{\pi \times 48} = 3.0368°$ 牙面滑动速度 $v_s = \dfrac{\pi d_2 v_x}{S\cos\gamma} = \dfrac{\pi \times 48 \times 0.15}{8 \times \cos 3.0368°} = 2.83\text{m·s}^{-1}$，查表 7.2-30 许用比压 p_p 初取值合适，不再作耐磨性验算
4. 验算自锁	查表 7.2-29，摩擦因数 $\mu = 0.9$，梯形螺纹牙型角 $\alpha = 30°$ 当量摩擦角 $\rho_v = \arctan\dfrac{\mu}{\cos\dfrac{\alpha}{2}} = \arctan\dfrac{0.9}{\cos\dfrac{30°}{2}} = 5.3232°$ $\gamma = 3.0368° < \rho_v = 5.3232°$，满足自锁要求
5. 计算螺杆强度	螺纹摩擦转矩 $T_1 = \dfrac{1}{2}d_2 F\tan(\gamma + \rho_v) = \dfrac{1}{2} \times 48 \times 60 \times 10^3 \times \tan(3.0368° + 5.3232°)\text{N·mm} = 2.116 \times 10^5\text{N·mm}$ $\sigma_{ca} = \sqrt{\left(\dfrac{4F}{\pi d_1^2}\right)^2 + 3\left(\dfrac{T_1}{0.2d_1^3}\right)^2} = \sqrt{\left(\dfrac{4 \times 60 \times 10^3}{\pi \times 43^2}\right)^2 + 3 \times \left(\dfrac{2.116 \times 10^5}{0.2 \times 43^3}\right)^2}\text{MPa} = 47.3\text{MPa}$ $\sigma_{ca} = 47.3\text{MPa} < \sigma_P = 90\text{MPa}$，满足强度要求
6. 螺牙强度计算	钢质螺杆螺牙强度高于青铜质螺母，只计算螺母的螺牙强度 牙根宽度 $b = 0.65P = 0.65 \times 8\text{mm} = 5.2\text{mm}$ $\tau = \dfrac{F}{\pi d_1 bz} = \dfrac{60 \times 10^3}{\pi \times 52 \times 5.2 \times 10.75}\text{MPa} = 6.57\text{MPa}$ $\sigma_{bb} = \dfrac{3Fh}{\pi d_1 b^2 z} = \dfrac{3 \times 60 \times 10^3 \times 4}{\pi \times 52 \times 5.2^2 \times 10.75}\text{MPa} = 15.16\text{MPa}$ $\tau = 6.57\text{MPa} < \tau_P = 35\text{MPa}$，牙根剪切满足强度要求 $\sigma_{bb} = 15.16\text{MPa} < \sigma_{bbP} = 50\text{MPa}$，牙根弯曲满足强度要求
7. 螺杆的受压稳定性计算	螺杆两端滚动轴承支承，可视为两端铰支，长度系数 $\mu_1 = 1$ 惯性半径 $i = \dfrac{d_1}{4} = \dfrac{43}{4}\text{mm} = 21.5\text{mm}$ 螺杆最大工作长度 $l \approx L = 1500\text{mm}$ 参数 $\dfrac{\mu_1 l}{i} = \dfrac{1 \times 1500}{21.5} = 69.8 < 85$ 临界载荷 $F_{cr} = \dfrac{334}{1 + 1.3 \times 10^{-4}\left(\dfrac{\mu_1 l}{i}\right)^2} \cdot \dfrac{\pi d_1^2}{4} = \dfrac{334}{1 + 1.3 \times 10^{-4} \times 69.8^2} \cdot \dfrac{\pi \times 43^2}{4}\text{N} = 297062\text{N}$ $\dfrac{F_{cr}}{F} = \dfrac{297062}{60000} = 4.95 > (2.5 \sim 4)$，螺杆满足受压稳定性要求

3.6　螺杆、螺母工作图（见图 7.2-7、图 7.2-8）

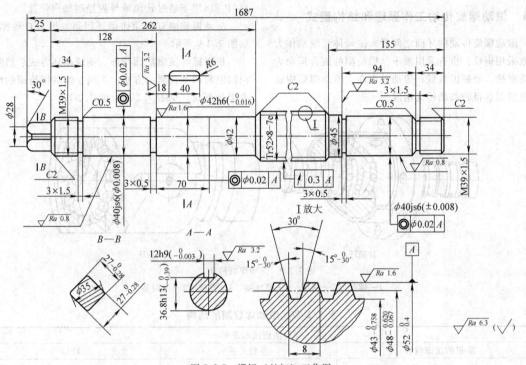

图 7.2-7　螺杆（丝杠）工作图

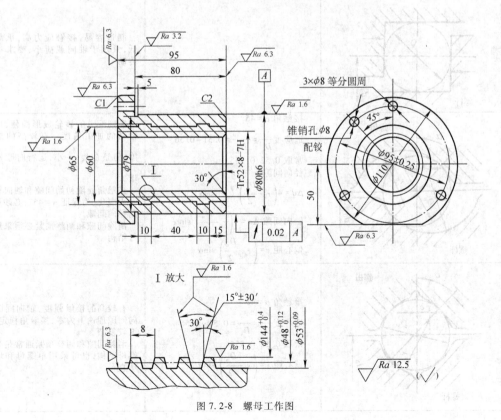

图 7.2-8　螺母工作图

4　滚动螺旋传动

4.1　滚动螺旋传动工作原理和结构型式

　　滚动螺旋传动的牙面之间置入滚动体，滚动体大多数采用钢珠，也有采用滚子，螺旋副的旋合运动为滚动摩擦，摩擦因数低，传动效率高。滚动螺旋应轴向预紧以获得较高的传动精度。

　　根据用途，滚动螺旋传动分为传力和定位两类。传力滚动螺旋（T 类）主要用于传递动力。定位滚动螺旋（P 类）用于通过转角或导程控制轴向位置。

　　滚动螺旋副有滚动体循环回路，形成自动循环，如图 7.2-9 所示。

　　根据螺纹滚道法面截形、钢球循环方式、消除轴向间隙和调整预紧力方法的不同，滚动螺旋副的结构有多种形式，见表 7.2-37、图 7.2-10。

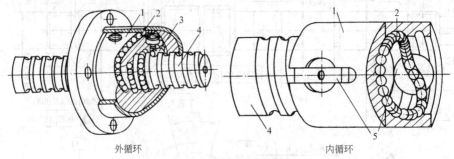

外循环　　　　　　　　　　　　内循环

图 7.2-9　滚动螺旋传动

1—螺母　2—钢球　3—挡球器　4—螺杆　5—反向器

表 7.2-37　滚动螺旋副的结构

螺旋滚道法面截形		
滚道的法面截形	参数关系	特点
矩形		制造容易，接触应力高，承载能力低，只用于轴向载荷小、要求不高的传动
半圆弧	接触角 $\alpha = 45°$ 适应度 $\dfrac{r_s}{D_w} = \dfrac{r_n}{D_w} = 0.51 \sim 0.56$ 常取 0.52、0.555 径向间隙 $\Delta d = 4\left(r_s - \dfrac{D_w}{2}\right)(1 - \cos\alpha)$ 轴向间隙 $\Delta a = 4\left(r_s - \dfrac{D_w}{2}\right)\sin\alpha$ 偏心距 $e = \left(r_s - \dfrac{D_w}{2}\right)\sin\alpha$	磨削滚道的砂轮成形简便，可得到较高的加工精度。有较高的接触强度，但适应度 $\dfrac{r_s}{D_w}$ 小，运行时摩擦损失增大 接触角 α 随初始间隙和轴向载荷的大小变化，为保证 $\alpha = 45°$，必须严格控制径向间隙 消除间隙和调整预紧必须采用双螺母结构
双圆弧	接触角 $\alpha = 45°$ 适应度 $\dfrac{r_s}{D_w} = \dfrac{r_n}{D_w} = 0.51 \sim 0.56$ 常取 0.52、0.555 偏心距 $e = \left(r_s - \dfrac{D_w}{2}\right)\sin\alpha$	有较高的接触强度，轴向间隙和径向间隙理论上为零，接触角稳定，但加工较复杂 消除间隙和调整预紧通常是采用双螺母结构，也可采用单螺母和增大钢球直径

（续）

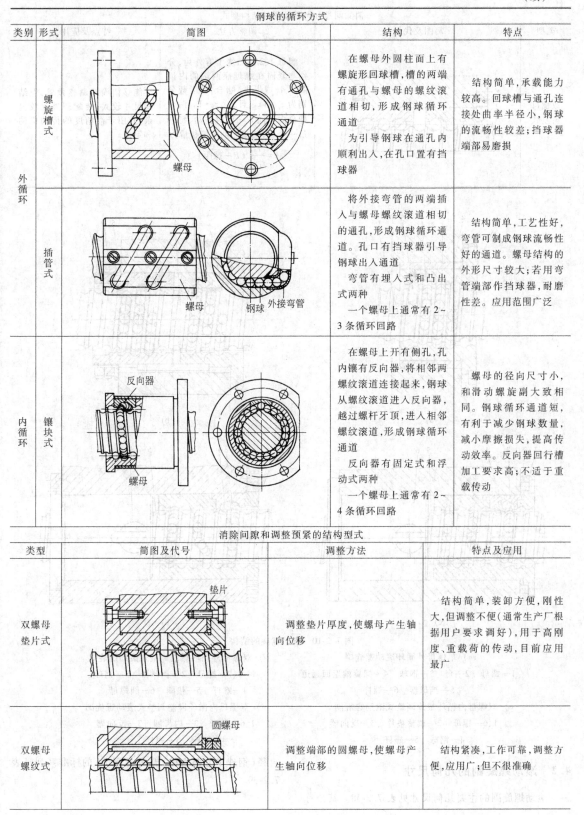

钢球的循环方式

类别	形式	简图	结构	特点
外循环	螺旋槽式		在螺母外圆柱面上有螺旋形回球槽,槽的两端有通孔与螺母的螺纹滚道相切,形成钢球循环通道 为引导钢球在通孔内顺利出入,在孔口置有挡球器	结构简单,承载能力较高。回球槽与通孔连接处曲率半径小,钢球的流畅性较差;挡球器端部易磨损
	插管式		将外接弯管的两端插入与螺母螺纹滚道相切的通孔,形成钢球循环通道。孔口有挡球器引导钢球出入通道 弯管有埋入式和凸出式两种 一个螺母上通常有2~3条循环回路	结构简单,工艺性好,弯管可制成钢球流畅性好的通道。螺母结构的外形尺寸较大;若用弯管端部作挡球器,耐磨性差。应用范围广泛
内循环	镶块式		在螺母上开有侧孔,孔内镶有反向器,将相邻两螺纹滚道连接起来,钢球从螺纹滚道进入反向器,越过螺杆牙顶,进入相邻螺纹滚道,形成钢球循环通道 反向器有固定式和浮动式两种 一个螺母上通常有2~4条循环回路	螺母的径向尺寸小,和滑动螺旋副大致相同。钢球循环通道短,有利于减少钢球数量,减小摩擦损失,提高传动效率。反向器回行槽加工要求高;不适于重载传动

消除间隙和调整预紧的结构型式

类型	简图及代号	调整方法	特点及应用
双螺母垫片式	垫片	调整垫片厚度,使螺母产生轴向位移	结构简单,装卸方便,刚性大,但调整不便(通常生产厂根据用户要求调好),用于高刚度、重载荷的传动,目前应用最广
双螺母螺纹式	圆螺母	调整端部的圆螺母,使螺母产生轴向位移	结构紧凑,工作可靠,调整方便,应用广;但不很准确

（续）

消除间隙和调整预紧的结构型式		
类型	简图及代号	调整方法	特点及应用
双螺母齿差式	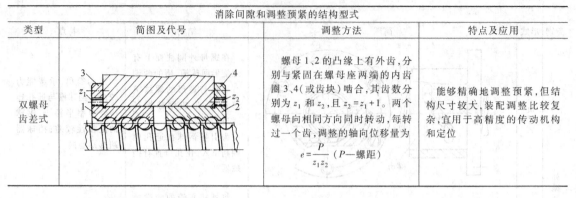	螺母 1、2 的凸缘上有外齿，分别与紧固在螺母座两端的内齿圈 3、4（或齿块）啮合，其齿数分别为 z_1 和 z_2，且 $z_2 = z_1 + 1$。两个螺母向相同方向同时转过一个齿，调整的轴向位移量为 $$e = \frac{P}{z_1 z_2}\ (P—螺距)$$	能够精确地调整预紧，但结构尺寸较大，装配调整比较复杂，宜用于高精度的传动机构和定位

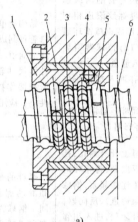

a)

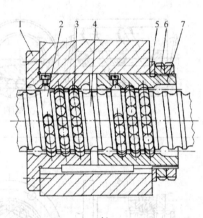

b)

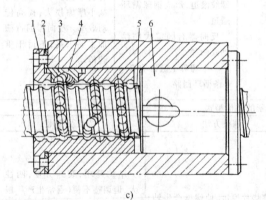

c)

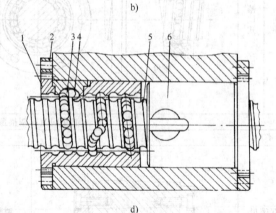

d)

图 7.2-10　滚动螺旋的结构

a) 单螺母外循环滚动螺旋副　　　　　　　　b) 双螺母外循环螺纹调整式滚动螺旋副

1—螺母　2—套　3—钢球　4—螺旋槽返回通道　　　　1、7—螺母　2—挡球器　3—钢球

5—挡球器　6—螺杆　　　　　　　　　　　　4—螺杆　5—垫圈　6—圆螺母

c) 双螺母内循环垫片调整式滚动螺旋副　　　　d) 双螺母内循环齿差调整式滚动螺旋副

1、6—螺母　2—调整垫片　3—反向器　　　　　1、6—螺母　2—内齿圈　3—反向器

4—钢球　5—螺杆　　　　　　　　　　　　　4—钢球　5—螺杆

4.2　滚动螺旋副的几何尺寸

滚动螺旋副的主要几何尺寸见表 7.2-38。其公称直径（钢球中心圆直径）d_0 和导程 P_h 的标准系列见表 7.2-39。

表 7.2-38　滚动螺旋副的主要几何尺寸

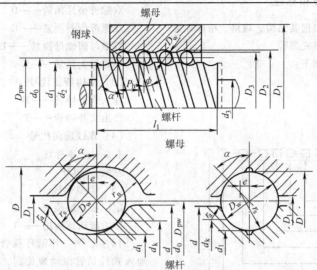

主要尺寸		符号	计算公式
螺纹滚道	公称直径、节圆直径/mm	d_0、D_{pw}	一般 $d_0 = D_{pw}$，标准系列见表 7.2-39
	导程/mm	P_h	标准系列见表 7.2-39
	接触角	α	$\alpha = 45°$
	钢球直径/mm	D_w	$D_w \approx 0.6 P_h$
	螺杆、螺母螺纹滚道半径/mm	r_s（r_n）	$r_s(r_n) = (0.51 \sim 0.56) D_w$
	偏心距/mm	e	$e = \left(r_s - \dfrac{D_w}{2} \right) \sin\alpha$
	螺纹导程角/(°)	ϕ	$\phi = \arctan \dfrac{P_h}{\pi d_0} = \arctan \dfrac{P_h}{\pi D_{pw}}$
螺杆	螺杆大径/mm	d	$d = d_0 - (0.2 \sim 0.25) D_w$
	螺杆小径/mm	d_1	$d_1 = d_0 + 2e - 2r_s$
	螺杆接触点直径/mm	d_k	$d_k = d_0 - D_w \cos\alpha$
	螺杆牙顶圆角半径(内循环用)/mm	r_a	$r_a = (0.1 \sim 0.15) D_w$
	轴径直径/mm	d_3	由结构和强度确定
螺母	螺母螺纹大径/mm	D	$D = d_0 - 2e + 2r_n$
	螺母螺纹小径/mm	D_1	外循环　$D_1 = d_0 + (0.2 \sim 0.25) D_w$ 内循环　$D_1 = d_0 + 0.5(d_0 - d)$

表 7.2-39　滚动螺旋传动的公称直径 d_0 和基本导程 P_h　　　　　　（mm）

公称直径 d_0	基本导程 P_h													
	1	2	2.5	3	4	5	6	8	10	12	16	20	25	32	40
6			●												
8			●												
10			●			●									
12			●			●									
16			●			●			●						
20					○	●			●			●			
25						●			●			●			
32					○	●			●			●			
40					●	●	○		●			●	●		
50					●	●	○	○	●			●	●		
63					●	●		○	●			●	●		
80						●		●	●			●	●		
100						●		●	●			●	●		
125								●	●			●	●		
180												●	●		
200												●	●		

注：应优先采用有 ● 的组合，优先组合不够用时，推荐选用○的组合；只有优先组合和推荐组合不敷用时，才选用框内的普通组合。

4.3　滚动螺旋的代号和标注

滚动螺旋副的型号根据其结构、规格、精度和螺纹旋向等特征,按下列格式编写。

各种特征代号表示如下:

(1) 循环方式代号

内循环浮动式——F

内循环固定式——G

外循环插管式——C

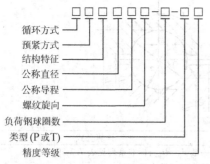

循环方式
预紧方式
结构特征
公称直径
公称导程
螺纹旋向
负荷钢球圈数
类型(P或T)
精度等级

(2) 预紧方式代号

单螺母变位导程预紧——B

单螺母增大钢球直径预紧——Z

双螺母垫片预紧——D

双螺母齿差预紧——C

双螺母圆螺母预紧——L

单螺母无预紧——W

(3) 结构特征代号

埋入式外插管——M

凸出式外插管——T

(4) 螺纹旋向代号

右旋——不标注

左旋——LH

(5) 类型代号

定位滚动螺旋副——P

传力滚动螺旋副——T

标注示例:外循环插管式、双螺母垫片预紧、埋入式外插管滚动螺旋副,公称直径为50mm,基本导程为10mm,螺纹旋向右旋,负荷钢球圈数为3圈,3级精度定位滚动螺旋(见图7.2-11)的型号为

CDM5010-3-P3

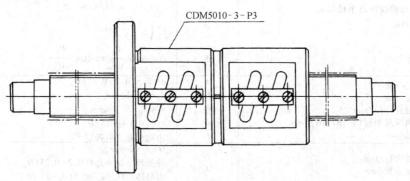

图7.2-11　滚动螺旋副型号的标注

螺旋副螺纹代号标注的表示方法如下:

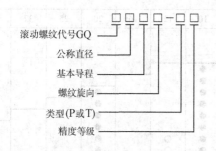

滚动螺纹代号GQ
公称直径
基本导程
螺纹旋向
类型(P或T)
精度等级

标注示例如图7.2-12和图7.2-13所示。

4.4　滚动螺旋的选择计算

滚动螺旋已形成定型产品,由专业制造厂生产,用户可根据使用要求,确定类型、结构、精度等级,

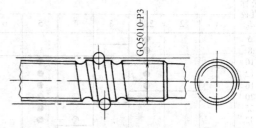

图7.2-12　滚动螺旋副外螺纹的标注

再按承载能力确定尺寸。

对于传力螺旋,转速较高工作时,应按寿命条件和静载荷条件选择尺寸;静止或转速低于10r/min时,按静载荷条件选择尺寸。尺寸确定后再做稳定性、刚度等验算。

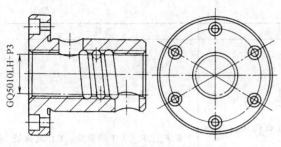

图 7.2-13 滚动螺旋副内螺纹的标注

对于定位螺旋，根据载荷、速度、定位精度和系统刚性确定结构和尺寸，然后做静载荷、寿命、稳定性等项验算。

滚动螺旋副的承载能力指标参数包括轴向额定静载荷、轴向额定动载荷、寿命和弹性静刚度等，其计算根据滚珠丝杠副轴向静刚度（GB/T 17587—2008）和滚珠丝杠副轴向额定静载荷和动载荷及使用寿命（GB/T 17587—2008）整理。滚动螺旋副的承载能力计算见表 7.2-40。

表 7.2-40　滚动螺旋副的承载能力计算

根据工作要求,确定类型、结构、螺杆行程及支承长度 l_s、精度等级、公称直径 d_0(mm)、导程 P_h(mm)、滚珠直径 D_w(mm)、螺旋副节圆直径 D_{pw}(mm)、螺母滚道半径 r_n(mm)、螺杆滚道半径 r_s(mm)等尺寸

参数	符号	单位	计算式	备注
导程角	ϕ	(°)	$\phi=\arctan\dfrac{P_h}{\pi d_0}=\arctan\dfrac{P_h}{\pi D_{pw}}$	
结构系数	γ		$\gamma=D_w\cos\alpha/D_{pw}$	α 为接触角
适应度	f_{rs} f_{rn}		滚珠螺杆滚道适应度 $f_{rs}=r_s/D_w$ 滚珠螺母滚道适应度 $f_{rn}=r_n/D_w$	表中计算适用于 $f_{rs}>0.5$ 和 $f_{rn}>0.5$ 的滚动螺旋副
轴向额定静载荷	C_{0a}	N	$C_{0a}=k_0z_1iD_w^2\sin\alpha\cos\phi$ (1) 每圈承载滚珠数目 $z_1=\text{INT}\left[\dfrac{\pi D_{pw}}{D_w\cos\phi}-z_2\right]$ 轴向额定静载荷的特性数 $k_0=\dfrac{19.615}{\sqrt{D_w(2-1/f_{rs})/(1-\gamma)}}$	轴向额定静载荷的定义:滚动螺旋副在转速 $n\le10$r/min 条件下,受接触应力最大的钢球和滚道接触面产生的塑性变形量之和为钢球直径万分之一时的轴向载荷;i 为承载滚珠圈数;z_2 为每圈不承载滚珠数目
轴向额定动载荷	C_a	N	$C_a=C_si^{0.86}\left[1+\left(\dfrac{C_s}{C_n}\right)^{10/3}\right]^{-0.3}$ (2) 螺杆单圈轴向额定动载荷 $C_s=f_cz_1^{2/3}D_w^{1.8}(\cos\alpha)^{0.86}(\cos\phi)^{1.3}\tan\alpha$ 几何系数 $f_c=93.2\left(1-\dfrac{\sin\alpha}{3}\right)\left(\dfrac{2f_{rs}}{2f_{rs}-1}\right)^{0.41}\dfrac{\gamma^{0.3}(1-\gamma)^{1.39}}{(1+\gamma)^{1/3}}$ 参数:$\dfrac{C_s}{C_n}=\left(\dfrac{1-\gamma}{1+\gamma}\right)^{1.732}\left(\dfrac{2-1/f_{rn}}{2-1/f_{rs}}\right)^{0.41}$	轴向额定动载荷的定义:一组相同参数的滚动螺旋副,在相同条件下,运转 10^6 转,90%(即可靠度 0.9,失效率 0.1)的螺旋副(滚动体或滚道表面)不发生疲劳剥伤所能承受的纯轴向载荷
轴向额定静载荷修正值	C_{0am}	N	$C_{0am}=f_hf_{ac}C_{0a}$ (3) 硬度修正系数 $f_h=\left(\dfrac{\text{实际硬度值 HV10}}{654\text{HV10}}\right)^3$	f_{ac} 为精度修正系数,见表 7.2-41
轴向额定动载荷修正值	C_{am}	N	$C_{am}=f_hf_{ac}f_mC_a$ (4)	f_m 为材料冶炼方法系数,见表 7.2-42
当量转速	n_m	r/min	转速稳定时,$n_m=n$ 转速变化时的当量转速 n_m(见图 7.2-14a) $n_m=n_1q_{n1}+n_2q_{n2}+\cdots+n_kq_{nk}=\sum\limits_{i=1}^k n_iq_{ni}$ (5)	n 为工作转速(r/min);n_i、q_{ni} 为各级转速和相应的工作时间与总工作时间的比

GQ5010LH-P3

（续）

参数	符号	单位	计算式	备注
当量轴向载荷	F_m	N	**（1）有间隙的螺旋副** a. 稳定的载荷 $F_m = F$ b. 稳定的周期变载荷 $F_m = \dfrac{2F_{max} + F_{min}}{3}$ c. 转速稳定，载荷变化时的当量载荷 F_m（见图7.2-14b） $$F_m = \sqrt[3]{F_1^3 q_1 + F_2^3 q_2 + \cdots + F_k^3 q_k}$$ $$= \sqrt[3]{\sum_{i=1}^{k} F_i^3 q_i} \qquad (6)$$ d. 转速和载荷均变化时 $$F_m = \sqrt[3]{\dfrac{F_1^3 n_1 q_1}{n_m} + \dfrac{F_2^3 n_2 q_2}{n_m} + \cdots + \dfrac{F_k^3 n_k q_k}{n_m}}$$ $$= \sqrt[3]{\sum_{i=1}^{k} \dfrac{F_i^3 n_i q_i}{n_m}} \qquad (7)$$ **（2）预载的螺旋副** a. 当 $F \leqslant F_{lim}$ 时，两个螺母承受不等的轴向载荷 $$F_1 = 0.6 F_{a0} \left(1 + \dfrac{F}{1.697 F_{a0}}\right)^{1.5} \qquad (8)$$ $$F_2 = F_1 - F \qquad (9)$$ b. 当 $F > F_{lim}$ 时，一个螺母承受全部外载荷，另一个不承受载荷 $$F_1 = F \qquad (10)$$ $$F_2 = 0 \qquad (11)$$ c. 当量轴向载荷取两者大的，即 $F_m = \max(F_1, F_2)$ d. 当转速和载荷变化时，按式（5）~（7）计算螺旋副的当量转速和当量载荷	F、F_{max}、F_{min} 为工作载荷、工作载荷最大和最小值；F_i、q_i 为各级载荷和相应的工作时间与总工作时间的比；式（6）和式（7）为承受单向载荷的情况，承受双向载荷时，应分别各自计算当量载荷，寿命的计算见式（14） F_{lim} 为预载螺旋承受工作载荷不出现间隙的载荷极限值（N） $$F_{lim} = 2.8284 F_{a0}$$ F_{a0} 为预载轴向载荷（N）
寿命计算和寿命条件	L	10^6 r	$$L = f_{rc} \left(\dfrac{C_{am}}{f_F F_m}\right)^3 \qquad (12)$$	f_{rc} 为可靠性系数，见表7.2-43 f_F 为载荷系数，见表7.2-44
	L_h	h	$$L_h = \dfrac{10^6 L}{60 n_m} \qquad (13)$$ 当螺旋副受双向载荷时，应各自确定当量转速 n_{m1}、n_{m2} 和当量载荷 F_{m1}、F_{m2}，并按式（12）计算各自作用下的寿命 L_1、L_2，再计算综合寿命 $$L = \left(L_1^{-10/9} + L_2^{-10/9}\right)^{-9/10} \qquad (14)$$ 寿命条件 $$L_h \geqslant L_h' \qquad (15)$$	L_h' 为预期工作寿命（h），按工作要求确定，参考表7.2-45
静载荷条件			$$C_{0am} \geqslant f_F F_{max} \qquad (16)$$	传力螺旋应进行此项计算

(续)

参数	符号	单位	计算式	备注
轴向静刚度	R	$N/\mu m$	滚动螺旋副的轴向刚度由螺杆的刚度和螺母刚度组成,其中螺母的刚度有滚道-滚动体接触刚度和螺母自身的刚度两部分 $$R = \frac{R_n R_s}{R_s + R_n} \quad (17)$$ (1)螺杆轴向刚度 R_s 一端固定 $$R_s = \frac{A_s E}{10^3 l_s} \quad (18)$$ 两端固定时的最小刚度 $$R_{smin} = \frac{4A_s E}{10^3 l_s} \quad (19)$$ (2)螺母的轴向刚度 $$R_n = f_{ar} \frac{R_{n1} R_{n2}}{R_{n1} + R_{n2}} \quad (20)$$ a. 径向载荷引起的轴向刚度 R_{n1} 有间隙:$R_{n1} = R_0$ 预载的:$R_{n1} = 2R_0$ 基本值 $R_0 = \dfrac{2\pi i P_h E \tan\alpha}{10^3 \times \left(\dfrac{D_1^2 + D_c^2}{D_1^2 - D_c^2} + \dfrac{d_c^2 + d_{b0}^2}{d_c^2 - d_{b0}^2} \right)}$ b. 滚道-滚珠的接触刚度 R_{n2} 有间隙:$R_{n2} = 1.5 \sqrt[3]{F(ik)^2}$ 预紧的:$R_{n2} = 2.8284 \sqrt[3]{F_{a0}(ik)^2}$ 轴承钢的刚度特性系数 $$k = 10 z_1 (\sin\alpha\cos\phi)^{2.5} c_k^{-1.5}$$ 参数:$c_k = Y_s \sqrt[3]{\rho_{\Sigma s}} + Y_n \sqrt[3]{\rho_{\Sigma n}}$ 滚动体与螺杆滚道的综合曲率 $$\rho_{\Sigma s} = \frac{1}{D_w}\left(4 - \frac{1}{f_{rs}} + \frac{2}{1/\gamma - 1} \right)$$ 滚动体与螺母滚道的综合曲率 $$\rho_{\Sigma n} = \frac{1}{D_w}\left(4 - \frac{1}{f_{rn}} - \frac{2}{1/\gamma + 1} \right)$$ 辅助值 $$Y_s = -0.1974 \sqrt[4]{\sin\tau_s} + 1.728 \sqrt{\sin\tau_s} - 0.2487\sin\tau_s$$ $$Y_n = -0.1974 \sqrt[4]{\sin\tau_n} + 1.728 \sqrt{\sin\tau_n} - 0.2487\sin\tau_n$$ $$\tau_s = \arccos\left| 1 - \frac{4 - 2/f_{rs}}{D_w \rho_{\Sigma s}} \right|$$ $$\tau_n = \arccos\left| 1 - \frac{4 - 2/f_{rn}}{D_w \rho_{\Sigma n}} \right|$$	R_s 为螺杆刚度 R_n 为螺母刚度 A_s 为螺杆截面面积(mm^2) $$A_s = \frac{1}{4}\pi(d_c^2 - d_{b0}^2)$$ d_c 为螺杆当量直径(mm) $$d_c = D_{pw} - D_w\cos\alpha$$ d_{b0} 为中心孔直径(mm) E 为弹性模量(N/mm^2) R_{n1} 为径向载荷引起的轴向刚度 R_{n2} 为滚道-滚珠的接触刚度 f_{ar} 为滚动螺旋的刚度精度系数,见表7.2-46 F、F_{a0} 为工作载荷和预紧力(N) D_c 为螺母当量直径(mm) $$D_c = D_{pw} + D_w\cos\alpha$$
螺杆的强度	σ	MPa	参照表 7.2-28	
螺杆稳定临界载荷	F_c	N	参照表 7.2-28	长径比较大的受压螺旋应作此项计算
临界转速	n_c	r/min	参照表 7.2-28	转速较高、支承距离较大的螺杆应做此项计算

表 7.2-41　滚动螺旋副精度修正系数 f_{ac}

精度等级	1~5	7	10
f_{ac}	1.0	0.9	0.7

表 7.2-42　材料冶炼方法系数 f_m

冶炼方法	空气熔炼	真空脱气	电渣重熔	真空再熔
f_m	1.0	1.25	1.44	1.71

表 7.2-43　可靠性系数 f_{rc}

可靠度	0.90	0.95	0.96	0.97	0.98	0.99
f_{rc}	1.0	0.62	0.53	0.44	0.33	0.21

表 7.2-44　载荷系数 f_F

载　荷　性　质	载荷系数 f_F
平稳或轻微冲击	1.0~1.2
中等冲击	1.2~1.5
较大冲击和振动	1.5~2.5

表 7.2-45　滚动螺旋副的寿命要求

机械类型	预期寿命 L'_h/h
普通机械	5000~10000
普通金属切削机床	10000
数控机床、精密机械	15000
测试机械、仪器	15000
航空机械	1000

表 7.2-46　滚动螺旋的刚度精度系数 f_{ar}

精度等级	1	2	3	4	5
f_{ar}	0.6	0.58	0.55	0.53	0.5

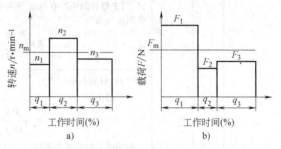

图 7.2-14　滚动螺旋传动的当量转速和当量载荷

4.5　材料及热处理

为使滚动螺旋传动有高的承载能力和一定的工作寿命,满足工作性能的要求,螺旋副元件应有足够的接触强度和耐磨性,其工作表面必须具有一定的硬度。通常螺纹滚道表面硬度应达到 58~60HRC,钢球表面硬度应达到 62~64HRC。为此,选择适当的材料并确定相应的热处理是十分重要的。

滚动螺旋副材料的选用及其热处理参见表 7.2-47。

整体淬火在热处理和磨削过程中变形较大,工艺性差,应尽可能采用表面硬化处理。对于高精度螺杆尚需进行稳定处理,消除残余应力。

表 7.2-47　滚动螺旋副的材料及其热处理

类别	适用范围	材料	热处理	硬度 HRC
精密螺杆	滚道长度 ≤1m	20CrMo	渗碳、淬火	60±2
	滚道长度 ≤2.5m	42CrMo	高、中频加热,表面淬火	
	滚道长度 >2.5m	38CrMoAl	渗氮	850HV
普通螺杆	各种尺寸	50Mn、60Mn、55	高、中频加热,表面淬火	60±2
	$d_0 ≤40mm$	GCr15	整体淬火、低温回火	60±2
	$d_0 ≤40mm$、滚道长度 ≤2m	9Mn2V		
	$d_0 >40mm$	GCr15SiMn		
	$d_0 >40~80mm$、滚道长度 ≤2m	CrWMn		
抗蚀螺杆		9Cr18	中频加热、表面淬火	56~58
螺母		GCr15、CrWMn、9Cr18	整体淬火、低温回火	60~62
		20CrMnTi 12Cr2Ni4	渗碳、淬火	
反向器	内循环	CrWMn、GCr15	整体淬火、低温回火	60~62
		20CrMnTi 20Cr、40Cr	离子渗氮	850HV
挡球器	外循环	45、65Mn	整体淬火、低温回火	40~50

注：1. 螺杆滚道长度 ≥1m 或精度要求高时,硬度可略低,但不得低于 56HRC。
　　2. 表面硬化层应保证磨削后的深度：中频淬火,≥2mm；高频淬火、渗碳淬火,≥1mm；渗氮,>0.4mm。

4.6 精度

GB/T 17587.2—2008 规定了公称直径 6～200mm 适用于机床的滚动螺旋副的精度和性能要求等，分为 7 个精度等级，即 1 级、2 级、3 级、4 级、5 级、7 级和 10 级。其中 1 级精度最高，10 级最低，依次逐级降低。其他机械产品亦可参照选用。

为适应近代高精度化的要求，还将规定更高的 0 级精度。

滚动螺旋副的行程误差是影响定位精度（特别是 P 类定位滚动螺旋副）的决定性因素，故在其几何精度中规定了目标行程公差 e_p、有效行程内允许行程变动量 V_{up}、300mm 行程内允许行程变动量 V_{300p} 和 $2\pi rad$ 内允许行程变动量 $V_{2\pi p}$ 等 4 项指标，并进行逐项检查。各项检查内容如图 7.2-15 所示，图中粗实线是实际行程误差曲线，它是根据综合行程测量得到的。

表 7.2-48 所列为定位滚动螺旋副有效行程内的平均行程偏差 e_p 和行程变动量 V_{up}（右下标加符号 "p" 为允许带宽），表 7.2-49 所列为任意 300mm 行程内的行程变动量 V_{300p} 和 $2\pi rad$ 内行程变动量 $V_{2\pi p}$。

对于传力滚动螺旋副只检验有效行程 l_u 内平均行程偏差 e 和任意 300mm 行程内行程变动量 V_{300}。

$$e_p = 2\frac{l_u}{300}V_{300p}$$

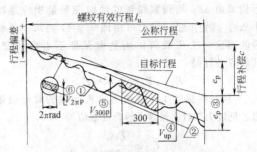

图 7.2-15 滚动螺旋副的行程误差检验
①实际行程误差 ②实际平均行程误差
③目标行程公差 ④有效行程内行程变动量
⑤任意 300mm 长度内行程变动量
⑥$2\pi rad$ 内行程变动量

为了保证滚动螺旋传动的精度和性能要求，还应规定螺杆的位置公差，如螺杆外径、支承轴颈对螺纹轴线的径向圆跳动，支承轴颈肩面对螺纹轴线的圆跳动等。跳动和定位公差见 GB/T 17587.2—2008。

一般动力传动可选用 5、7 级精度，数控机械机械和精密机械用定位滚动螺旋，则根据其定位精度和重复定位精度要求选用 1～5 级精度。

表 7.2-48 定位滚动螺旋副有效行程内的平均偏差 e_p 和行程变动量 V_{up}

有效行程 l_u/mm	精度等级									
	1		2		3		4		5	
	e_p/μm	V_{up}/μm	e_p/μm	V_{up}/μm	e_p/μm	V_{up}/μm	e_p/μm	V_{up}/μm	e_p/μm	V_{up}/μm
≤315	6	6	8	8	12	12	16	16	23	23
>315～400	7	6	9	8	13	12	18	17	25	25
>400～500	8	7	10	10	15	13	20	19	27	26
>500～630	9	7	11	11	16	14	22	21	30	29
>630～800	10	8	13	12	18	16	25	23	35	31
>800～1000	11	9	15	13	21	17	29	25	40	33
>1000～1250	13	10	18	14	24	19	34	29	46	39
>1250～1600	15	11	21	17	29	22	40	33	54	44
>1600～2000	18	13	24	18	35	25	48	38	65	51
>2000～2500	22	15	30	22	41	29	57	44	77	59
>2500～3150	26	17	36	25	50	34	69	52	93	69

表 7.2-49 任意 300mm 行程和 $2\pi rad$ 内行程变动量 V_{300p}、$V_{2\pi p}$

精度等级	1	2	3	4	5	7	10
V_{300p}/μm	6	8	12	16	23	52	210
$V_{2\pi p}$/μm	4	5	6	7	8	—	—

4.7 预紧

为了消除滚动螺旋副的间隙，提高传动的定位精度、重复定位精度和轴向刚度，常采用双螺母预紧（见图 7.2-16）。双螺母预紧后，受预载轴

向载荷 F_{a0} 的作用，螺母产生的轴向压缩变形量为 δ_{a0}。受外加的工作载荷 F 后，工作螺母的轴向变形量增加 $\Delta\delta$，而预紧螺母的轴向变形量相应地减小 $\Delta\delta$，其变形量和受力可由图 7.2-17 表示。预载后的螺旋在工作载荷作用是应保证不出现间隙，其临界条件是

$$F_{max} = F_{lim} = 2.8284F_{a0}$$

F_{lim} 为预载螺旋受工作载荷不出现间隙的载荷极限值，见表 7.2-41。预紧力的合理取值为

$$F_{a0} \geqslant \frac{F_{max}}{2.8284}$$

通常取 $F_{a0} \approx \frac{1}{3}F_{max}$。当预紧力取最大工作载荷的1/3时，寿命和效率影响很小，但过大的预紧力会使效率和寿命降低。

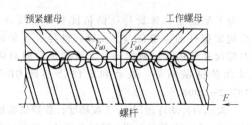

图 7.2-16 双螺母预紧

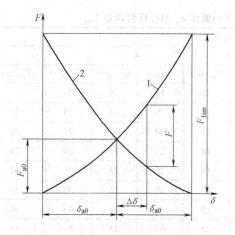

图 7.2-17 预紧螺母的变形和力关系
1—工作螺母变形线 2—预紧螺母变形线

4.8 设计中应注意的问题

1）防止逆转。滚动螺旋传动逆效率高，不能自锁。为了使螺旋副受力后不逆转，应考虑设置防止逆转装置，如采用制动电动机、步进电动机，在传动系统中设有能够自锁的机构（如蜗杆传动）；在

螺杆、螺母或传动系统中装设单向离合器、双向离合器和制动器等。选用离合器时，必须注意其可靠性。

2）防止螺母脱出。在滚动螺旋传动中，特别是垂直传动，容易发生螺母脱出造成事故，设计时必须考虑防止螺母脱出的安全装置。

3）热变形。热变形对精密传动螺旋的定位精度、机床的加工精度等有着重要影响。其热源不单是螺旋副的摩擦热，还有其他机械部件工作时产生的热，致使螺杆热膨胀而伸长。为此必须分析热源的各因素，采取措施控制热源的各环节；另一方面可采用预拉伸、强制冷却等减小螺杆热伸长的影响。

4）自重。细长而又水平放置的螺杆，常因自重使轴线产生弯曲变形，是影响导程累积误差的因素之一，还会使螺母受载不均。设计长螺杆时，应考虑防止或减小自重弯曲变形的措施。

5）防护与密封。尘埃和杂质等污物进入螺纹滚道会妨碍滚动体运转通畅，加速滚动体与滚道的磨损，使滚动螺旋副丧失精度。因此，防护与密封是设计滚动螺旋传动必须考虑的一环。

最简单的办法是在螺母两端加密封圈（如橡胶、毛毡、聚氨酯和尼龙等密封圈），但应注意不要使螺杆外露部分受机械损伤。要求高的都采用伸缩套、折叠式防尘罩或螺旋弹簧钢带套管等。

6）润滑。润滑是减小驱动转矩、提高传动效率和延长螺旋副使用寿命的重要一环。接触表面形成的油膜还有缓冲吸振、减小传动噪声的作用。

可根据传动的用途和转速合理选择润滑剂，低速时，可选用锂基润滑脂、油脂容易黏附在螺纹滚道表面，保持良好的润滑。低速重载时，亦可选用黏度较高的润滑油（黏度级 100、150 等）。高转速并考虑减小其热变形时，宜选用低黏度润滑油（黏度级 32、46 等）循环润滑。

4.9 滚子螺旋传动简介

滚子螺旋传动有许多结构型式，但由于其结构复杂和制造工艺的困难，并不是所有的结构都得到广泛应用。已经应用的滚子螺旋传动，螺杆直径可小到 5mm；效率超过 90%；对于精密传动，任意 300mm 内的行程变动量可达 5μm；从动件移动速度可达到 100m/min，转速达到 6000r/min。它具有可靠性高、寿命长的特点。螺纹滚子螺旋可以比钢球滚动螺旋做成更小的导程。

目前滚子螺旋传动已应用于电梯、升降机和输送机（螺杆直径 75mm，长达 13m），船坞、闸门的重载起重装置以及压力机、千斤顶等。

滚子螺旋传动的设计最重要的是要保证滚子沿螺纹滚道表面的纯滚动，它关系到传动的效率、寿命和灵敏度。

图 7.2-18 所示为圆锥滚子螺旋机构；图 7.2-19 所示为滚子螺旋机构，其中图 7.2-19a 所示为滚子剖分螺母，半圆螺母的工作部分实际上就是两个滚子；图 7.2-20 所示为有滚道的滚子螺旋机构。

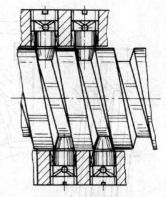

图 7.2-18　圆锥滚子螺旋机构

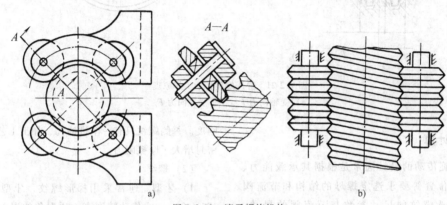

图 7.2-19　滚子螺旋机构
a）滚子剖分螺母　b）螺纹滚子

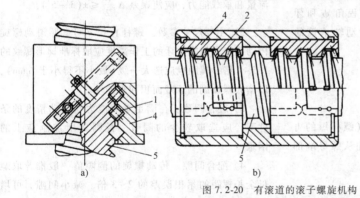

图 7.2-20　有滚道的滚子螺旋机构
a）圆柱滚子　b）圆锥滚子　c）圆片滚子
1—圆柱滚子　2—圆锥滚子　3—圆片滚子　4—螺母　5—螺杆

5　静压螺旋传动

静压螺旋传动的工作原理和双向多垫平面推力静压轴承基本相同。如图 7.2-21a 所示，经精细过滤的压力油，通过节流阀进入内螺纹牙两侧的油腔，充满旋合螺纹的间隙，然后经回油通路流回油箱。

当螺杆受轴向力 F_a 左移时，间隙 h_1 减小，h_2 增大，由于节流阀的作用，使左侧的压力 $p_{r1}>p_{r2}$，产生一支持 F_a 的反力。

若螺杆受径向力 F_r 沿载荷方向发生位移（见图 7.2-21b），油腔 A 侧间隙减小，油腔 B、C 侧间隙增大。同样由于节流阀的作用，使 A 侧油压增高，B、C 侧油压降低，形成压差与 F_r 平衡。

内螺纹的每一螺旋面设有 3 个以上的油腔时，螺杆（或螺母）不但能承受轴向载荷和径向载荷，也能承受一定的弯曲力矩。

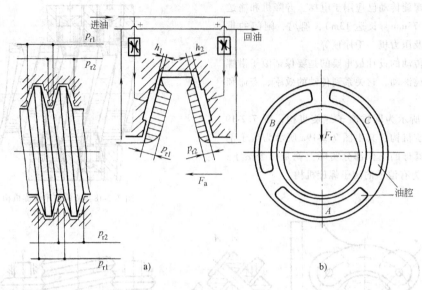

图 7.2-21　静压螺旋传动工作原理

a) 受轴向力 F_a　b) 受径向力 F_r

5.1　设计计算

静压螺旋传动的设计通常是根据其承载能力、刚度和空间位置等要求选定螺母的结构和节流阀的形式，初选螺纹的尺寸参数与节流阀的尺寸，确定供油压力和液压泵的流量，然后根据多环平面推力静压轴承，考虑螺杆的螺纹导程角 φ 和牙型角 α 进行有关参数的计算（参见滑动轴承篇的静压轴承）。

5.2　设计中的几个问题

（1）静压螺母的结构

静压螺母由螺纹部分、支承部分（螺杆短的可不要）和油路系统等组成。若不允许油从螺母端部流出，尚需设置密封装置。

螺母的结构型式如下：

1）整体式。内螺纹两侧均开有油腔。结构简单，安装容易，但螺旋副的配合间隙较难保证。

2）双螺母式。有固定螺母和调节螺母，只在工作面的一侧开油腔，两螺母的螺纹工作面对称布置，通过调节螺母获得所需的配合间隙。同样的承载能力，螺母的工作牙数比整体式增加一倍。

3）镶装式。螺母两端的螺纹为镶装的、起油封作用的扇形齿块，在螺旋副大径、小径的径向间隙间装有塑料密封，使螺纹两侧整个螺纹高度内的空间均成为油腔，增大了有效承载面积，提高了承载能力和

刚度。每侧螺纹只有一个进油孔，加工工艺简单。但密封增大了摩擦阻力。

（2）螺纹

1）牙型。通常采用梯形螺纹，牙型角 α 可取 10°～30°，α 小传动精度高。牙型角的误差影响油的流量和承载能力，应使误差 $\Delta\dfrac{\alpha}{2}\leqslant\pm(3'\sim5')$。

2）主要尺寸参数。螺杆直径 d 可参照滑动螺旋传动确定，但螺纹牙的工作高度应取标准梯形螺纹的 1.5～2 倍，螺距也应选大一级（最小不得小于 6mm），以增大螺旋副的承载面积和封油性。

3）旋合圈数。在满足承载能力与传动精度的条件下，应选取较少的圈数。否则将增加制造上的困难。

4）配合间隙。传动螺旋的侧隙值一般推荐取螺母全长螺距的累积误差的 2～3 倍。减小间隙，可增大油膜的承载能力，耗油少，但制造困难。

（3）油腔

当传动承受径向载荷和倾覆力矩时，螺母牙的每一侧螺纹面上应设置 3、4 或 6 个油腔，且两侧面上的油腔必须对应设置，等距分布，使每圈牙都能形成一个单独的承载区。若仅承受轴向载荷，可在螺母牙每一侧螺纹面上设置一条直通的螺旋油腔，便于制造。

油腔深为 0.3～1mm，直通的连续油腔，深度最大可达 2mm。螺母直径大，旋合圈数多可取较大值。

油腔宽度一般为螺母螺纹高的 $\frac{1}{4} \sim \frac{1}{3}$。

螺母两端始末两牙不设油腔，以起封油作用。

（4）节流阀

1）静压螺旋传动采用的节流阀有固定式（小孔或毛细管节流阀）和可变式（滑阀或薄膜反馈节流阀）两种。前者用于轻载荷传动，后者用于重载荷传动。

2）节流阀设置方式有多节流型（每个油腔各用一个节流阀控制）和集中节流型（分布在同一母线上的同侧油腔用一个节流阀控制）两种。后者节流阀数量较少，传动的工作性能稳定，便于维护。

静压螺旋传动的结构及其系统的设计详见参考文献 7。

参 考 文 献

[1] 机械工程手册电机工程手册编辑委员会. 机械工程手册：机械传动卷［M］. 2 版. 北京：机械工业出版社，1997.

[2] 闻邦椿. 机械设计手册：第 1 卷、第 2 卷［M］. 5 版. 北京：机械工业出版社，2010.

[3] 闻邦椿. 现代机械设计师手册：上册［M］. 北京：机械工业出版社，2012.

[4] 闻邦椿. 现代机械设计实用手册［M］. 北京：机械工业出版社，2015.

[5] 机械设计手册编辑委员会. 机械设计手册：第 1 卷［M］. 新版. 北京：机械工业出版社，2004.

[6] 成大先. 机械设计手册：第 1 卷、第 2 卷［M］. 6 版. 北京：化学工业出版社，2016.

[7] 机床设计手册编写组. 机床设计手册：第 2 卷［M］. 北京：机械工业出版社，1980.